수학 좀 한다면

디딤돌 초등수학 기본 2-1

펴낸날 [개정판 1쇄] 2024년 8월 10일 | **펴낸이** 이기열 | **펴낸곳** (주)디딤돌 교육 | **주소** (03972) 서울특별시 마포구 월드컵북로 122 청원선와이즈타워 | **대표전화** 02-3142-9000 | **구입문의** 02-322-8451 | **내용문의** 02-323-9166 | **팩시밀리** 02-338-3231 | **홈페이지** www.didimdol.co.kr | **등록번호** 제10-718호 | 구입한 후에는 철회되지 않으며 잘못 인쇄된 책은 바꾸어 드립니다. 이 책에 실린 모든 삽화 및 편집 형태에 대한 저작권은 (주)디딤돌 교육에 있으므로 무단으로 복사 복제할 수 없습니다. Copyright ⓒ Didimdol Co. [2502020]

내 실력에 딱!
최상위로 가는 '맞춤 학습 플랜'

STEP 1 On-line
나에게 맞는 공부법은?
맞춤 학습 가이드를 만나요.

교재 선택부터 공부법까지! 디딤돌에서 제공하는 시기별 맞춤 학습 가이드를 통해 아이에게 맞는 학습 계획을 세워 주세요. (학습 가이드는 디딤돌 학부모카페 '맘이가'를 통해 상시 공지합니다. cafe.naver.com/didimdolmom)

STEP 2 Book
맞춤 학습 스케줄표
계획에 따라 공부해요.

교재에 첨부된 '맞춤 학습 스케줄표'에 맞춰 공부 목표를 달성합니다.

STEP 3 On-line
이럴 땐 이렇게!
'맞춤 Q&A'로 해결해요.

궁금하거나 모르는 문제가 있다면, '맘이가' 카페를 통해 질문을 남겨 주세요. 디딤돌 수학쌤 및 선배맘님들이 친절히 답변해 드립니다.

STEP 4 Book
다음에는 뭐 풀지?
다음 교재를 추천받아요.

학습 결과에 따라 후속 학습에 사용할 교재를 제시해 드립니다. (교재 마지막 페이지 수록)

 ★ 디딤돌 플래너 만나러 가기

디딤돌 초등수학 기본 2-1

8 주 완성
학습 스케줄표

짧은 기간에 집중력 있게 한 학기 과정을 완성할 수 있도록 설계하였습니다.
방학 때 미리 공부하고 싶다면 주 5일 8주 완성 과정을 이용해요.

공부한 날짜를 쓰고 하루 분량 학습을 마친 후, 부모님께 확인 check ✅를 받으세요.

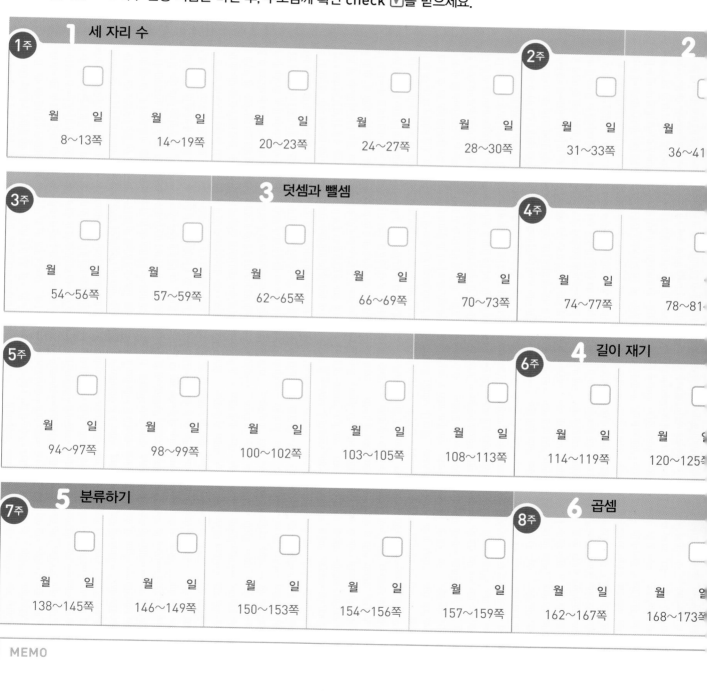

1 세 자리 수

1주					2주	2
월 일	월 일	월 일	월 일	월 일	월 일	월
8~13쪽	14~19쪽	20~23쪽	24~27쪽	28~30쪽	31~33쪽	36~41

3 덧셈과 뺄셈

3주					4주	
월 일	월 일	월 일	월 일	월 일	월 일	월
54~56쪽	57~59쪽	62~65쪽	66~69쪽	70~73쪽	74~77쪽	78~81

4 길이 재기

5주				6주		
월 일	월 일	월 일	월 일	월 일	월 일	월 일
94~97쪽	98~99쪽	100~102쪽	103~105쪽	108~113쪽	114~119쪽	120~125쪽

5 분류하기

7주					8주	6 곱셈
월 일	월 일	월 일	월 일	월 일	월 일	월 일
138~145쪽	146~149쪽	150~153쪽	154~156쪽	157~159쪽	162~167쪽	168~173쪽

MEMO

효과적인 수학 공부 비법

시켜서 억지로  내가 스스로

억지로 하는 일과 즐겁게 하는 일은 결과가 달라요.
목표를 가지고 스스로 즐기면 능률이 배가 돼요.

가끔 한꺼번에  매일매일 꾸준히

급하게 쌓은 실력은 무너지기 쉬워요.
조금씩이라도 매일매일 단단하게 실력을 쌓아가요.

정답을 몰래  개념을 꼼꼼히

모든 문제는 개념을 바탕으로 출제돼요.
쉽게 풀리지 않을 땐, 개념을 펼쳐 봐요.

채점하면 끝  틀린 문제는 다시

왜 틀렸는지 알아야 다시 틀리지 않겠죠?
틀린 문제와 어림짐작으로 맞힌 문제는
꼭 다시 풀어 봐요.

디딤돌 초등수학 기본 2-1

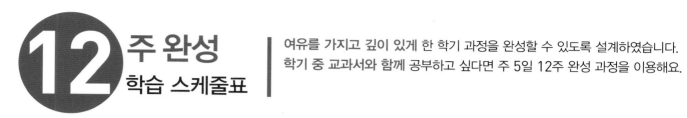

12주 완성 학습 스케줄표

여유를 가지고 깊이 있게 한 학기 과정을 완성할 수 있도록 설계하였습니다.
학기 중 교과서와 함께 공부하고 싶다면 주 5일 12주 완성 과정을 이용해요.

공부한 날짜를 쓰고 하루 분량 학습을 마친 후, 부모님께 확인 check ✓를 받으세요.

1 세 자리 수

1주

월 일	월 일	월 일	월 일	월 일	**2주** 월 일	월 일
8~10쪽	11~13쪽	14~15쪽	16~17쪽	18~19쪽	20~21쪽	22~23쪽

2 여러 가지 도형

3주

월 일	월 일	월 일	월 일	월 일	**4주** 월 일	월 일
31~33쪽	36~39쪽	40~41쪽	42~43쪽	44~45쪽	46~47쪽	48~49쪽

3 덧셈과 뺄셈

5주

월 일	월 일	월 일	월 일	월 일	**6주** 월 일	월 일
57~59쪽	62~63쪽	64~67쪽	68~71쪽	72~75쪽	76~79쪽	80~81쪽

7주

월 일	월 일	월 일	월 일	월 일	**8주** 월 일	월 일
88~89쪽	90~91쪽	92~95쪽	96~97쪽	98~100쪽	101~102쪽	103~105쪽

5 분류

9주

월 일	월 일	월 일	월 일	월 일	**10주** 월 일	월 일
116~119쪽	120~122쪽	123~125쪽	126~129쪽	130~132쪽	133~135쪽	138~141쪽

6 곱셈

11주

월 일	월 일	월 일	월 일	월 일	**12주** 월 일	월 일
154~156쪽	157~159쪽	162~163쪽	164~165쪽	166~169쪽	170~173쪽	174~177쪽

효과적인 수학 공부 비법

시켜서 억지로

내가 스스로

억지로 하는 일과 즐겁게 하는 일은 결과가 달라요.
목표를 가지고 스스로 즐기면 능률이 배가 돼요.

가끔 한꺼번에

매일매일 꾸준히

급하게 쌓은 실력은 무너지기 쉬워요.
조금씩이라도 매일매일 단단하게 실력을 쌓아가요.

정답을 몰래

개념을 꼼꼼히

모든 문제는 개념을 바탕으로 출제돼요.
쉽게 풀리지 않을 땐, 개념을 펼쳐 봐요.

채점하면 끝

틀린 문제는 다시

왜 틀렸는지 알아야 다시 틀리지 않겠죠?
틀린 문제와 어림짐작으로 맞힌 문제는
꼭 다시 풀어 봐요.

수학 좀 한다면

디딤돌

초등수학
기본

상위권으로 가는 기본기

2
1

개념 학습으로 잡는 올바른 공부 습관!

HELP!
공부했는데도
중요한 개념을 몰라요.

1 이 단원에서 꼭 알아야 할 핵심 개념!

이 단원의 핵심 개념이 한 장의 사진
처럼 뇌에 남습니다.

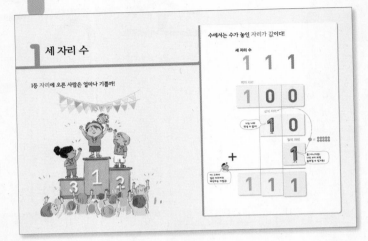

HELP!
개념을 생각하지 않고
외워서 풀어요.

2 한눈에 보이는 개념 정리!

글만 줄줄 적혀 있는 개념은 이제
그만! 외우지 않아도 개념이 한눈에
이해됩니다.

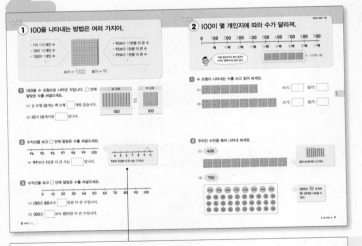

2 수직선을 보고 □ 안에 알맞은 수를 써넣으세요.

94 95 96 97 98 99 100

➡ 99보다 1만큼 더 큰 수는 □ 입니다.

4 5 6 7 8 9 10
+1
9보다 1만큼 더 큰 수는 10이야.

개념을 외우지 않아도 배운 개념들이
떠올라요.

3 개념으로 문제 해결!

치밀하게 짜인 연계 학습 문제들을
풀다 보면 이미 배운 내용과 앞으로
배울 내용이 쉽게 이해돼요.

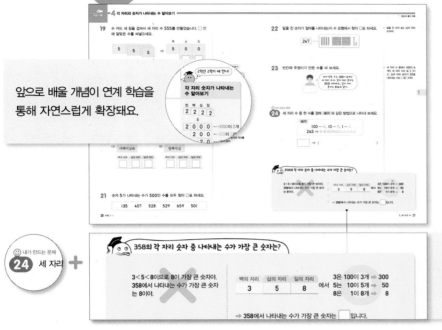

앞으로 배울 개념이 연계 학습을
통해 자연스럽게 확장돼요.

개념 이해가 완벽한지 확인하는 방법!
문제로 확인해 보기!

4 발전 문제로 개념 완성!

핵심 개념을 알면 어려운 문제는 없
습니다.

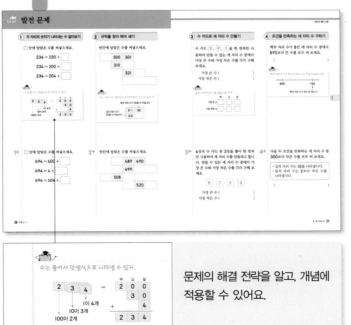

문제의 해결 전략을 알고, 개념에
적용할 수 있어요.

이 책의 차례

1 세 자리 수

1등 자리에 오른 사람은 얼마나 기쁠까!

수에서는 수가 놓인 자리가 값이다!

세 자리 수

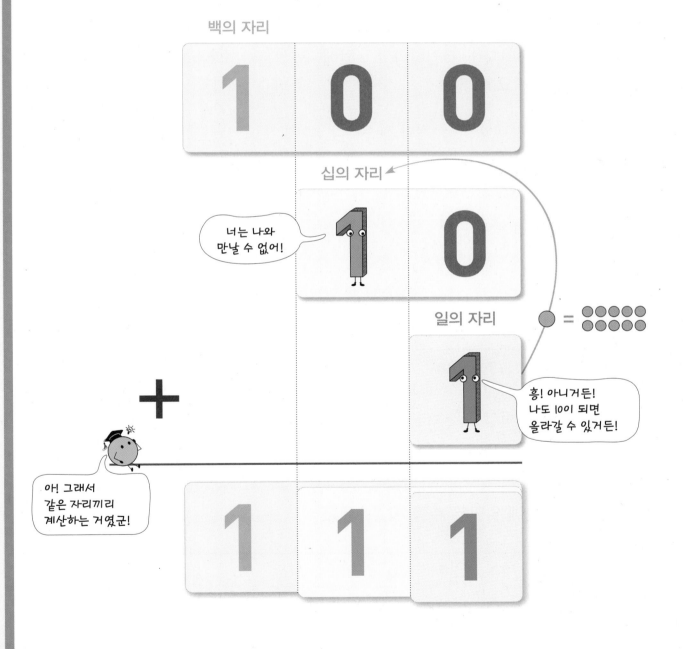

① 100을 나타내는 방법은 여러 가지야.

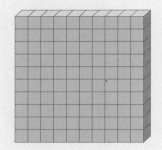

- 1이 **100**개인 수
- 10이 **10**개인 수
- 100이 **1**개인 수
  ⋮

- 90보다 **10**만큼 더 큰 수
- 95보다 **5**만큼 더 큰 수
- 99보다 **1**만큼 더 큰 수
  ⋮

쓰기 ➡ **100**   읽기 ➡ **백**

---

1 100을 수 모형으로 나타낸 것입니다. ▢ 안에 알맞은 수를 써넣으세요.

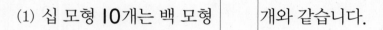

십 모형		백 모형
100	⇄	100

(1) 십 모형 **10**개는 백 모형 ▢ 개와 같습니다.

(2) **10**이 **10**개이면 ▢ 입니다.

---

2 수직선을 보고 ▢ 안에 알맞은 수를 써넣으세요.

```
94   95   96   97   98   99   100
```

➡ **99**보다 **1**만큼 더 큰 수는 ▢ 입니다.

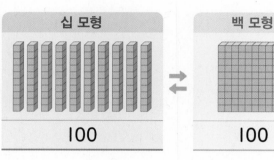

```
    4  5  6  7  8  9  10
```
9보다 1만큼 더 큰 수는 10이야.

---

3 수직선을 보고 ▢ 안에 알맞은 수를 써넣으세요.

```
0  10  20  30  40  50  60  70  80  90  100
```

(1) **100**은 **80**보다 ▢ 만큼 더 큰 수입니다.

(2) **100**은 ▢ 보다 **10**만큼 더 큰 수입니다.

2 100이 몇 개인지에 따라 수가 달라져.

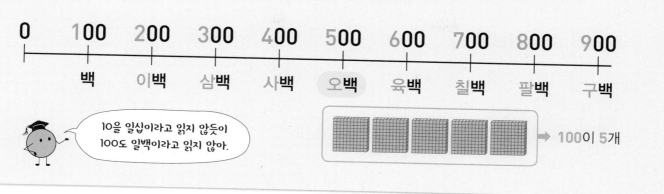

10을 일십이라고 읽지 않듯이
100도 일백이라고 읽지 않아.

100이 5개

1 수 모형이 나타내는 수를 쓰고 읽어 보세요.

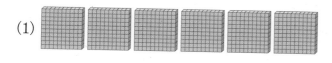

(1) 쓰기: [ ] 읽기: [ ]

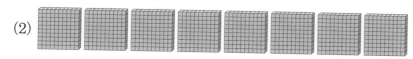

(2) 쓰기: [ ] 읽기: [ ]

2 주어진 수만큼 묶어 나타내 보세요.

(1) 400

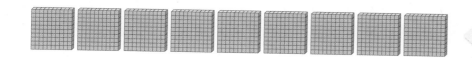

10이 4개이면 40이야.

(2) 700

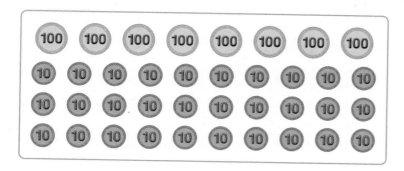

300은 100 2개와
10 10개로 나타낼 수
있어.

1. 세 자리 수 **9**

3 숫자 3개로 이루어진 수가 세 자리 수야.

● 세 자리 수 알아보기

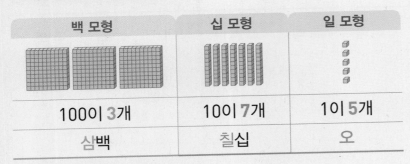

백 모형	십 모형	일 모형
100이 **3**개	10이 **7**개	1이 **5**개
삼백	칠십	오

쓰기 ➡ 375

읽기 ➡ 삼백칠십오

● 0이 있는 세 자리 수 알아보기

백의 자리에는 절대 0이 올 수 없어.

백 모형	십 모형	일 모형
100이 **3**개	10이 **0**개	1이 **5**개
삼백		오

쓰기 ➡ 305

읽기 ➡ 삼백오

•0인 자리는 읽지 않습니다.

1 수 모형이 나타내는 수를 쓰고 읽어 보세요.

백 모형	십 모형	일 모형
100이 ☐개	10이 ☐개	1이 ☐개

쓰기: ☐   읽기: ☐

십 모형	일 모형
10이 6개	1이 8개
쓰기: 68	읽기: 육십팔

2 그림이 나타내는 수를 쓰고 읽어 보세요.

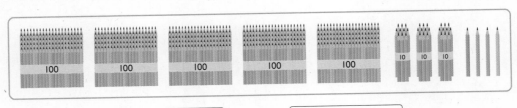

쓰기: ☐   읽기: ☐

3 수 모형이 나타내는 수를 쓰고 읽어 보세요.

(1)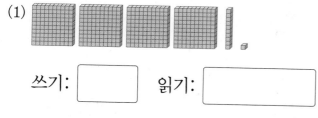

쓰기: ☐   읽기: ☐

> **1이면 자릿값만 읽어!**
>
> | 십 | 일 |
> |---|---|
> | 1 | 4 |
>
> 십사
>
> | 백 | 십 | 일 |
> |---|---|---|
> | 2 | 1 | 4 |
>
> 이백**십**사

(2)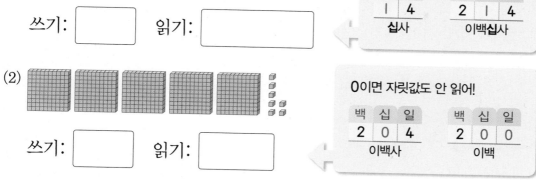

쓰기: ☐   읽기: ☐

> **0이면 자릿값도 안 읽어!**
>
> | 백 | 십 | 일 |
> |---|---|---|
> | 2 | 0 | 4 |
>
> 이백사
>
> | 백 | 십 | 일 |
> |---|---|---|
> | 2 | 0 | 0 |
>
> 이백

4 ☐ 안에 알맞은 수를 써넣으세요.

(1) 100이 7개
10이 5개 ┤ 인 수는 ☐
1이 4개

(2) 100이 1개
10이 9개 ┤ 인 수는 ☐
1이 0개

(3) 526은
100이 ☐ 개
10이 ☐ 개
1이 ☐ 개

(4) 804는
100이 ☐ 개
10이 ☐ 개
1이 ☐ 개

5 빈칸에 알맞은 수나 말을 써넣으세요.

쓰기	104		640	
읽기	백사	칠백십팔		구백육십오

④ 숫자의 위치에 따라 나타내는 수가 달라.

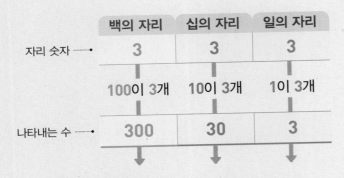

	백의 자리	십의 자리	일의 자리
자리 숫자	3	3	3
	100이 3개	10이 3개	1이 3개
나타내는 수	300	30	3

$$333 = 300 + 30 + 3$$

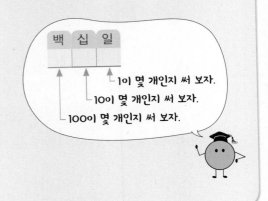

백	십	일

1이 몇 개인지 써 보자.
10이 몇 개인지 써 보자.
100이 몇 개인지 써 보자.

1 □ 안에 알맞은 수를 써넣으세요.

(1)

백의 자리	십의 자리	일의 자리
2	5	8

10이 5개이면 ☐ 입니다.

(2)

백의 자리	십의 자리	일의 자리
3	6	0

100이 3개이면 ☐ 입니다.

2 빈칸에 알맞은 수를 써넣으세요.

(1) 666 ➡

100이 6개	10이 6개	1이 6개
600		

666 = ☐ + ☐ + ☐

(2) 705 ➡

100이 7개	10이 0개	1이 5개

705 = ☐ + ☐ + ☐

3 ☐ 안에 알맞은 수를 써넣으세요.

(1) ☐ = 500 + 60 + 9

(2) ☐ = 400 + 0 + 7

십의 자리	일의 자리	
10이 6개	1이 9개	60 + 9 = 69
60	9	

4 ☐ 안에 알맞은 말이나 수를 써넣으세요.

(1) **391**

3은 ☐ 의 자리 숫자이고, ☐ 을/를 나타냅니다.

9는 ☐ 의 자리 숫자이고, ☐ 을/를 나타냅니다.

1은 ☐ 의 자리 숫자이고, ☐ 을/를 나타냅니다.

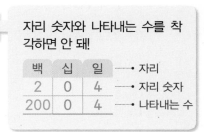

자리 숫자와 나타내는 수를 착각하면 안 돼!

백	십	일	·자리
2	0	4	·자리 숫자
200	0	4	·나타내는 수

(2) **604**

6은 ☐ 의 자리 숫자이고, ☐ 을/를 나타냅니다.

0은 ☐ 의 자리 숫자이고, ☐ 을/를 나타냅니다.

4는 ☐ 의 자리 숫자이고, ☐ 을/를 나타냅니다.

5 밑줄 친 숫자가 나타내는 수를 알아보려고 합니다. ☐ 안에 알맞은 수를 써넣으세요.

(1) 45<u>5</u> ➡ ☐

(2) 6<u>0</u>3 ➡ ☐

(3) <u>9</u>02 ➡ ☐

(4) 7<u>1</u>0 ➡ ☐

1 백 알아보기

1 ★에 알맞은 수를 쓰고 읽어 보세요.

| 95 | 96 | 97 | 98 | 99 | ★ |

쓰기: ☐   읽기: ☐

▶ 99보다 1만큼 더 큰 수야.

2 100에 대한 설명으로 옳은 것에 ○표, 틀린 것에 ×표 하세요.

(1) 10이 9개인 수입니다.   (   )

(2) 1이 100개인 수입니다.   (   )

(3) 70보다 3만큼 더 큰 수입니다.   (   )

▶ 100을 여러 가지 방법으로 나타낼 수 있어.
10이 10개인 수
99보다 1만큼 더 큰 수
90보다 10만큼 더 큰 수

🔗 탄탄북
3 ☐ 안에 알맞은 수를 써넣으세요.

(1) 100은 95보다 ☐ 만큼 더 큰 수입니다.

(2) 100은 ☐ 보다 50만큼 더 큰 수입니다.

4 100원이 되도록 동전 붙임딱지를 붙여 보세요.

▶ 여러 가지 답이 나올 수 있어.

붙임딱지

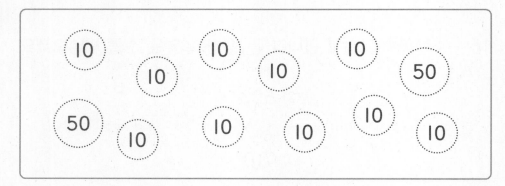

5 연필을 가장 많이 가지고 있는 사람은 누구일까요?

▶ 1이 10개이면 10이야.

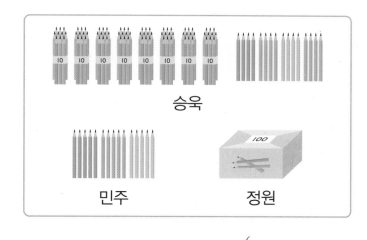

승욱

민주   정원

(   )

😊 내가 만드는 문제

6 100에 대해 자유롭게 설명해 보세요.

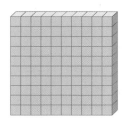

(1) 100은 [   ]이 [   ]개인 수입니다.

(2) 100은 [   ]보다 [   ]만큼 더 큰 수입니다.

▶ 100을 나타내는 방법은 묶어서 나타낼 수도 있고, ~보다 ~만큼 더 큰 수로 나타낼 수도 있어.

🎓 **100을 나타내는 방법은 모두 몇 가지일까?**

10이 10개인 수
20이 5개인 수
⋮

1이 [   ]개인 수

100

100을 나타내는 방법은 여러 가지야!

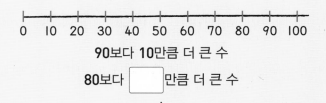

0 10 20 30 40 50 60 70 80 90 100

90보다 10만큼 더 큰 수
80보다 [   ]만큼 더 큰 수
⋮

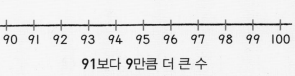

90 91 92 93 94 95 96 97 98 99 100

91보다 9만큼 더 큰 수
92보다 8만큼 더 큰 수
⋮

1. 세 자리 수 15

7 물건값에 알맞게 100원짜리 동전 붙임딱지를 붙이고 □ 안에 알맞은 수를 써넣으세요.

붙임딱지

▶ 100이 ▲개인 수는 ▲00이야.
➡ ▲00은 100이 ▲개야.

오렌지 600원	100 100 100 100 100 100
	600은 100이 □ 개인 수입니다.
연필 200원	200은 100이 □ 개인 수입니다.

8 빈칸에 알맞은 수나 말을 써넣으세요.

수	100이 3개인 수	100이 4개인 수	100이 □개인 수	100이 9개인 수
쓰기	300		500	
읽기	삼백			

8➕ □ 안에 알맞은 수를 써넣으세요.

1000	1000	1000	1000	1000

1000이 5개이면 □ 입니다.

2학년 2학기 때 만나!

몇천 알아보기

2000 (이천)
➡ 1000이 2개인 수
3000 (삼천)
➡ 1000이 3개인 수
4000 (사천)
➡ 1000이 4개인 수

탄탄북

9 □ 안에 들어갈 수 있는 수를 보기 에서 찾아 ○표 하세요.

400 ── □ ── 600

보기
200 500 800

▶ 400과 600 사이에 있는 수를 찾아봐!

10 수 모형을 보고 알맞은 것에 ○표 하세요.

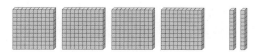

▶ 백 모형 4개는 400이야.

- 400보다 작습니다. ( )
- 400보다 크고 500보다 작습니다. ( )
- 500보다 큽니다. ( )

11 색칠한 칸의 수와 더 가까운 수에 ○표 하세요.

▶ 300과 600 중 400과 더 가까운 수를 찾아봐!

(1)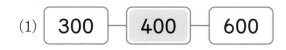

(2)

☺ 내가 만드는 문제

12 수직선에서 눈금 한 곳을 정해 화살표(↓)로 표시하고 나타내는 수를 쓰고 읽어 보세요.

▶ 수직선의 눈금 한 칸은 100 이야.

쓰기: [ ] 읽기: [ ]

몇십과 몇백의 공통점은 무엇일까?

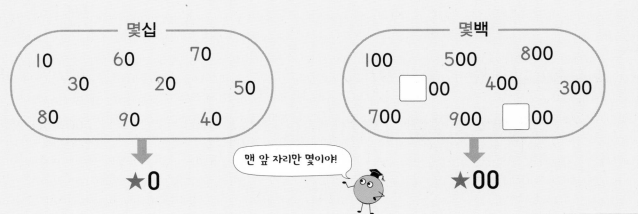

13 상황에 알맞게 수를 읽거나 써 보세요.

▶ 숫자가 0일 때 숫자와 자리를 모두 읽지 않아.

(1) **20○○년 달력**

1년은 365일입니다.

➡ [   ]

(2)

티셔츠의 사이즈는 백오입니다.

➡ [   ]

14 주어진 수의 위치를 수직선에 나타내 보세요.

▶ 419는 400과 500 중 400에 더 가까워.

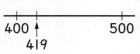

| 419 | 273 | 105 | 652 | 744 |

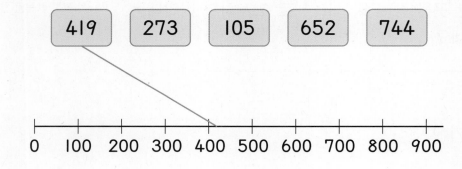

 탄탄북

15 수 모형이 나타내는 수를 써 보세요.

▶ 10이 10개이면 100이야.

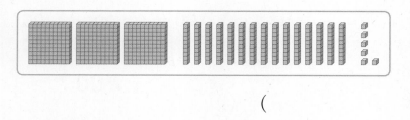

(   )

16 자유롭게 붙임딱지를 사용하여 주어진 수를 만들어 보세요.

513

▶ 작은 모형을 많이 사용할수록 붙임딱지를 많이 붙여야 해.

17 수 모형 6개 중 3개를 사용하여 나타낼 수 있는 세 자리 수를 모두 찾아 ○표 하세요.

| 101 | 120 | 220 |
| 222 | 202 | 201 |

▶ 백 모형 1개, 십 모형 1개, 일 모형 1개를 사용하면 111을 만들 수 있어.

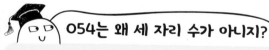

☺ 내가 만드는 문제

18 내가 받고 싶은 칭찬 도장의 수를 세 자리 수로 쓰고, 100 , 10 , 1 을 그려 나타내 보세요.

칭찬 도장의 수

➡

▶ 칭찬 도장의 수를 200, 300과 같이 몇백으로 정하지 않고 몇백몇십 또는 몇백몇십몇의 세 자리 수로 정해 보자.

054는 왜 세 자리 수가 아니지?

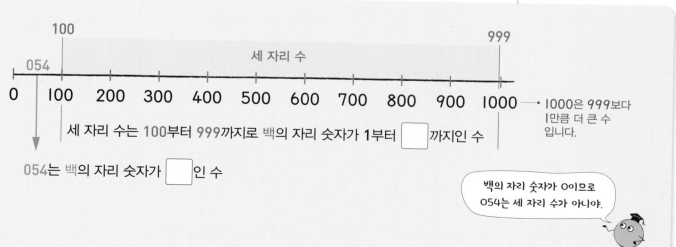

세 자리 수는 100부터 999까지로 백의 자리 숫자가 1부터 ☐까지인 수

054는 백의 자리 숫자가 ☐인 수

• 1000은 999보다 1만큼 더 큰 수입니다.

백의 자리 숫자가 0이므로 054는 세 자리 수가 아니야.

19 수 카드 세 장을 겹쳐서 세 자리 수 555를 만들었습니다. □ 안에 알맞은 수를 써넣으세요.

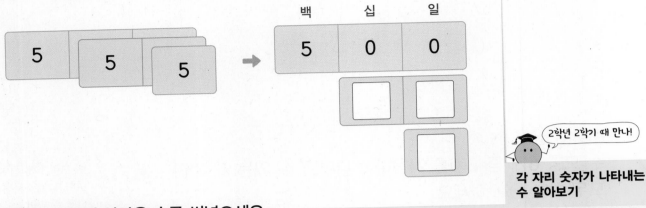

19➕ □ 안에 알맞은 수를 써넣으세요.

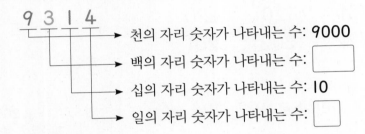

→ 천의 자리 숫자가 나타내는 수: 9000
→ 백의 자리 숫자가 나타내는 수: ☐
→ 십의 자리 숫자가 나타내는 수: 10
→ 일의 자리 숫자가 나타내는 수: ☐

2학년 2학기 때 만나!

각 자리 숫자가 나타내는 수 알아보기

천	백	십	일
2	2	2	2

↓

2	0	0	0	← 1000이 2개
	2	0	0	← 100이 2개
		2	0	← 10이 2개
			2	← 1이 2개

▶ 숫자가 0일 때 숫자와 자리를 모두 읽지 않아.

20 □ 안에 알맞은 수를 써넣으세요.

(1) 사백이십육

백의 자리	십의 자리	일의 자리
☐	☐	☐

(2) 칠백사십

백의 자리	십의 자리	일의 자리
☐	☐	☐

21 숫자 5가 나타내는 수가 500인 수를 모두 찾아 ○표 하세요.

| 135 | 457 | 528 | 529 | 659 | 501 |

22 밑줄 친 숫자가 얼마를 나타내는지 수 모형에서 찾아 ○표 하세요.

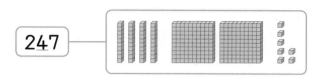

▶ 밑줄 친 숫자 4는 십의 자리 숫자야!

23 빈칸에 주영이가 만든 수를 써 보세요.

내가 만든 수는 100이 6개인 세 자리 수야. 십의 자리 숫자는 20을 나타내고, 일의 자리 숫자는 814와 같아.

▶ 세 자리 수 중에서 100이 6개인 세 자리 수는 6□□이고, 십의 자리 숫자가 20을 나타내는 수는 □2□이야.

☺ 내가 만드는 문제

24 세 자리 수 중 한 수를 정해 보기 와 같은 방법으로 나타내 보세요.

보기

$$100 - ●, \ 10 - ■, \ 1 - △$$
$$245 \rightarrow ●●●■■■■△△△△△$$

[   ] ➡ (   )

🎓 358의 각 자리 숫자 중 나타내는 수가 가장 큰 숫자는?

3<5<8이므로 8이 가장 큰 숫자입니다.
358에서 나타내는 수가 가장 큰 숫자는 8입니다. ✖

백의 자리	십의 자리	일의 자리
3	5	8

에서

3은 100이 3개 ➡ 300
5는 10이 5개 ➡ 50
8은 1이 8개 ➡ 8

➡ 358에서 나타내는 수가 가장 큰 숫자는 [ ]입니다.

5 바뀌는 자리 수로 몇씩 뛰어 세었는지 알 수 있어.

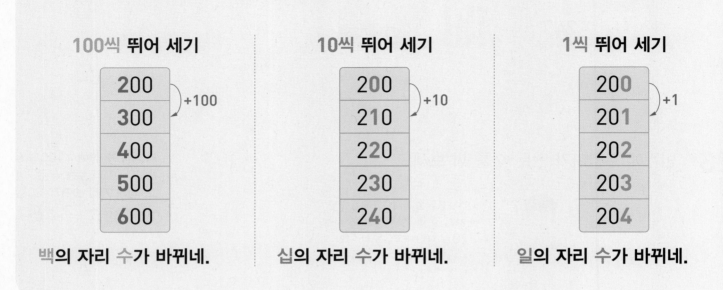

100씩 뛰어 세기

200
300
400
500
600
+100

백의 자리 수가 바뀌네.

10씩 뛰어 세기

200
210
220
230
240
+10

십의 자리 수가 바뀌네.

1씩 뛰어 세기

200
201
202
203
204
+1

일의 자리 수가 바뀌네.

1 수직선을 보고 ☐ 안에 알맞은 수를 써넣으세요.

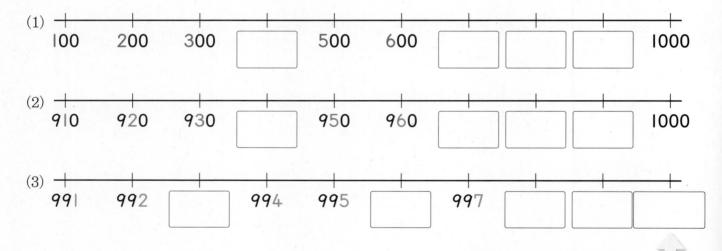

(1) 100 200 300 ☐ 500 600 ☐ ☐ ☐ 1000

(2) 910 920 930 ☐ 950 960 ☐ ☐ ☐ 1000

(3) 991 992 ☐ 994 995 ☐ 997 ☐ ☐ ☐

999보다 1만큼 더 큰 수 ➡ 쓰기: 1000, 읽기: 천

2 주어진 수에 알맞게 뛰어 세어 보세요.

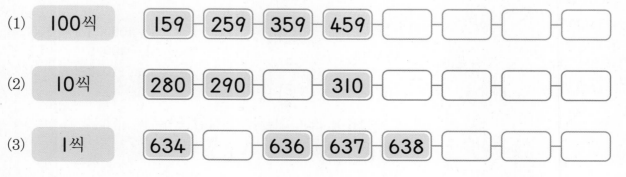

(1) 100씩   159 - 259 - 359 - 459 - ☐ - ☐ - ☐ - ☐

(2) 10씩   280 - 290 - ☐ - 310 - ☐ - ☐ - ☐ - ☐

(3) 1씩   634 - ☐ - 636 - 637 - 638 - ☐ - ☐ - ☐

정답과 풀이 3쪽

6 높은 자리 수가 클수록 큰 수야.

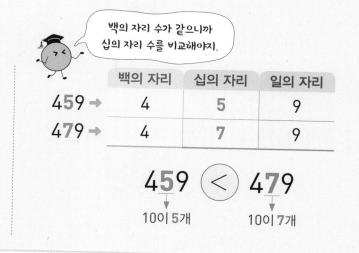

백의 자리 수부터 비교해 보자.

백의 자리 수가 같으니까 십의 자리 수를 비교해야지.

	백의 자리	십의 자리	일의 자리
459 →	4	5	9
389 →	3	8	9

459 > **3**89

100이 **4**개   100이 **3**개

	백의 자리	십의 자리	일의 자리
459 →	4	5	9
479 →	4	7	9

459 < **47**9

10이 **5**개   10이 **7**개

---

1 두 수의 크기를 비교하여 ○ 안에 > 또는 <를 알맞게 써넣으세요.

백 모형	십 모형	일 모형
3	4	7

○

백 모형	십 모형	일 모형
3	4	5

자릿값의 크기

2	1	3

---

2 두 수의 크기를 비교하여 ○ 안에 > 또는 <를 알맞게 써넣으세요.

(1)
백의 자리	십의 자리	일의 자리
2	3	1
4	1	6

231 ○ 416

• 높은 자리 수부터 비교합니다.

(2)
백의 자리	십의 자리	일의 자리
5	5	1
5	0	4

551 ○ 504

• 백의 자리 수가 같으므로 십의 자리 수를 비교합니다.

---

3 두 수의 크기를 비교하여 ○ 안에 > 또는 <를 알맞게 써넣으세요.

(1) 360 ○ 289

(2) 849 ○ 873

1 □ 안에 알맞은 수를 써넣으세요.

▶ 990보다 10만큼 더 큰 수는 1000이야.

(1) 9보다 1만큼 더 큰 수 ➡ ☐

99보다 1만큼 더 큰 수 ➡ ☐

999보다 1만큼 더 큰 수 ➡ ☐

(2) 9보다 1만큼 더 큰 수 ➡ ☐

90보다 10만큼 더 큰 수 ➡ ☐

900보다 100만큼 더 큰 수 ➡ ☐

2 392에서 주어진 수만큼씩 뛰어 세고, □ 안에 알맞은 수를 써 넣으세요.

▶ 100씩 뛰어 세기는 백의 자리 수가 1씩, 10씩 뛰어 세기는 십의 자리 수가 1씩, 1씩 뛰어 세기는 일의 자리 수가 1씩 커져.

(1) 1씩 [392]─[393]─☐─☐─☐

392보다 1만큼 더 큰 수는 ☐ 입니다.

(2) 10씩 [392]─☐─☐─☐─☐

392보다 10만큼 더 큰 수는 ☐ 입니다.

(3) 100씩 [392]─☐─☐─☐─☐

392보다 100만큼 더 큰 수는 ☐ 입니다.

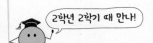
2학년 2학기 때 만나!

2➕ 1000씩 뛰어 세어 보세요.

[1325]─☐─[3325]─[4325]─☐─[6325]

1000씩 뛰어 세기

천의 자리 수가 1씩 커집니다.

3 다음은 몇씩 뛰어 센 것일까요?

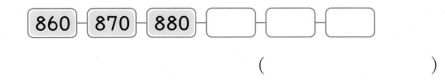

(   )

► 어느 자리 수가 변하는지 살펴봐!

4 빈칸에 알맞은 수를 써넣고 **880**에서 **10**씩 **3**번 뛰어 센 수를 구해 보세요.

(   )

☺ 내가 만드는 문제

5 주어진 수에서 몇씩 뛰어 셀지 정하여 뛰어 세어 보세요.

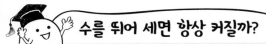

► 뛰어 세는 방향을 생각해 봐.

🎓 **수를 뛰어 세면 항상 커질까?**

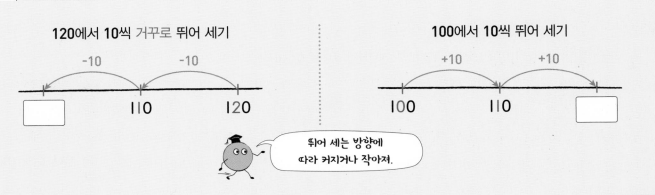

120에서 10씩 거꾸로 뛰어 세기

100에서 10씩 뛰어 세기

뛰어 세는 방향에 따라 커지거나 작아져.

1. 세 자리 수 **25**

6 빈칸에 알맞은 수를 써넣고, 두 수의 크기를 비교하여 ○ 안에 > 또는 < 를 알맞게 써넣으세요.

(1)

150 →

210 →

백의 자리	십의 자리	일의 자리
1		
2		

150 ◯ 210

(2)

873 →

783 →

백의 자리	십의 자리	일의 자리

873 ◯ 783

7 알맞은 말에 ○표 하고, 두 수의 크기를 비교하여 ○ 안에 > 또는 < 를 알맞게 써넣으세요.

(1) 731은 654보다 (큽니다 , 작습니다). ➡ 731 ◯ 654

(2) 109는 159보다 (큽니다 , 작습니다). ➡ 109 ◯ 159

▶ 백의 자리 수부터 비교하고, 백의 자리 수가 같으면 십의 자리 수를 비교해.

8 ☐ 안에 들어갈 수 있는 수를 모두 찾아 ○표 하세요.

23☐ ＞ 236

1	2	3	4	5
	6	7	8	9

▶ 23☐와 236의 백의 자리 수와 십의 자리 수가 각각 같아.

🔗 탄탄북

9 보기 에서 알맞은 수를 골라 ☐ 안에 써넣으세요.

(1)

보기

538　536　532

536 < ☐

(2)

보기

647　714　539

☐ > 647

10 주어진 수를 수직선에 표시하고, 두 수의 크기를 비교하여 ○ 안에 > 또는 <를 알맞게 써넣으세요.

510 515   550

520 ◯ 540

▶ 수직선에서 오른쪽에 있는 수가 더 큰 수야.

11 수직선을 보고 378보다 크고 384보다 작은 수를 모두 써 보세요.

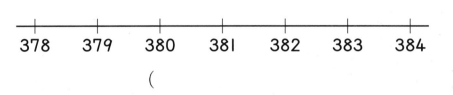

378   379   380   381   382   383   384

(   )

▶ ●보다 큰 수에는 ●가 들어가지 않고 ▲보다 작은 수에는 ▲가 들어가지 않아!

 내가 만드는 문제

12 수의 크기 순서대로 빈칸에 알맞은 수를 자유롭게 써넣으세요.

| 369 | | | | | 611 |

▶ 오른쪽으로 갈수록 수가 커져야 해!

왜 높은 자리 수부터 크기 비교를 할까?

일
1

십 일
1 2

백 십 일
1 2 3

한 자리씩 왼쪽으로 갈 때마다 나타내는 수가 커집니다.

백의 자리	십의 자리	일의 자리
4	1	2
3	4	5

412 ◯ 345

백의 자리 수가 다르면 십, 일의 자리 수는 비교할 필요가 없어.

1. 세 자리 수 **27**

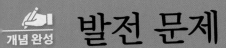

발전 문제

① 각 자리의 숫자가 나타내는 수 알아보기

□ 안에 알맞은 수를 써넣으세요.

$$234 = 230 + \boxed{}$$

$$234 = 200 + \boxed{}$$

$$234 = 204 + \boxed{}$$

수는 풀어서 덧셈식으로 나타낼 수 있지.

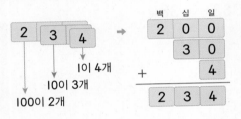

1+ □ 안에 알맞은 수를 써넣으세요.

$$694 = 600 + \boxed{}$$

$$694 = 4 + \boxed{}$$

$$694 = 604 + \boxed{}$$

② 규칙을 찾아 뛰어 세기

빈칸에 알맞은 수를 써넣으세요.

	300	301	
	310		
		321	

어느 자리 수가 변하는지에 따라 뛰어 센 수가 달라져.

일의 자리 수가 1만큼 더 커집니다.

십의 자리 수가 1만큼 더 커집니다.

	300	301
	310	

2+ 빈칸에 알맞은 수를 써넣으세요.

	489	490	
	499		
508			
		520	

③ 수 카드로 세 자리 수 만들기

수 카드 2, 9, 1을 한 번씩만 사용하여 만들 수 있는 세 자리 수 중에서 가장 큰 수와 가장 작은 수를 각각 구해 보세요.

　　　가장 큰 수 (　　　　　　　　　)
　　　가장 작은 수 (　　　　　　　　　)

높은 자리에 큰 수를 넣을수록 커져.

	백	십	일
가장 큰 수	▢ >	▢ >	▢
가장 작은 수	▢ <	▢ <	▢

3+ 4장의 수 카드 중 3장을 뽑아 한 번씩만 사용하여 세 자리 수를 만들려고 합니다. 만들 수 있는 세 자리 수 중에서 가장 큰 수와 가장 작은 수를 각각 구해 보세요.

8　7　5　3

　　　가장 큰 수 (　　　　　　　　　)
　　　가장 작은 수 (　　　　　　　　　)

④ 조건을 만족하는 세 자리 수 구하기

백의 자리 수가 8인 세 자리 수 중에서 895보다 큰 수를 모두 써 보세요.

　　　(　　　　　　　　　　　　　　　)

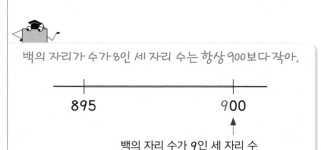

백의 자리가 수가 8인 세 자리 수는 항상 900보다 작아.

895　　　　　　　　　900
　　　　　　　　　　　　↑
　　　　　　　백의 자리 수가 9인 세 자리 수

4+ 다음 두 조건을 만족하는 세 자리 수 중 300보다 작은 수를 모두 써 보세요.

- 십의 자리 수는 10을 나타냅니다.
- 일의 자리 수는 2보다 작은 수를 나타냅니다.

　　　(　　　　　　　　　　　　　　　)

5 수직선 이용하여 뛰어 세기

어떤 수보다 10만큼 더 작은 수는 820 입니다. 어떤 수보다 100만큼 더 큰 수 는 얼마인지 구해 보세요.

(   )

뛰어 세는 방향에 따라 수가 커지거나 작아져.

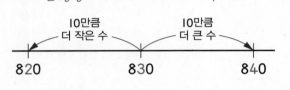

6 세 자리 수의 크기 비교

세 자리 수의 크기 비교에서 □ 안에 들 어갈 수 있는 수를 모두 써 보세요.

$$775 < 7\square8$$

(   )

비교하는 자리의 수가 같으면 그 아랫자리 수를 비교해.

백의 자리	십의 자리	일의 자리
7	7	5
=		
7	□	8

세 자리 수의 비교를 두 자리 수의 비교로 바꾸자!
↓
$$75 < \square8$$

5+ 어떤 수보다 100만큼 더 작은 수는 899입니다. 어떤 수보다 1만큼 더 큰 수는 얼마인지 구해 보세요.

(   )

6+ 세 자리 수의 크기 비교에서 □ 안에 들 어갈 수 있는 수를 모두 써 보세요.

$$5\square4 < 546$$

(   )

단원 평가

| 점수 | 확인 |

1 수로 나타내 보세요.

칠백사십

( )

2 관계있는 것끼리 이어 보세요.

100이 7개	•	•	삼백
100이 3개	•	•	사백
400	•	•	칠백

3 연필은 모두 몇 자루인지 수를 쓰고 읽어 보세요.

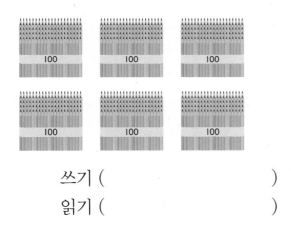

쓰기 ( )

읽기 ( )

4 □ 안에 공통으로 들어갈 수를 구해 보세요.

- 90보다 10만큼 더 큰 수는 □ 입니다.
- 10이 10개인 수는 □입니다.

( )

5 100씩 뛰어 세어 보세요.

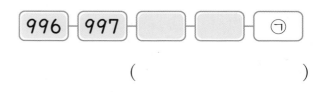

328 — 428 — ☐ — ☐ — 728

6 ㉠에 알맞은 수를 구해 보세요.

996 — 997 — ☐ — ☐ — ㉠

( )

7 두 수의 크기를 비교하여 ○ 안에 > 또는 <를 알맞게 써넣으세요.

(1) 883 ◯ 797

(2) 691 ◯ 694

8 □ 안에 알맞은 수를 써넣으세요.

369에서

- 백의 자리 숫자는 ☐이고,

  ☐을/를 나타냅니다.

- 십의 자리 숫자는 ☐이고,

  ☐을/를 나타냅니다.

- 일의 자리 숫자는 ☐이고,

  ☐을/를 나타냅니다.

단원 평가

9 수 모형이 나타내는 수를 쓰고 읽어 보세요.

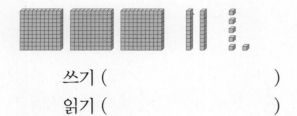

쓰기 (   )

읽기 (   )

10 빈칸에 알맞은 수를 써넣으세요.

| 팔백칠 | | |

백의 자리	십의 자리	일의 자리

11 620에 대한 설명입니다. □ 안에 알맞은 수를 써넣으세요.

(1) 620은 100이 6개, 10이 ☐ 개인 수입니다.

(2) 620은 600보다 ☐ 만큼 더 큰 수입니다.

(3) 620은 10이 ☐ 개인 수입니다.

12 십의 자리 숫자가 7인 수를 모두 찾아 써 보세요.

| 752 317 472 267 179 |

(   )

13 빈칸에 알맞은 수를 써넣고, 몇씩 뛰어 세었는지 써 보세요.

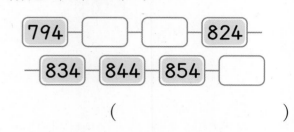

(   )

14 571을 다음과 같이 나타낼 수 있다고 합니다. 물음에 답하세요.

★★★   ◆◆◆◆   ●
★★   ◆◆◆

(1) ★ 1개는 ◆ 몇 개와 바꿀 수 있나요?

(   )

(2) ◆ 1개는 ● 몇 개와 바꿀 수 있나요?

(   )

(3) 252를 같은 방법으로 나타내 보세요.

(   )

15 가장 큰 수에 ○표, 가장 작은 수에 △표 하세요.

| 199 362 903 248 196 |

16 228보다 크고 234보다 작은 수는 모두 몇 개인지 구해 보세요.

(   )

17 글을 읽고 나는 어떤 수인지 구해 보세요.

- 나는 세 자리 수입니다.
- 십의 자리 수는 0을 나타냅니다.
- 719와 일의 자리 수가 같습니다.
- 나는 336보다 크고 466보다 작습니다.

(   )

18 세 자리 수의 크기 비교에서 □ 안에 들어갈 수 있는 수를 모두 구해 보세요.

426 > □42

(   )

19 수 카드를 한 번씩만 사용하여 가장 큰 세 자리 수를 만들려고 합니다. 풀이 과정을 쓰고 답을 구해 보세요.

6   1   8

풀이 _____

_____

_____

답 _____

20 ㉮와 ㉯ 중에서 더 큰 수는 어느 것인지 풀이 과정을 쓰고 답을 구해 보세요.

㉮ 100이 6개, 10이 4개, 1이 4개인 수
㉯ 10이 70개인 수

풀이 _____

_____

_____

답 _____

2 여러 가지 도형

우린 정말 달라!

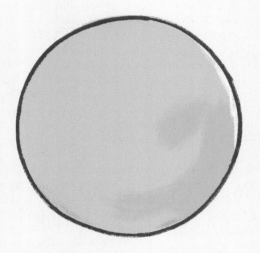

난 동그라미니까 곧은 선도 뾰족한 부분도 없지!

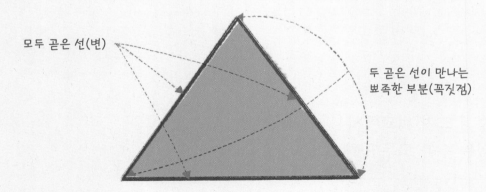

모두 곧은 선(변)

두 곧은 선이 만나는
뾰족한 부분(꼭짓점)

응? 난 곧은 선과 뾰족한 부분만 있는데?

변, 꼭짓점이 3개면 삼각형, 4개면 사각형!

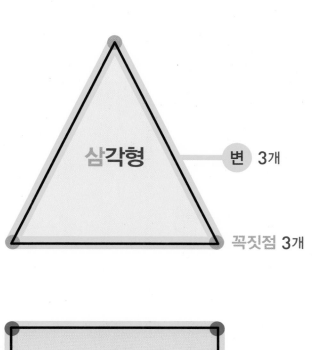

삼각형

변 3개

꼭짓점 3개

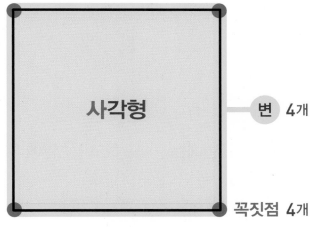

사각형

변 4개

꼭짓점 4개

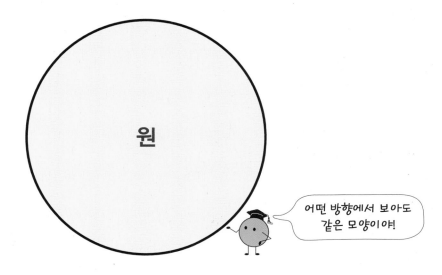

원

어떤 방향에서 보아도 같은 모양이야!

❶ 곧은 선 3개로 이루어져 있으면 삼각형이야.

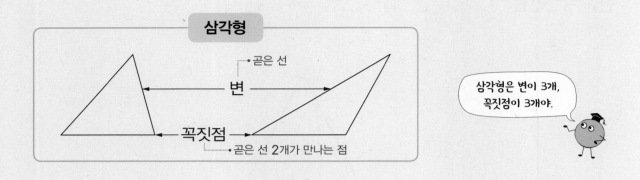

삼각형

• 곧은 선
변
꼭짓점
• 곧은 선 2개가 만나는 점

삼각형은 변이 3개, 꼭짓점이 3개야.

──•三角形(석 삼, 뿔 각, 모양 형)

1 삼각형을 모두 찾아 ○표 하세요.

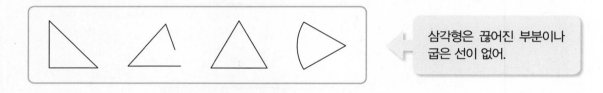

삼각형은 끊어진 부분이나 굽은 선이 없어.

2 삼각형의 꼭짓점에는 ○표, 변에는 △표 하고 ☐ 안에 알맞은 수를 써넣으세요.

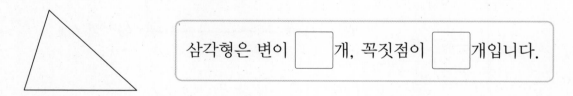

삼각형은 변이 ☐개, 꼭짓점이 ☐개입니다.

3 세 점을 이어 삼각형을 그려 보세요.

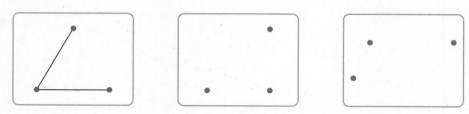

2 곧은 선 4개로 이루어져 있으면 사각형이야.

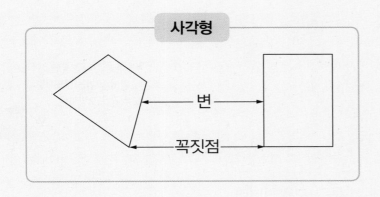

사각형

변

꼭짓점

사각형은 변이 4개, 꼭짓점이 4개야.

•四角形(넉 사, 뿔 각, 모양 형)

1 사각형을 찾아 ○표 하세요.

(1) 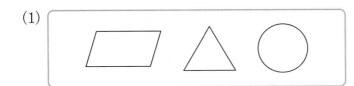 (2)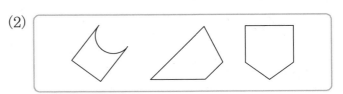

2 사각형의 꼭짓점에는 ○표, 변에는 △표 하고 ☐ 안에 알맞은 수를 써넣으세요.

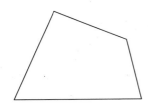

사각형은 변이 ☐ 개, 꼭짓점이 ☐ 개입니다.

3 점을 이어 여러 가지 사각형을 그려 보세요.

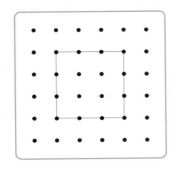 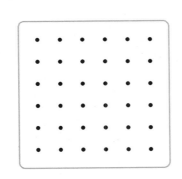 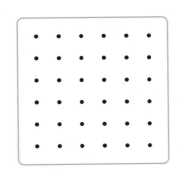

3 어느 곳에서 보아도 완전히 둥근 모양이 원이야.

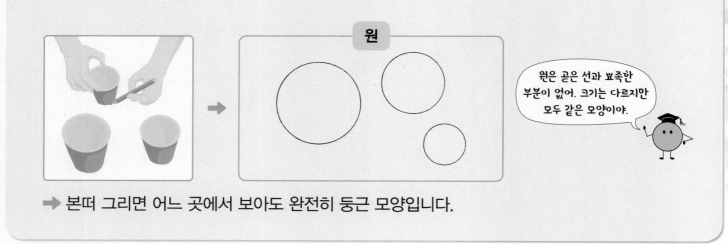

원

원은 곧은 선과 뾰족한 부분이 없어. 크기는 다르지만 모두 같은 모양이야.

➡ 본떠 그리면 어느 곳에서 보아도 완전히 둥근 모양입니다.

---

1 그림을 보고 ☐ 안에 알맞은 말을 써넣으세요.

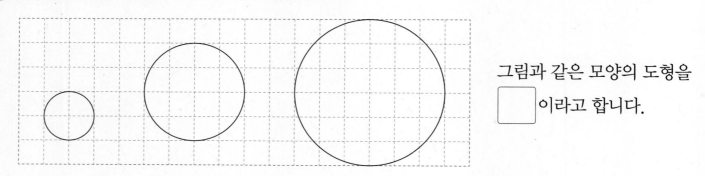

그림과 같은 모양의 도형을 ☐ 이라고 합니다.

---

2 물건을 본떠 원을 그릴 수 있는 것을 모두 찾아 기호를 써 보세요.

가   나   다   라   마   바

(   )

---

3 원을 모두 찾아 도형 안에 원이라고 써 보세요.

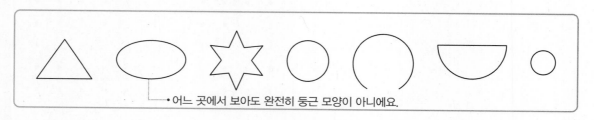

• 어느 곳에서 보아도 완전히 둥근 모양이 아니에요.

4 칠교 조각을 삼각형과 사각형으로 분류할 수 있어.

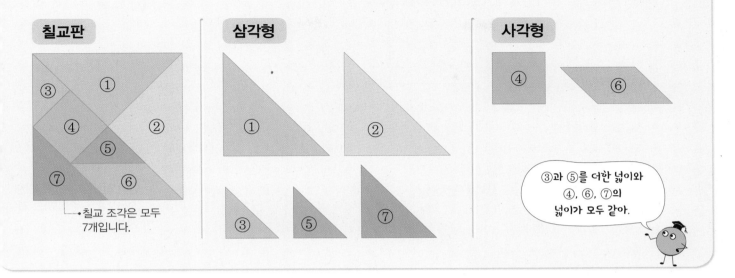

칠교판

③ ① ④ ② ⑤ ⑦ ⑥

•칠교 조각은 모두 7개입니다.

삼각형

① ② ③ ⑤ ⑦

사각형

④ ⑥

③과 ⑤를 더한 넓이와 ④, ⑥, ⑦의 넓이가 모두 같아.

---

1 칠교판을 보고 물음에 답하세요.

(1) 칠교 조각이 삼각형이면 빨간색, 사각형 이면 초록색으로 칠해 보세요.

(2) ☐ 안에 알맞은 수를 써넣으세요.

칠교 조각에는 삼각형이 ☐ 개,

사각형이 ☐ 개 있습니다.

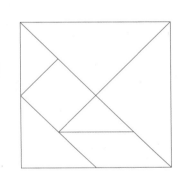

삼각형: 곧은 선 **3**개로 이루어진 도형

사각형: 곧은 선 **4**개로 이루어진 도형

2

---

2 세 조각을 모두 이용하여 삼각형과 사각형을 만들어 보세요.

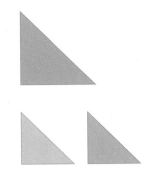

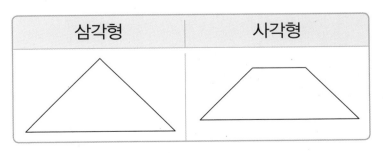

삼각형	사각형

길이가 같은 변끼리 서로 맞닿게 붙여야 해.

1 그림과 같은 도형의 이름을 써 보세요.

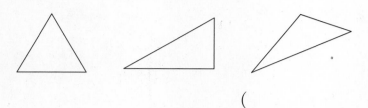

(   )

2 ☐ 안에 알맞은 말을 써넣으세요.

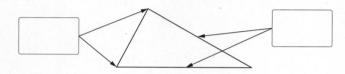

> 곧은 선, 곧은 선 2개가 만나는 점을 각각 무엇이라고 하는지 생각해 봐.

3 삼각형에 대한 설명으로 옳은 것을 모두 찾아 기호를 써 보세요.

> ㉠ 변이 3개입니다.
> ㉡ 모양이 모두 같습니다.
> ㉢ 곧은 선으로 이루어져 있습니다.
> ㉣ 곧은 선 2개가 만나는 점이 4개 있습니다.

(   )

3➕ 두 점을 곧게 이은 선이 아닌 것을 찾아 ×표 하세요.

(   )   (   )   (   )

> 3학년 1학기 때 만나!
>
> **선분 알아보기**
>
> 선분: 두 점을 곧게 이은 선
>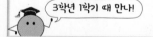

4 다음 도형은 삼각형이 아닙니다. 삼각형이 아닌 까닭을 써 보세요.

> 삼각형은 곧은 선 3개로 둘러싸여 있어.

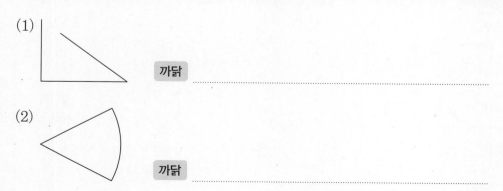

(1) 까닭 ....

(2) 까닭 ....

5 삼각형은 몇 개일까요?

(1)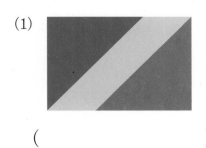

(2)

(   )   (   )

▶ 곧은 선 3개로 이루어진 도형을 찾아봐.

😊 내가 만드는 문제

6 모양이 서로 다른 삼각형 **2**개를 그려 보세요.

▶ 곧은 선이 떨어지는 부분 없이 이어지도록 그려.

3개의 점만 정하면 삼각형을 그릴 수 있을까?

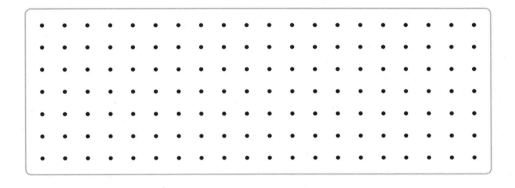
삼각형

• **3**개의 점이 나란히 있는 경우

➡ (삼각형입니다 , 삼각형이 아닙니다).

• **3**개의 점이 나란히 있지 않은 경우

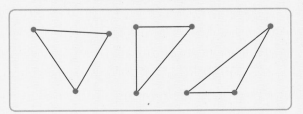

➡ (삼각형입니다 , 삼각형이 아닙니다).

7 그림과 같은 도형의 이름을 써 보세요.

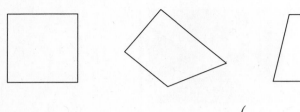

(   )

▶ 곧은 선 4개로 이루어진 도형을 무엇이라고 하는지 생각해 봐.

🔗 탄탄북

8 삼각형과 사각형의 공통점을 모두 찾아 기호를 써 보세요.

> ㉠ 둥근 부분이 있습니다.
> ㉡ 변과 꼭짓점이 있습니다.
> ㉢ 곧은 선으로 이루어져 있습니다.
> ㉣ 4개의 변과 4개의 꼭짓점이 있습니다.

(   )

3학년 1학기 때 만나!

8➕ 다음 사각형의 이름으로 알맞은 것에 ○표 하세요.

(직사각형 , 정사각형)

직사각형, 정사각형

· 직사각형: 네 각이 모두 직각인 사각형

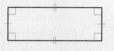

· 정사각형: 네 각이 모두 직각이고 네 변의 길이가 모두 같은 사각형

9 다음 도형은 사각형이 아닙니다. 사각형이 아닌 까닭을 써 보세요.

(1)

까닭 ....

(2)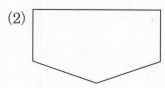

까닭 ....

10 도형을 점선을 따라 자르면 어떤 도형이 몇 개 생길까요?

▶ 잘랐을 때 생기는 도형의 변
(꼭짓점)의 수를 세어 봐.

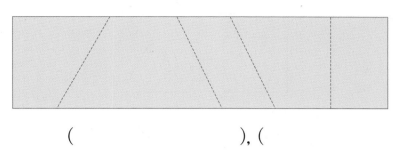

(   ), (   )

 내가 만드는 문제

11 모눈종이에 여러 가지 사각형을 그려 보세요.

▶ 모눈종이 위의 선에 얽매이지
말고 다양한 모양의 사각형을
그려 봐.

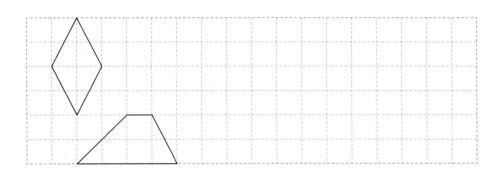

2

4개의 점을 곧은 선으로 이으면 항상 사각형이 그려질까?

사각형

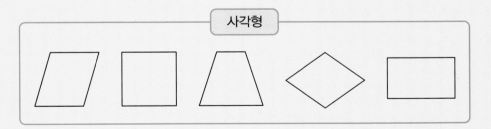

• **3**개 또는 **4**개의 점이 나란히 있는 경우

➡ (사각형입니다 , 사각형이 아닙니다).

• **3**개 또는 **4**개의 점이 나란히 있지 않은 경우

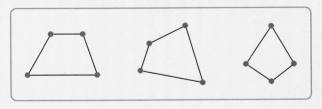

➡ (사각형입니다 , 사각형이 아닙니다).

12 컵을 종이에 대고 그렸습니다. 그린 모양을 찾아 ○표 하세요.

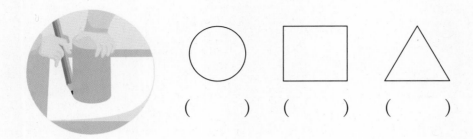

(   )   (   )   (   )

13 어떤 도형에 대한 설명일까요?

> • 변과 꼭짓점이 없습니다.
> • 크기는 다르지만 모두 같은 모양입니다.
> • 어느 곳에서 보아도 완전히 둥근 모양입니다.

(   )

▶ 어느 곳에서 보아도 완전히 둥근 모양은 ○ 모양이야.

🖊 탄탄북

14 원을 모두 찾아 기호를 써 보세요.

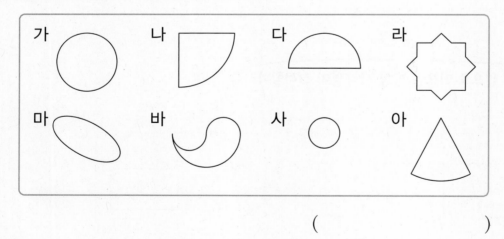

(   )

▶ 뾰족한 부분과 곧은 선이 있으면 안 돼.

14➕ 그림과 같이 원을 반으로 접었다 편 후 접힌 선을 따라 가위로 잘랐습니다. 알맞은 말에 ○표 하세요.

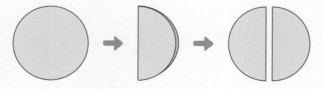

자른 두 모양은 모양과 크기가 (같습니다 , 다릅니다).

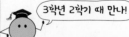
3학년 2학기 때 만나!

원의 지름 알아보기

원을 여러 방향에서 반으로 접었을 때 생기는 선들의 길이는 모두 같습니다.

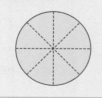

15 원에 대하여 잘못 말한 사람을 모두 찾아 ○표 하세요.

| 모든 원은 모양과 크기가 같아. | 원은 뾰족한 부분이 없어. | 원은 굽은 선으로만 되어 있어. | 원은 완전히 둥근 모양이야. |

시훈   인혜   지원   효준

(   )   (   )   (   )   (   )

내가 만드는 문제

16 원을 이용하여 자유롭게 그림을 그려 보세요.

▶ 주변의 물건이나 모양 자를 이용하여 그려 봐.

2

둥근 모양이면 모두 원일까?

원

• 어느 곳에서 보아도 똑같이 보이지 않는 모양

➡ (원입니다 , 원이 아닙니다).

• 일부만 둥근 모양

➡ (원입니다 , 원이 아닙니다).

4 칠교판으로 모양 만들기

17 보기 의 조각을 모두 이용하여 모양을 만들어 보세요.

▶ 먼저 주어진 조각 중 가장 큰 조각을 어떻게 놓을 수 있을지 생각해 봐.

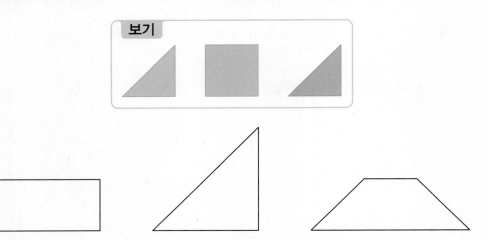

18 칠교 조각을 이용하여 다른 칠교 조각을 만들려고 합니다. 다른 조각들로 ⑥번 조각을 만들어 보세요.

19 칠교 조각으로 집을 만들려고 합니다. 붙임딱지를 붙여 집을 완성해 보세요.

붙임딱지

▶ 이용하지 않은 조각들로 나머지 부분을 채워 봐.

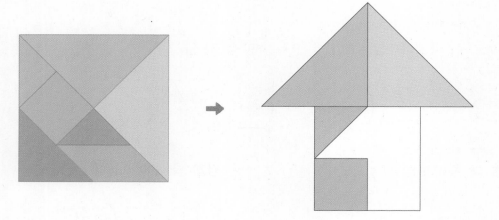

🔗 탄탄북

20 보기 의 조각을 이용하여 만들 수 없는 모양에 ○표 하세요.

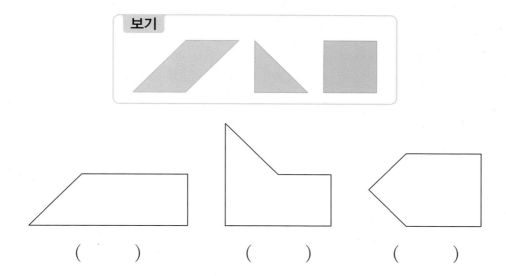

보기

(   )   (   )   (   )

▶ 칠교 조각을 여러 방향으로 돌려 봐.

😊 내가 만드는 문제

21

붙임딱지

칠교 조각 붙임딱지 중 다섯 조각을 자유롭게 선택하여 사각형을 만들어 보세요.

 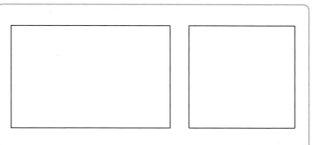

▶ 변이 서로 맞닿도록 여러 가지 방법으로 붙여 봐.

2

🎓 칠교 조각으로 모양을 만들 때 주의해야 할 점은?

• 사각형 만들기

가    나    다   라

➡ 바르게 만든 사각형은 ☐ , ☐ 입니다.

칠교 조각으로 모양을 만들 때에는 길이가 같은 변끼리 붙여야 해.

5 쌓은 모양을 설명할 때 위치나 방향 등을 생각해.

● **쌓기나무로 높이 쌓기**

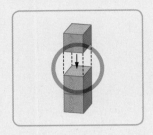

면과 면을 맞대어
반듯하게
쌓습니다.

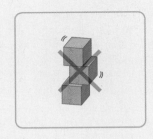

반듯하지 않으면
쓰러질 수
있습니다.

➡ 높이 쌓으려면 쌓기나무를 반듯하게 맞춰 쌓으면 됩니다.

● **쌓은 모양에서 위치와 방향 알아보기**

색칠한 쌓기나무를
기준으로 알아봐.

왼쪽   오른쪽

뒤
앞

위
아래

내가 보고 있는 쪽이
앞쪽이고 오른손이
있는 쪽이 오른쪽이야.

---

1 쌓기나무로 쌓은 모습입니다. 더 높이 쌓을 수 있는 것에 ○표 하세요.

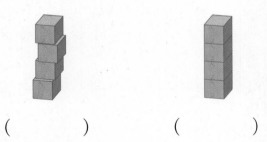

(   )   (   )

---

2 빨간색 쌓기나무 왼쪽에 있는 쌓기나무에 각각 ○표 하세요.

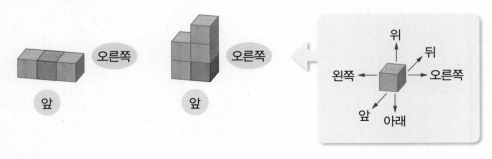

오른쪽

앞

오른쪽

앞

위
뒤
왼쪽   오른쪽
앞   아래

6 같은 개수로 여러 모양을 쌓을 수 있어.

● 쌓기나무 **4**개로 쌓은 모양

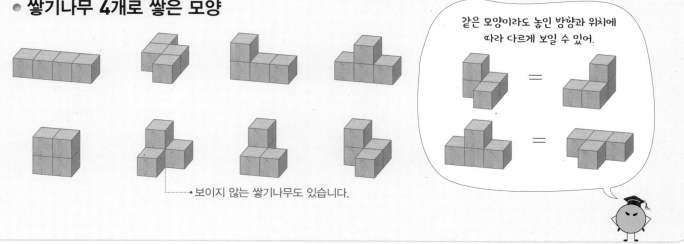

같은 모양이라도 놓인 방향과 위치에 따라 다르게 보일 수 있어.

•보이지 않는 쌓기나무도 있습니다.

1 쌓기나무 **5**개로 만든 모양을 모두 찾아 ○표 하세요.

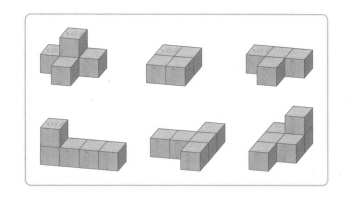

보이지 않는 쌓기나무가 있는지 살펴봐야 해.

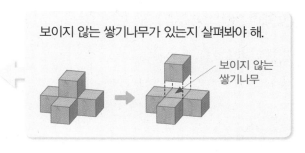

보이지 않는 쌓기나무

2 설명대로 쌓은 모양을 찾아 이어 보세요.

쌓기나무 **3**개가 옆으로 나란히 있고, 가운데 쌓기나무 위에 **2**개가 있습니다.

쌓기나무 **3**개가 옆으로 나란히 있고, 가장 왼쪽 쌓기나무 앞에 **1**개가 있습니다.

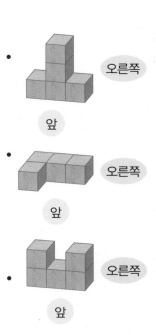

오른쪽

앞

오른쪽

앞

오른쪽

앞

1 은지와 민수가 쌓기나무로 높이 쌓기 놀이를 하고 있습니다. 누가 더 높이 쌓을 수 있는지 써 보세요.

▶ 쓰러지지 않게 높이 쌓을 수 있는 것을 찾아봐.

은지   민수

(   )

2 다음에서 설명하는 쌓기나무를 찾아 ○표 하세요.

(1) 빨간색 쌓기나무 오른쪽에 있는 쌓기나무

오른쪽   오른쪽   오른쪽

앞   앞   앞

(2) 빨간색 쌓기나무 앞에 있는 쌓기나무

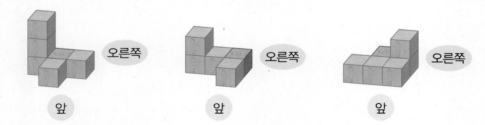

오른쪽   오른쪽   오른쪽

앞   앞   앞

🔗 탄탄북

3 쌓기나무로 쌓은 모양에 대한 설명입니다. ☐ 안에 알맞은 수나 말을 써넣으세요.

뒤
왼쪽   오른쪽
앞

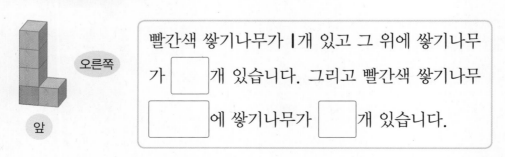

오른쪽

앞

> 빨간색 쌓기나무가 1개 있고 그 위에 쌓기나무가 ☐ 개 있습니다. 그리고 빨간색 쌓기나무 ☐ 에 쌓기나무가 ☐ 개 있습니다.

4 주어진 조건에 맞게 쌓기나무를 색칠해 보세요.

> • 빨간색 쌓기나무의 왼쪽에 파란색 쌓기나무
> • 빨간색 쌓기나무의 앞쪽에 노란색 쌓기나무
> • 보라색 쌓기나무의 아래에 초록색 쌓기나무

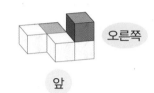

오른쪽

앞

☺ 내가 만드는 문제

5 로봇의 시작하기 버튼을 누르면 명령대로 쌓기나무를 정리합니다. 보기 에서 명령어를 골라 빈칸에 기호를 써넣고 로봇이 정리한 모양을 그려 보세요.

▶ 시작하기 버튼을 눌렀을 때
빨간색 쌓기나무 1개 놓기
빨간색 쌓기나무 왼쪽에 쌓기나무 1개 놓기

보기
ㄱ 빨간색 쌓기나무 위에 쌓기나무 1개 놓기
ㄴ 빨간색 쌓기나무 앞에 쌓기나무 1개 놓기
ㄷ 빨간색 쌓기나무 오른쪽에 쌓기나무 1개 놓기

 왼쪽 모양으로 쌓으려면 어떻게 해야 할까?

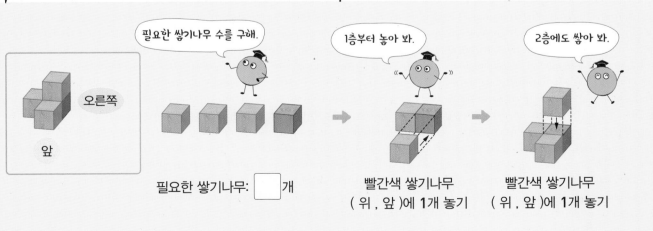

오른쪽

앞

필요한 쌓기나무 수를 구해.

필요한 쌓기나무: ☐ 개

1층부터 놓아 봐.

빨간색 쌓기나무
(위 , 앞)에 **1**개 놓기

2층에도 쌓아 봐.

빨간색 쌓기나무
(위 , 앞)에 **1**개 놓기

6 쌓기나무 4개로 만든 모양을 모두 찾아 기호를 써 보세요.

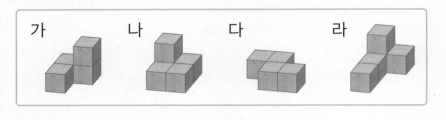

가　나　다　라

(　　　　　　)

▶ 쌓기나무의 개수가 같아도 모양은 여러 가지야.

6➊ 쌓기나무로 쌓은 모양을 보고 ☐ 안에 알맞은 수를 써넣으세요.

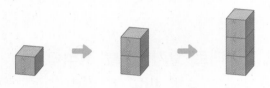

쌓기나무 위로 ☐ 개씩 늘어납니다.

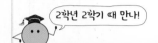

쌓은 모양에서 규칙 찾기

2개　3개　4개

➡ 쌓기나무가 1개씩 늘어납니다.

7 쌓기나무 5개로 만든 모양입니다. 바르게
설명한 사람은 누구일까요?

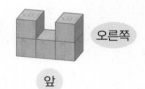

오른쪽

앞

> 희재: 1층으로만 쌓았어.
> 교림: 쌓기나무 3개가 옆으로 나란히 있고, 가장 왼쪽과 가
> 　　　장 오른쪽 쌓기나무 앞에 각각 2개씩 있어.
> 지은: 1층에 3개가 있고, 2층에 2개가 있어.

(　　　　　　)

8 쌓기나무로 쌓은 모양을 보고 알맞은 말에 ○표 하세요.

오른쪽

앞

> 2개가 옆으로 나란히 있고, 왼쪽 쌓기나무
> (위 , 아래 , 앞 , 뒤)에 1개, 오른쪽 쌓기나
> 무 (위 , 아래 , 앞 , 뒤)에 1개가 있습니다.

▶ 쌓은 모양에서 쌓기나무의 위치를 잘 살펴봐.

9 모양에 대한 설명을 보고 쌓은 모양을 찾아 기호를 써 보세요.

> ㉠ 3개가 옆으로 나란히 있고, 가장 왼쪽 쌓기나무 앞에 |개가 있습니다.
>
> ㉡ 3개가 옆으로 나란히 있고, 가장 오른쪽 쌓기나무 뒤에 |개가 있습니다.

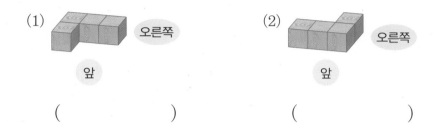

(1) 오른쪽 / 앞

(   )

(2) 오른쪽 / 앞

(   )

😊 내가 만드는 문제

10 쌓기나무 5개로 모양을 만들고 쌓은 모양을 설명해 보세요.

설명 ....

....

....

▶ 전체적인 모양, 쌓기나무의 개수, 위치와 방향 등을 이용하여 설명할 수 있어.

2

🎓 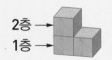 모양과 모양은 같은 모양일까?

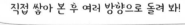
직접 쌓아 본 후 여러 방향으로 돌려 봐!

2층 →
1층 →

1층에 2개, 2층에 ☐ 개를 놓았습니다.

1층에 ☐ 개를 놓았습니다.

➡ 같은 모양이라도 쌓기나무가 놓인 방향과 위치에 따라 다르게 보일 수 있습니다.

└▸ 모양을 설명하기 전에 앞, 뒤, 왼쪽, 오른쪽을 약속해야 합니다.

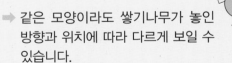

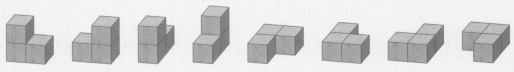

➡ 모두 (같은 , 다른) 모양입니다.

① 그림에서 도형 찾기

그림에서 가장 많이 이용한 도형의 이름을 써 보세요.

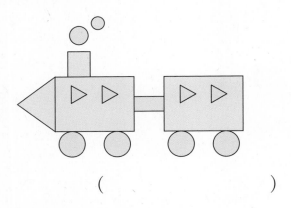

(   )

각 도형이 몇 개 있는지 세어 봐.

삼각형   사각형   원

② 도형 그리기

설명에 맞는 도형을 그려 보세요.

- 변이 **3**개입니다.
- 꼭짓점이 **3**개입니다.
- 도형 안쪽에 점이 **2**개 있습니다.

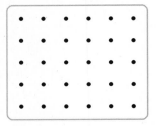

도형 안쪽의 점의 개수를 생각해 봐.

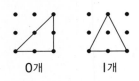

0개   1개

1+ 그림에서 가장 많이 이용한 도형과 가장 적게 이용한 도형의 이름을 써 보세요.

가장 많이 이용한 도형 (   )

가장 적게 이용한 도형 (   )

2+ 설명에 맞는 도형을 **2**개 그려 보세요.

- 삼각형보다 꼭짓점이 **1**개 더 많은 도형입니다.
- 도형의 안쪽에 점이 **4**개 있습니다.

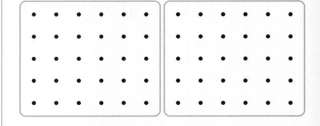

3 칠교 조각을 이용하여 도형 만들기

칠교 조각을 한 번씩 모두 이용하여 다음 모양을 만들어 보세요.

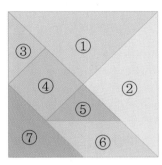

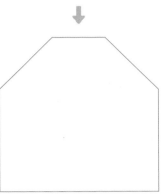

길이가 같은 변을 먼저 알아보고 가장 큰 조각부터 채워 봐.

3+ 칠교 조각을 한 번씩 모두 이용하여 사각형을 만들어 보세요.

4 똑같은 모양 만들기

왼쪽 모양에서 쌓기나무를 빼서 오른쪽과 똑같은 모양을 만들려고 합니다. 빼야 하는 쌓기나무에 모두 ○표 하세요.

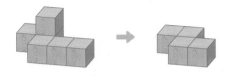

먼저 쌓기나무의 층수를 비교해 봐.

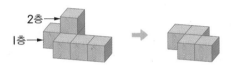

1층에서 다른 점을 찾아봐.

4+ 왼쪽 모양에 쌓기나무를 더 쌓아 오른쪽과 똑같은 모양을 만들려고 합니다. 어느 곳과 맞닿게 쌓아야 하는지 모두 찾아 기호를 써 보세요.

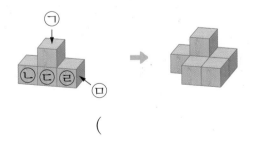

( )

2

2. 여러 가지 도형 **55**

5 크고 작은 도형의 개수 구하기

국기에서 찾을 수 있는 크고 작은 사각형은 모두 몇 개일까요?

( )

사각형 1개짜리, 2개짜리, 3개짜리, ...짜리를 각각 찾아봐.

사각형 1개짜리: ①, ②, ③, ④
사각형 2개짜리: ②+③, ③+④
⋮

5+ 도형에서 찾을 수 있는 크고 작은 삼각형은 모두 몇 개일까요?

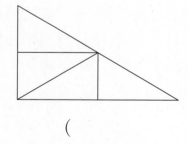

( )

6 쌓은 모양을 본 그림 찾기

쌓기나무로 쌓은 모양을 앞에서 본 그림입니다. 어떤 모양을 본 것인지 찾아 기호를 써 보세요.

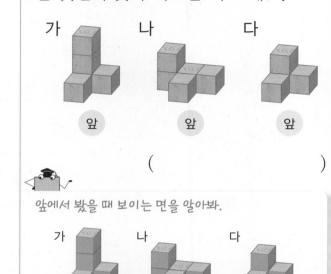

가 나 다

앞 앞 앞

( )

앞에서 봤을 때 보이는 면을 알아봐.

가 나 다

앞 앞 앞

6+ 쌓기나무로 쌓은 모양을 오른쪽에서 본 그림입니다. 어떤 모양을 본 것인지 모두 찾아 기호를 써 보세요.

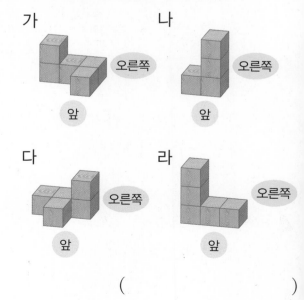

가 나

오른쪽 오른쪽

앞 앞

다 라

오른쪽 오른쪽

앞 앞

( )

단원 평가

점수 | 확인

[1~2] 도형을 보고 물음에 답하세요.

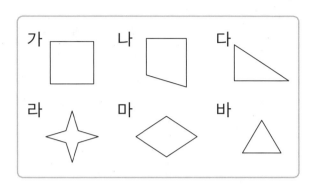

1 꼭짓점이 **3**개인 도형을 모두 찾아 기호를 써 보세요.

( )

2 사각형은 모두 몇 개일까요?

( )

3 원을 본뜰 수 있는 것은 어느 것일까요? ( )

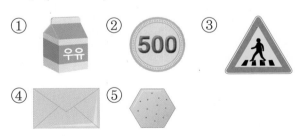

4 칠교판의 조각 중 크기가 가장 작은 조각은 어떤 모양일까요?

( )

5 칠교판에 대한 설명으로 틀린 것을 모두 찾아 기호를 써 보세요.

> ㉠ 칠교 조각은 모두 **7**개입니다.
> ㉡ 삼각형 모양 조각은 **5**개입니다.
> ㉢ 사각형 모양 조각은 **5**개입니다.
> ㉣ 크기가 가장 큰 조각은 사각형 모양입니다.

( )

6 쌓은 모양을 바르게 나타내도록 보기 에서 알맞은 말을 골라 써 보세요.

오른쪽

앞

보기

> 위, 앞, 뒤, 오른쪽, 왼쪽

> **3**개가 옆으로 나란히 있고, 가장 왼쪽 쌓기나무 [ ] 에 **1**개가 있습니다.

7 원에 대한 설명이 아닌 것은 어느 것일까요? ( )

① 변이 없습니다.
② 어느 곳에서 보아도 완전히 둥근 모양입니다.
③ 꼭짓점이 없습니다.
④ 곧은 선으로 이루어진 도형입니다.
⑤ **100**원짜리 동전을 본떠 그릴 수 있습니다.

8 서로 다른 사각형 2개를 그려 보세요.

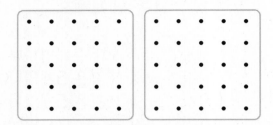

9 변의 수가 많은 도형부터 차례로 기호를 써 보세요.

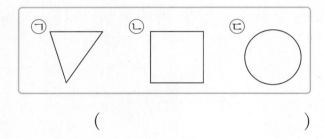

( )

10 왼쪽 모양에서 쌓기나무 1개를 옮겨 오른쪽과 똑같은 모양을 만들려고 합니다. 옮겨야 할 쌓기나무에 ○표 하세요.

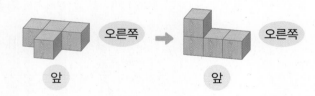

11 색종이를 점선을 따라 자르면 어떤 도형이 몇 개 생길까요?

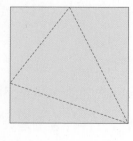

( ), ( )

12 칠교판의  두 조각으로 삼각형을 만들어 보세요.

13 바르게 설명한 것을 모두 찾아 기호를 써 보세요.

> ㉠ 원은 꼭짓점이 없습니다.
> ㉡ 사각형은 꼭짓점이 4개입니다.
> ㉢ 삼각형은 사각형보다 변이 더 많습니다.

( )

14 쌓기나무 5개로 만든 모양이 아닌 것에 ○표 하세요.

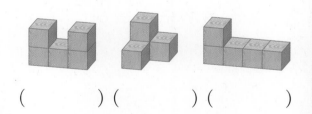

( ) ( ) ( )

15 영국 국기에서 찾을 수 있는 삼각형은 모두 몇 개일까요?

( )

16 주어진 조건에 맞게 쌓기나무를 색칠해 보세요.

- 빨간색 쌓기나무 위에 파란색 쌓기나무
- 빨간색 쌓기나무 왼쪽에 노란색 쌓기나무

오른쪽

앞

17 쌓기나무로 쌓은 모양에 대한 설명입니다. 틀린 부분을 모두 찾아 ×표 하고 바르게 고쳐 보세요.

오른쪽

앞

2개가 옆으로 나란히 있고, 가장 왼쪽 쌓기나무 위에 1개, 가장 오른쪽 쌓기나무 뒤에 1개가 있습니다.

18 칠교판의 조각을 한 번씩 모두 이용하여 다음 모양을 만들어 보세요.

19 쌓기나무로 쌓은 모양을 설명해 보세요.

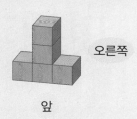

오른쪽

앞

설명 _____
_____
_____
_____

20 자동차의 바퀴가 원과 사각형이라면 어떻게 될지 설명해 보세요.

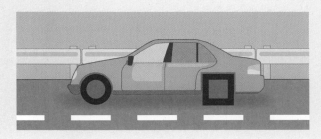

설명 _____
_____
_____
_____

3 덧셈과 뺄셈

올라가거나 내려가려면 10이 돼야 한다고?

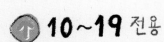

10씩 받아올림하거나 받아내림할 수 있다!

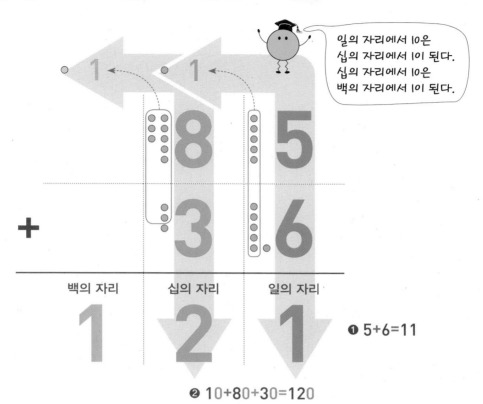

일의 자리에서 10은
십의 자리에서 1이 된다.
십의 자리에서 10은
백의 자리에서 1이 된다.

백의 자리   십의 자리   일의 자리

1   **2**   **1**   ❶ 5+6=11

❷ 10+80+30=120

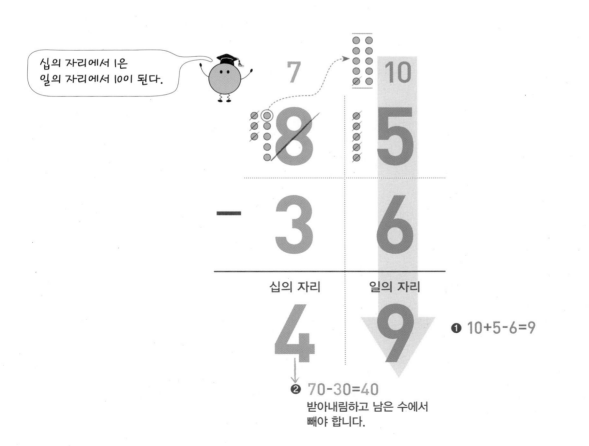

십의 자리에서 1은
일의 자리에서 10이 된다.

7   10

8   5

−   3   6

십의 자리   일의 자리

4   **9**   ❶ 10+5-6=9

❷ 70-30=40
받아내림하고 남은 수에서
빼야 합니다.

1 일의 자리끼리 더해서 10이 되면 십의 자리로 보내.

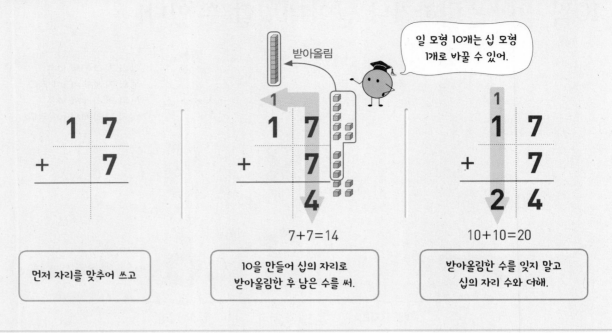

받아올림

일 모형 10개는 십 모형 1개로 바꿀 수 있어.

7+7=14

10+10=20

먼저 자리를 맞추어 쓰고

10을 만들어 십의 자리로 받아올림한 후 남은 수를 써.

받아올림한 수를 잊지 말고 십의 자리 수와 더해.

1 18 + 5를 이어 세기로 계산하려고 합니다. ☐ 안에 알맞은 수를 써넣으세요.

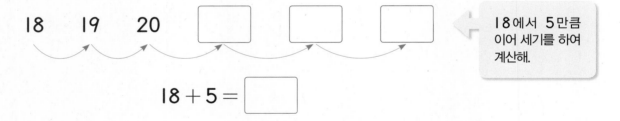

18 19 20 ☐ ☐ ☐

18에서 5만큼 이어 세기를 하여 계산해.

18 + 5 = ☐

2 25 + 6을 △를 그려 계산하려고 합니다. △를 그리고 ☐ 안에 알맞은 수를 써넣으세요.

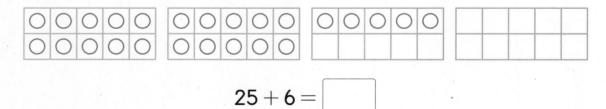

25 + 6 = ☐

3 그림을 보고 덧셈을 해 보세요.

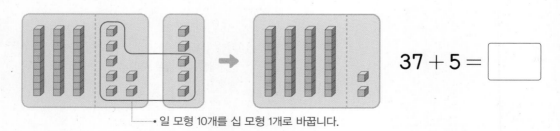

37 + 5 = ☐

• 일 모형 10개를 십 모형 1개로 바꿉니다.

4 ☐ 안에 알맞은 수를 써넣으세요.

(1)
• 세로로 쓰면 같은 자리 수끼리 계산하기 편리합니다.

$$\begin{array}{r} 2\ 8 \\ +\quad\ 7 \\ \hline \end{array}$$

➡

• 받아올림한 수를 씁니다. ☐

$$\begin{array}{r} 2\ 8 \\ +\quad\ 7 \\ \hline \ \ \square \end{array}$$

➡

☐

$$\begin{array}{r} 2\ 8 \\ +\quad\ 7 \\ \hline \square\ \square \end{array}$$

(2)
$$\begin{array}{r} 3\ 4 \\ +\quad\ 8 \\ \hline \end{array}$$

➡

☐

$$\begin{array}{r} 3\ 4 \\ +\quad\ 8 \\ \hline \ \ \square \end{array}$$

➡

☐

$$\begin{array}{r} 3\ 4 \\ +\quad\ 8 \\ \hline \square\ \square \end{array}$$

5 ☐ 안에 알맞은 수를 써넣으세요.

(1) ☐
$$\begin{array}{r} 2\ 2 \\ +\quad\ 9 \\ \hline 3\ \square \end{array}$$

(2) ☐
$$\begin{array}{r} 5\ 8 \\ +\quad\ 4 \\ \hline \square\ 2 \end{array}$$

(3) ☐
$$\begin{array}{r} 3\ 5 \\ +\quad\ 7 \\ \hline 4\ \square \end{array}$$

(4) ☐
$$\begin{array}{r} 1\ 9 \\ +\quad\ 4 \\ \hline \square\ 3 \end{array}$$

6 계산해 보세요.

(1) $18 + 8$

(2) $24 + 9$

(3) $5 + 46$

(4) $7 + 33$

일의 자리 수끼리의 합이 10이거나 10보다 크면 10을 십의 자리로 받아 올려 계산해.

2 같은 자리끼리 계산해.

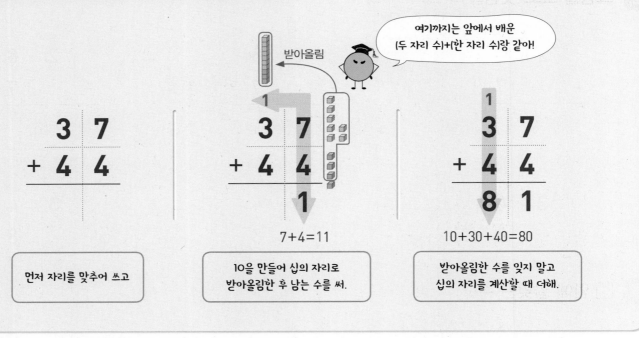

받아올림

여기까지는 앞에서 배운
(두 자리 수)+(한 자리 수)랑 같아!

7+4=11

10+30+40=80

먼저 자리를 맞추어 쓰고

10을 만들어 십의 자리로
받아올림한 후 남는 수를 써.

받아올림한 수를 잊지 말고
십의 자리를 계산할 때 더해.

1 28 + 19를 여러 가지 방법으로 계산해 보세요.

(1) 19를 가르기하여 계산하기

$$28 + 19$$
$$= 28 + 10 + \boxed{}$$
$$= \boxed{} + \boxed{} = \boxed{}$$

19
10   9

(2) 28을 가까운 몇십으로 바꾸어 계산하기

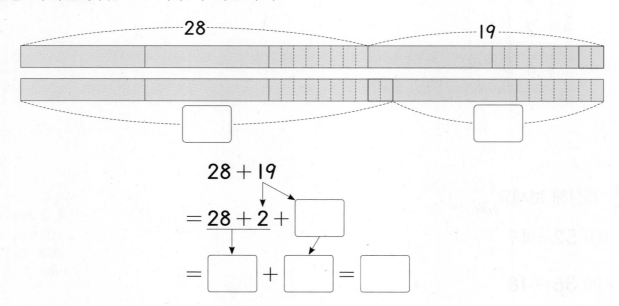

28   19

$$28 + 19$$
$$= 28 + 2 + \boxed{}$$
$$= \boxed{} + \boxed{} = \boxed{}$$

2 그림을 보고 덧셈을 해 보세요.

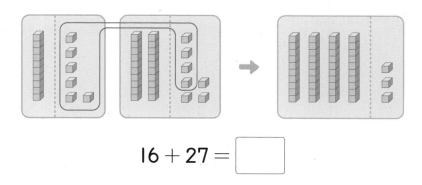

$$16 + 27 = \boxed{}$$

3 □ 안에 알맞은 수를 써넣으세요.

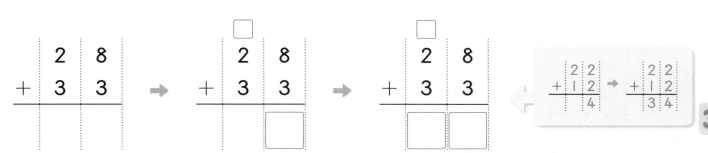

4 □ 안에 알맞은 수를 써넣으세요.

(1)
```
    □
    4  6
  + 2  5
  ─────────
   □  □
```

(2)
```
    □
    5  8
  + 1  4
  ─────────
   □  □
```

(3)
```
    □
    6  4
  + 2  6
  ─────────
   □  □
```

5 계산해 보세요.

(1) $52 + 19$

(2) $45 + 37$

(3) $36 + 18$

(4) $24 + 56$

3 십의 자리끼리 더해서 100이 되면
백의 자리로 보내.

같은 자리 수끼리 합이 10이거나 10보다 크면
바로 윗자리로 받아올림하면 되는 거구나!

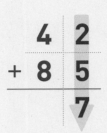

```
  4 2
+ 8 5
―――
    7
```
2+5=7

자리를 맞추어 썼으면
일의 자리 수끼리 먼저 더해.

```
  4 2
+ 8 5
―――
  2 7
```
40+80=120

100을 만들어 백의 자리로
받아올림한 후 남는 수를 써.

```
1
  4 2
+ 8 5
―――
1 2 7
```

받아올림한 수를 잊지 말고
백의 자리에 내려 써.

1 그림을 보고 덧셈을 해 보세요.

• 십 모형 10개는 백 모형 1개로
바꿀 수 있습니다.

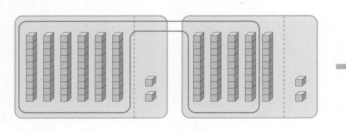

$$62 + 52 = \boxed{}$$

2 ☐ 안에 알맞은 수를 써넣으세요.

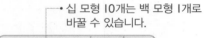

```
  7 4          ☐          ☐
+ 8 3        7 4        7 4
―――    →  + 8 3   →  + 8 3
  ☐          ☐ ☐        ☐ ☐ ☐
```

3 빈칸에 알맞은 수를 써넣으세요.

+	20	30	40	50	60
80					

4 □ 안에 알맞은 수를 써넣으세요.

(1)

$$
\begin{array}{r}
63 \rightarrow 60 + \boxed{} \\
+\ 55 \rightarrow \boxed{} + 5 \\
\hline
\boxed{} \leftarrow \boxed{} + \boxed{}
\end{array}
$$

(2)

$$
\begin{array}{r}
84 \rightarrow 80 + \boxed{} \\
+\ 61 \rightarrow \boxed{} + 1 \\
\hline
\boxed{} \leftarrow \boxed{} + \boxed{}
\end{array}
$$

5 □ 안에 알맞은 수를 써넣으세요.

(1)

$$
\begin{array}{r}
\boxed{}\ \ 3\ \ 4 \\
+\ \ \ \ 7\ \ 4 \\
\hline
\boxed{}\ \boxed{}\ \boxed{}
\end{array}
$$

(2)

$$
\begin{array}{r}
\boxed{}\ \ 8\ \ 5 \\
+\ \ \ \ 5\ \ 1 \\
\hline
\boxed{}\ \boxed{}\ \boxed{}
\end{array}
$$

(3)

$$
\begin{array}{r}
\boxed{}\ \boxed{}\ \ 9\ \ 6 \\
+\ \ \ \ \ \ 3\ \ 4 \\
\hline
\boxed{}\ \boxed{}\ \boxed{}
\end{array}
$$

(4)

$$
\begin{array}{r}
\boxed{}\ \boxed{}\ \ 7\ \ 2 \\
+\ \ \ \ \ \ 3\ \ 9 \\
\hline
\boxed{}\ \boxed{}\ \boxed{}
\end{array}
$$

6 □ 안에 알맞은 수를 써넣으세요.

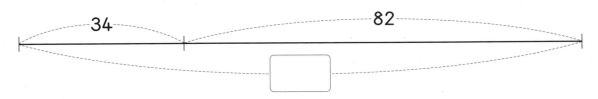

1 계산해 보세요.

(1)
```
    2 6
 +    9
```

(2)
```
    4 5
 +    6
```

(3) $84 + 6$

(4) $59 + 8$

> 일 모형 10개를 십 모형 1개로 바꾸는 것을 받아올림이라고 해.

2 ☐ 안에 알맞은 수를 써넣으세요.

(1) $37 + 3 =$ ☐

$\downarrow +1$

$37 + 4 =$ ☐

$\downarrow +1$

$37 + 5 =$ ☐

(2) $65 + 6 =$ ☐

$+1 \downarrow$ ☐ $\downarrow -1$

$66 + 5 =$ ☐

$+1 \downarrow$ ☐ $\downarrow -1$

$67 + 4 =$ ☐

> 1만큼 커지는 수를 더하면 합도 1만큼 커지고, 1만큼 작아지는 수를 더하면 합도 1만큼 작아져.

3 ☐ 안에 알맞은 수를 써넣으세요.

(1) $46 +$ **8** $=$ ☐

$46 + 4 +$ ☐ $=$ ☐

(2) $57 +$ **6** $=$ ☐

$57 + 3 +$ ☐ $=$ ☐

> 2를 더하는 것은 1을 더한 후 1을 더하는 것과 같아.

4 두 수의 합이 더 큰 쪽에 ○표 하세요.

$75 + 9$ $8 + 77$

5 자전거 보관소에 두발자전거가 **34**대, 세발자전거가 **8**대 있습니다. 자전거 보관소에 있는 자전거는 모두 몇 대일까요?

▶ '모두'는 더하기를 해야 해.

식 ....

답 ....

6 두 수의 합이 가운데 수가 되는 두 수를 찾아 ○표 하세요.

▶ 일의 자리 수끼리만 먼저 계산해 봐.

(1)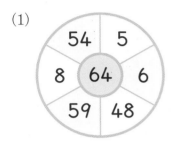

(2)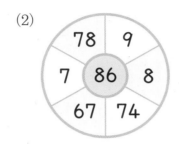

😊 내가 만드는 문제

7 빨간색 주머니와 파란색 주머니에서 공을 한 개씩 꺼내어 공에 적힌 두 수를 더해 보세요.

(   )

 **세로셈은 왜 자리를 맞추어 써야 할까?**

25 + 6을 세로셈으로 나타내 봅니다.

 6은 일의 자리 숫자이므로 일의 자리 수끼리 더해.

➡ 자리를 맞추어 쓰지 않으면 계산 결과가 달라집니다.

2 일의 자리에서 받아올림이 있는 (두 자리 수) + (두 자리 수)

▶ 더하는 수와 더해지는 수를 각각 십의 자리 수와 일의 자리 수로 가르기하여 더해.

8 ☐ 안에 알맞은 수를 써넣으세요.

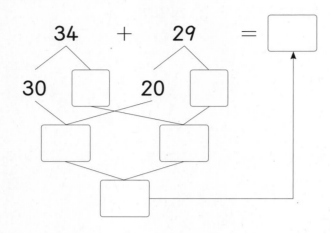

9 계산해 보세요.

(1)
```
   2 8
 + 4 3
```

(2)
```
   4 9
 + 4 7
```

(3) 52 + 18

(4) 34 + 29

9⊕ ☐ 안에 알맞은 수를 써넣으세요.

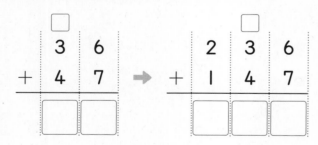

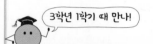

3학년 1학기 때 만나!

받아올림이 한 번 있는 (세 자리 수)+(세 자리 수)

```
   1
 1 2 8
+1 1 4
 2 4 2
```

같은 자리 수끼리의 합이 10 이거나 10보다 크면 바로 윗자리로 받아올림합니다.

10 ☐ 안에 알맞은 수를 써넣으세요.

▶ 11을 더하는 것은 10을 더하고 1을 더하는 것과 같아.

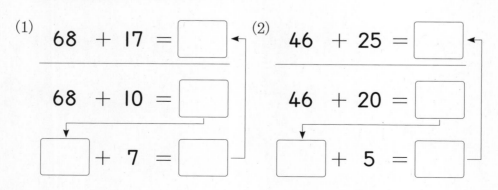

11 계산 결과를 비교하여 ○ 안에 >, =, <를 알맞게 써넣으세요.

(1) 53 + 28 ◯ 58 + 23

(2) 44 + 19 ◯ 44 + 16

▶ 계산하지 않아도 크기를 비교할 수 있어.

(1)   13 + 21
  = 10 + 3 + 20 + 1
  = 10 + 1 + 20 + 3
  = 11 + 23

(2) 5 > 4
  ➡ 10 + 5 > 10 + 4
  ➡ 23 + 5 > 23 + 4
    ⋮

🔖 탄탄북

12 □ 안에 알맞은 수를 써넣으세요.

(1)
```
    2  5
+   □  7
─────────
    6  2
```

(2)
```
    2  □
+   1  4
─────────
    4  1
```

😊 내가 만드는 문제

13 일의 자리에서 받아올림이 있는 두 자리 수끼리의 덧셈을 만들어 보기 와 같이 계산해 보세요.

보기
```
    1  8
+   5  3
─────────
    6  0  ← 10 + 50
    1  1  ← 8 + 3
─────────
    7  1
```

💡 세로셈은 반드시 일의 자리부터 계산해야 될까?

• 일의 자리부터 계산하기
```
    1
    3  3
+   2  9
─────────
   □  □
```
한번에 계산할 수 있어서 편리해.

• 십의 자리부터 계산하기
```
    3  3
+   2  9
─────────
    5  0  ← 30 + 20
    1  2  ← 3 + 9
─────────
   □
```
받아올림이 없어서 계산이 쉬워져.

14 계산해 보세요.

(1)
```
   6 2
 + 7 6
```

(2)
```
   5 8
 + 4 6
```

(3) $74 + 42$

(4) $57 + 78$

14➕ □ 안에 알맞은 수를 써넣으세요.

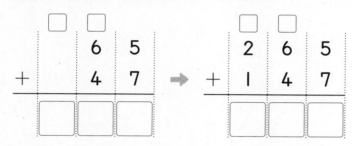

3학년 1학기 때 만나!

받아올림이 두 번 있는 (세 자리 수)+(세 자리 수)

```
  1 1
  5 7 5
+ 1 4 7
-------
  7 2 2
```

같은 자리 수끼리의 합이 10 이거나 10보다 크면 바로 윗자리로 받아올림합니다.

15 □ 안에 알맞은 수를 써넣으세요.

(1) $57 + 48 =$ ☐

$48 + 57 =$ ☐

(2) $75 + 49 =$ ☐

$49 + 75 =$ ☐

▶ 두 수의 순서를 바꾸어 더해도 계산 결과는 같아.

16 계산에서 잘못된 곳을 찾아 바르게 고쳐 계산해 보세요.

```
   7 3
 + 5 8
-------
 1 2 1
```
➡

17 가장 큰 수와 가장 작은 수의 합을 구해 보세요.

| 74 | 69 | 37 |

(   )

▶ 십의 자리 수가 클수록 큰 수야.

18 계산 결과가 같은 것끼리 이어 보세요.

47 + 56 •   • 59 + 52

23 + 98 •   • 39 + 64

34 + 77 •   • 65 + 56

19 과수원에 배나무 75그루, 사과나무 53그루가 있습니다. 이 과수원에 있는 배나무와 사과나무는 모두 몇 그루일까요?

(   )

😊 내가 만드는 문제

20 수 카드 4장을 모두 사용하여 두 자리 수를 2개 만들고, 두 수의 합을 구해 보세요.

6 7 8 9

(   )

▶ 수 카드를 한 번씩 사용해서 두 자리 수를 2개 만들어 봐.

받아올림을 잘하려면?

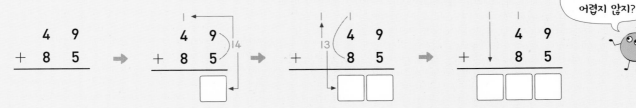

일 모형 10개는 십 모형 1개로, 십 모형 10개는 백 모형 1개로 바꾸기를 잘해야 합니다.

두 번도 어렵지 않지?

4 일의 자리끼리 못 빼면 십의 자리에서 10을 받아.

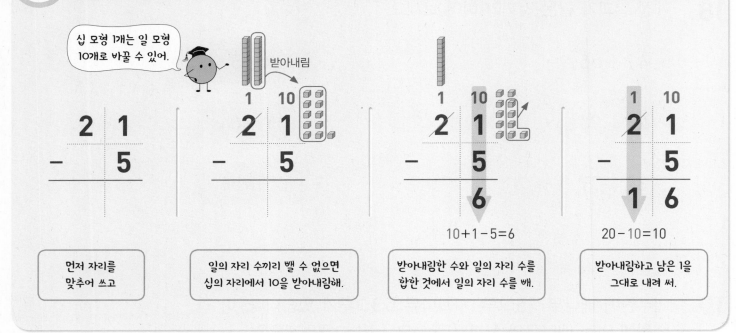

| 먼저 자리를 맞추어 쓰고 | 일의 자리 수끼리 뺄 수 없으면 십의 자리에서 10을 받아내림해. | 받아내림한 수와 일의 자리 수를 합한 것에서 일의 자리 수를 빼. | 받아내림하고 남은 1을 그대로 내려 써. |

1 23 − 4를 거꾸로 세기로 계산하려고 합니다. □ 안에 알맞은 수를 써넣으세요.

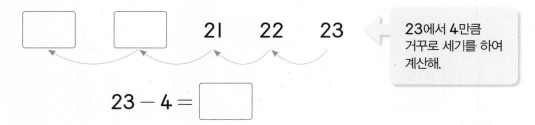

23에서 4만큼 거꾸로 세기를 하여 계산해.

$$23 - 4 = \boxed{}$$

2 26 − 8을 ○를 지워 계산하려고 합니다. ○를 /으로 지우고 □ 안에 알맞은 수를 써넣으세요.

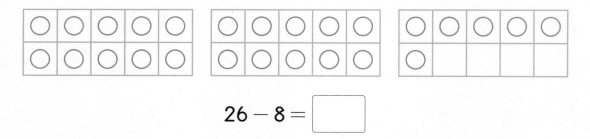

$$26 - 8 = \boxed{}$$

3 그림을 보고 뺄셈을 해 보세요.

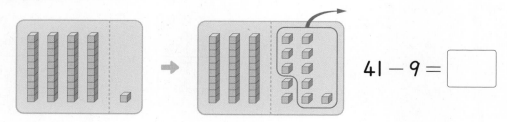

$$41 - 9 = \boxed{}$$

4 ☐ 안에 알맞은 수를 써넣으세요.

•···· 받아내림한 수를 씁니다.

(1)
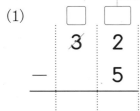 ➡ 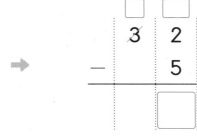 ➡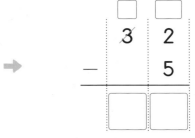

(2)
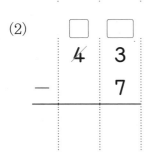 ➡ 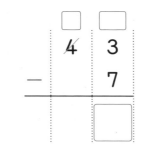 ➡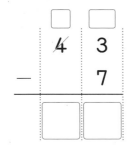

3

5 ☐ 안에 알맞은 수를 써넣으세요.

(1)
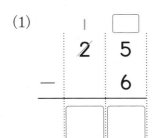

(2)

$$
\begin{array}{r}
\boxed{\ }\ \boxed{\ } \\
6\ \ 3 \\
-\quad\ \ 8 \\
\hline
\boxed{\ }\ \boxed{\ }
\end{array}
$$

$$
\begin{array}{r}
2\ \ 9 \\
-\quad\ \ 5 \\
\hline
\end{array}
\rightarrow
\begin{array}{r}
2\ \ 9 \\
-\quad\ \ 5 \\
\hline
\ \ \ \ 4
\end{array}
\rightarrow
\begin{array}{r}
2\ \ 9 \\
-\quad\ \ 5 \\
\hline
2\ \ 4
\end{array}
$$

(3)
$$
\begin{array}{r}
{\scriptstyle 2}\ \ \boxed{\ } \\
\cancel{3}\ \ 6 \\
-\quad\ \ 9 \\
\hline
\boxed{\ }\ \boxed{\ }
\end{array}
$$

(4)
$$
\begin{array}{r}
\boxed{\ }\ \boxed{\ } \\
5\ \ 1 \\
-\quad\ \ 7 \\
\hline
\boxed{\ }\ \boxed{\ }
\end{array}
$$

6 계산해 보세요.

(1) 23 − 6

(2) 52 − 9

(3) 41 − 3

(4) 34 − 8

일의 자리 수끼리 뺄 수 없을 때에는 십의 자리에서 10을 받아내려 계산해.

5 0에서 뺄 수 없으니까 받아내림한 10에서 빼자.

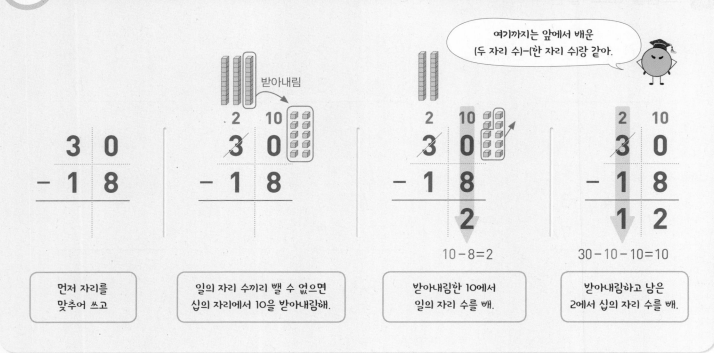

여기까지는 앞에서 배운
(두 자리 수)−(한 자리 수)랑 같아.

먼저 자리를
맞추어 쓰고

일의 자리 수끼리 뺄 수 없으면
십의 자리에서 10을 받아내림해.

받아내림한 10에서
일의 자리 수를 빼.

받아내림하고 남은
2에서 십의 자리 수를 빼.

1 40 − 16을 여러 가지 방법으로 계산해 보세요.

(1) 16을 가르기하여 계산하기

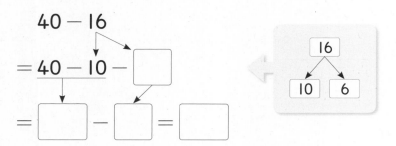

$$40 - 16$$
$$= 40 - 10 - \boxed{}$$
$$= \boxed{} - \boxed{} = \boxed{}$$

16
10   6

(2) 수를 다르게 나타내 계산하기

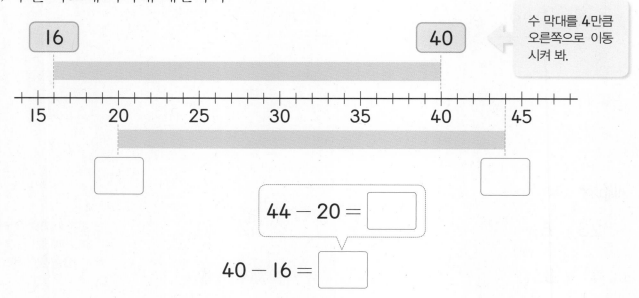

수 막대를 4만큼
오른쪽으로 이동
시켜 봐.

16   40

15   20   25   30   35   40   45

$$44 - 20 = \boxed{}$$

$$40 - 16 = \boxed{}$$

2 그림을 보고 뺄셈을 해 보세요.

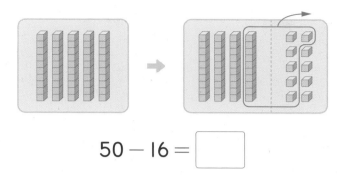

$$50 - 16 = \boxed{}$$

3 □ 안에 알맞은 수를 써넣으세요.

(1)
```
   □  □
   6̶  0
 - 3  9
 ────────
   □  □
```

(2)
```
   □  □
   4̶  0
 - 1  3
 ────────
   □  □
```

(3)
```
   □  □
   7̶  0
 - 5  6
 ────────
   □  □
```

4 □ 안에 알맞은 수를 써넣으세요.

(1)
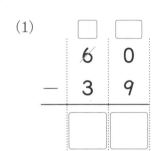
$$30 - 14 = \boxed{}$$
$$30 - 10 = \boxed{}$$
$$\boxed{} - 4 = \boxed{}$$

(2)
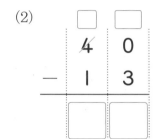
$$70 - 23 = \boxed{}$$
$$70 - 20 = \boxed{}$$
$$\boxed{} - 3 = \boxed{}$$

5 계산해 보세요.

(1) $30 - 12$

(2) $70 - 25$

(3) $50 - 18$

(4) $80 - 34$

6 같은 자리끼리 계산해.

같은 자리 수끼리 뺄 수 없으면 바로
윗자리에서 10을 받아내림하면 되는 거구나!

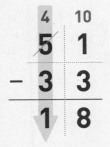

```
   4  10
   5̸  1
 - 3  3
```

```
   4  10
   5̸  1
 - 3  3
      8
```
10 + 1 - 3 = 8

```
   4  10
   5̸  1
 - 3  3
   1  8
```
50 - 10 - 30 = 10

자리를 맞추어 쓴 다음 일의 자리 수끼리 뺄 수 없으면 십의 자리에서 10을 받아내림해.

받아내림한 수와 일의 자리 수를 합한 것에서 일의 자리 수를 빼.

받아내림하고 남은 4에서 십의 자리 수를 빼.

1 그림을 보고 뺄셈을 해 보세요.

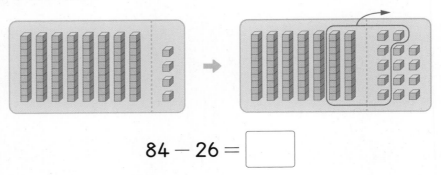

$$84 - 26 = \boxed{}$$

2 □ 안에 알맞은 수를 써넣으세요.

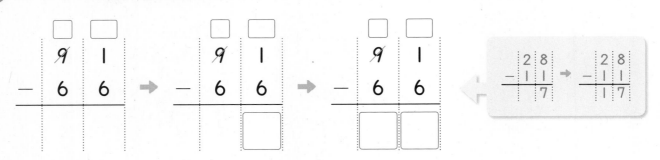

3 빈칸에 알맞은 수를 써넣으세요.

−	9	19	29	39	49
55					

4 보기 와 같이 ☐ 안에 알맞은 수를 써넣으세요.

> **보기**
>
> $54 \Rightarrow 40 + 14$
> $- 29 \Rightarrow 20 + 9$
> $\overline{25 \Leftarrow 20 + 5}$

(1)
$42 \Rightarrow 30 + \boxed{}$
$- 16 \Rightarrow \boxed{} + \boxed{}$
$\boxed{} \Leftarrow 20 + \boxed{}$

(2)
$56 \Rightarrow 40 + \boxed{}$
$- 37 \Rightarrow \boxed{} + \boxed{}$
$\boxed{} \Leftarrow 10 + \boxed{}$

5 ☐ 안에 알맞은 수를 써넣으세요.

(1)
```
  □ □
  2 5
- 1 8
------
    □
```

(2)
```
  □  □
  7  8
- 3  9
------
  □  □
```

6 다음 계산에서 ☐ 안의 수 **5**가 실제로 나타내는 수는 얼마인지 구해 보세요.

```
  5  10
  6  3
- 2  7
------
  3  6
```

(   )

─4 받아내림이 있는 (두 자리 수) ─ (한 자리 수)

1 계산해 보세요.

(1)
```
   7 0
 -   5
```

(2)
```
   4 3
 -   8
```

▶ 십 모형 1개를 일 모형 10개로 바꾸는 것을 받아내림이라고 해.

(3) 91 − 4

(4) 36 − 9

2 ☐ 안에 알맞은 수를 써넣으세요.

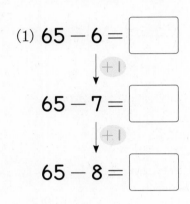

(1) 65 − 6 = ☐
65 − 7 = ☐
65 − 8 = ☐

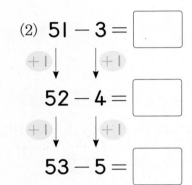

(2) 51 − 3 = ☐
52 − 4 = ☐
53 − 5 = ☐

▶ 빼어지는 수가 1만큼 커지면 계산 결과도 1만큼 커지고, 빼는 수가 1만큼 커지면 계산 결과는 1만큼 작아져.

3 ☐ 안에 알맞은 수를 써넣으세요.

(1) 42 − 4 = ☐
42 − 2 − ☐ = ☐

(2) 75 − 8 = ☐
75 − 5 − ☐ = ☐

▶ 2를 빼는 것은 1을 뺀 후 1을 더 빼는 것과 같아.

4 계산에서 잘못된 곳을 찾아 바르게 고쳐 계산해 보세요.

```
   4 2
 -   5
─────
   4 3
```
➡ ☐

5 주차장에 차 53대가 주차되어 있습니다. 그중에서 차 9대가 밖으로 나갔다면 주차장에 남아 있는 차는 몇 대일까요?

식 ....

답 ....

6 두 수의 차가 가운데 수가 되는 두 수를 찾아 ○표 하세요.

▶ 일의 자리 수끼리만 먼저 계산해 봐.

(1)
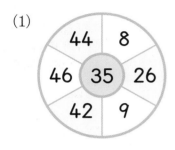

(2)
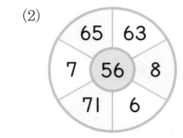

☺ 내가 만드는 문제

7 좋아하는 모양 한 가지를 골라 고른 모양에 적힌 두 수의 차를 구해 보세요.

▶ 같은 모양에 있는 두 수의 차를 구해야 해.

 72 5 8  84 7 63

(   )

세로셈은 왜 자리를 맞추어 써야 할까?

41 − 2를 세로셈으로 나타내 봅니다.

	십	일
	4	1
−	2	
	2	1

	십 3	일 10
	4	1
−		2

2는 일의 자리 수이므로 일의 자리 수끼리 빼.

➡ 자리를 맞추어 쓰지 않으면 계산 결과가 달라집니다.

8 계산해 보세요.

(1)
```
   4 0
 − 2 9
```

(2)
```
   7 0
 − 4 2
```

(3) 60 − 17

(4) 90 − 66

9 빈칸에 알맞은 수를 써넣으세요.

| 20 |
| 50 | −19 →
| 80 |

▶ 빼는 수가 19로 같고, 빼어지는 수가 30씩 커져.

10 ☐ 안에 알맞은 수를 써넣으세요.

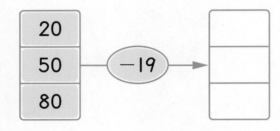

```
   50   −   32   =  ☐
   ↙ ↘      ↙ ↘
 40 + 10   30 + 2

   4 0      1 0
 − 3 0    −   2
   ☐        ☐

   ☐    +    ☐
```

11 계산 결과가 같은 것끼리 이어 보세요.

| 40−16 | 60−23 | 90−36 |

| 70−16 | 50−26 | 80−43 |

▶ 계산하지 않아도 알 수 있어.
```
        10 − 7 = 3
     +10↓      ↓+10
        20 − 17 = 3
     +10↓      ↓+10
        30 − 27 = 3
     +10↓      ↓+10
          ⋮
```

12 계산 결과가 **20**보다 큰 조각에 모두 색칠해 보세요.

| 30－16 | 40－21 | 60－27 | 50－13 |

🔗 탄탄북

13 ☐ 안에 알맞은 수를 써넣으세요.

▶ 받아내림에 주의하여 ☐ 안에 알맞은 수를 구해 봐.

(1)
$$
\begin{array}{r}
6\ 0 \\
-\ \boxed{}\ 4 \\
\hline
2\ 6
\end{array}
$$

(2)
$$
\begin{array}{r}
9\ 0 \\
-\ \boxed{}\ 8 \\
\hline
6\ 2
\end{array}
$$

😊 내가 만드는 문제

14 보기 와 같이 받아내림이 있는 (몇십)－(몇)을 이용하여 받아내림이 있는 (몇십)－(몇십몇)의 뺄셈식을 만들고 계산해 보세요.

보기

$$
\begin{array}{r}
{\scriptstyle 3\ \ 10} \\
\cancel{4}\ 0 \\
-\ \ \ 6 \\
\hline
3\ 4
\end{array}
\ \rightarrow\
\begin{array}{r}
{\scriptstyle 3\ \ 10} \\
\cancel{4}\ 0 \\
-\ 2\ 6 \\
\hline
1\ 4
\end{array}
$$

$$
\begin{array}{r}
{\scriptstyle 6\ \ 10} \\
\cancel{7}\ 0 \\
-\ \ \ 8 \\
\hline
6\ 2
\end{array}
\ \rightarrow\
\begin{array}{r}
{\scriptstyle \boxed{}\ \boxed{}} \\
\cancel{7}\ 0 \\
-\ \boxed{}\ 8 \\
\hline
\boxed{}\ 2
\end{array}
$$

받아내림하는 방법은 같을까?

| (몇십)－(몇) | (몇십)－(몇십몇) |

① 십의 자리에서 10을 받아내림하여 일의 자리 수를 배고,
② 받아내림하고 남은 4를 내려 써.

$$
\begin{array}{r}
{\scriptstyle 4\ \ 10} \\
\cancel{5}\ 0 \\
-\ \ \ 3 \\
\hline
\boxed{}\ \boxed{}
\end{array}
$$

$$
\begin{array}{r}
{\scriptstyle 4\ \ 10} \\
\cancel{5}\ 0 \\
-\ 1\ 3 \\
\hline
\boxed{}\ \boxed{}
\end{array}
$$

① 십의 자리에서 10을 받아내림하여 일의 자리 수를 배고,
② 받아내림하고 남은 4에서 십의 자리 수를 배.

➡ 빼어지는 수와 빼는 수의 자릿수에 관계없이 받아내림하는 방법은 같습니다.

15 □ 안에 알맞은 수를 써넣으세요.

(1)
```
   6 3          6 3          6 3
 −   4    ➡   − 1 4    ➡   − 2 4
 ┌─────┐      ┌─────┐      ┌─────┐
 └─────┘      └─────┘      └─────┘
```

(2)
```
   3 7          4 7          5 7
 − 1 9    ➡   − 1 9    ➡   − 1 9
 ┌─────┐      ┌─────┐      ┌─────┐
 └─────┘      └─────┘      └─────┘
```

16 계산해 보세요.

(1)
```
   8 2
 − 2 7
```

(2)
```
   5 5
 − 3 6
```

(3) 53 − 44

(4) 66 − 28

16➊ □ 안에 알맞은 수를 써넣으세요.

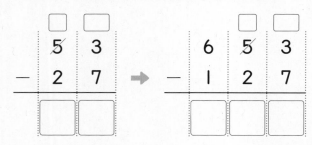

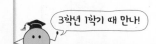

3학년 1학기 때 만나!

**받아내림이 한 번 있는
(세 자리 수)−(세 자리 수)**

```
        6 10
    3 7̶ 4
  − 1 5 8
  ─────────
    2 1 6
```

같은 자리 수끼리 뺄 수 없
으면 바로 윗자리에서 10을
받아내림합니다.

17 계산 결과를 비교하여 ○ 안에 >, =, <를 알맞게 써넣으세요.

▶ 계산하지 않아도 크기를 비교
할 수 있어.

(1) 64 − 16 ◯ 64 − 26

(2) 71 − 29 ◯ 81 − 39

18 두 수의 차가 같은 것끼리 같은 색으로 칠해 보세요.

〰〰 43 − 39　〰〰 5I − 45　〰〰 75 − 66

34 − 25

23 − 17

92 − 88

19 고구마 캐기 체험학습에서 고구마를 은하는 **34**개 캤고, 현서는 **6I**개 캤습니다. 누가 고구마를 몇 개 더 많이 캤는지 구해 보세요.

(　　　　), (　　　　)

▶ 큰 수에서 작은 수를 빼야지.

 내가 만드는 문제

20 수 카드 **2**장을 골라 두 자리 수를 만들어 **7I**에서 빼 보세요.

3　4　5　➡　7I − ☐ = ☐

▶ 이때 똑같은 카드 2장은 뽑을 수 없어.
　➡ 33, 44, 55

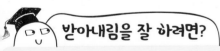 받아내림을 잘 하려면?

십 모형 1개를 일 모형 10개로 바꾸기를 잘 해야 합니다.

・ 32 = 20 + 12

```
      3  2         2 10
   −  1  4    ➡    3̸  2̸ | 12
   ─────────      −  1  4
                  ─────────
                     ☐  ☐
```

・ 54 = 40 + ☐

```
      5  4         4 10
   −  1  7    ➡    5̸  4̸ | 14
   ─────────      −  1  7
                  ─────────
                     ☐  ☐
```

・ 65 = 50 + ☐

```
      6  5         5 10
   −  2  6    ➡    6̸  5̸ | 15
   ─────────      −  2  6
                  ─────────
                     ☐  ☐
```

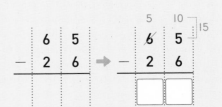

7 세 수의 계산은 앞에서부터 차례로 계산하자.

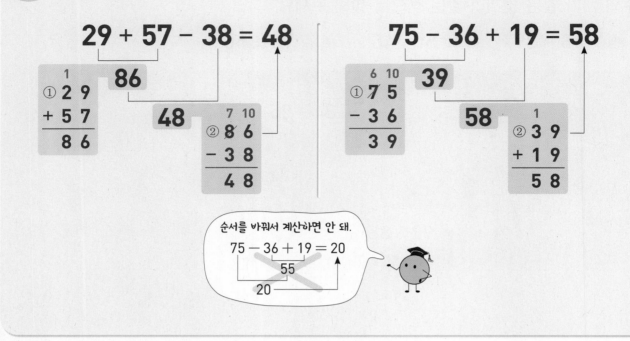

$$29 + 57 - 38 = 48$$

$$75 - 36 + 19 = 58$$

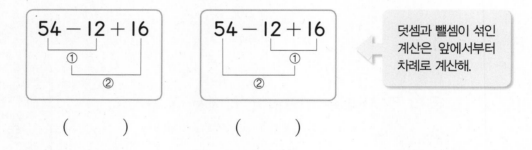

순서를 바꿔서 계산하면 안 돼.

$$75 - 36 + 19 = 20$$

---

1 계산 순서를 바르게 나타낸 것에 ○표 하세요.

$$54 - 12 + 16$$
① ②

$$54 - 12 + 16$$
① ②

(   )   (   )

덧셈과 뺄셈이 섞인
계산은 앞에서부터
차례로 계산해.

---

2 ☐ 안에 알맞은 수를 써넣으세요.

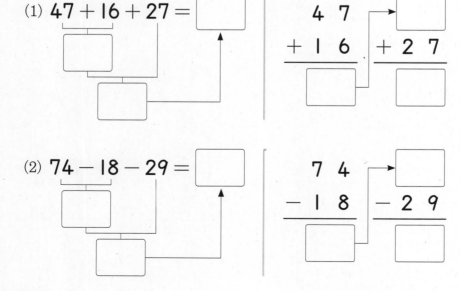

(1) $47 + 16 + 27 =$ ☐

```
  4 7
+ 1 6    + 2 7
```

(2) $74 - 18 - 29 =$ ☐

```
  7 4
- 1 8    - 2 9
```

3 □ 안에 알맞은 수를 써넣으세요.

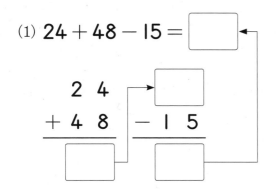

(1) $24 + 48 - 15 = \boxed{}$

$$\begin{array}{r} 2\ 4 \\ +\ 4\ 8 \\ \hline \boxed{} \end{array} \quad \begin{array}{r} \boxed{} \\ -\ 1\ 5 \\ \hline \boxed{} \end{array}$$

(2) $80 - 25 + 16 = \boxed{}$

$$\begin{array}{r} 8\ 0 \\ -\ 2\ 5 \\ \hline \boxed{} \end{array} \quad \begin{array}{r} \boxed{} \\ +\ 1\ 6 \\ \hline \boxed{} \end{array}$$

4 주차장에 자동차 37대가 있었습니다. 자동차 19대가 빠져나가고 13대가 더 들어왔습니다. 지금 주차장에 있는 자동차는 몇 대인지 알아보세요.

(1) 지금 주차장에 있는 자동차는 몇 대인지 식으로 나타내면 $37 - \boxed{} + \boxed{}$ 입니다.

(2) 계산하는 방법을 알아보세요.

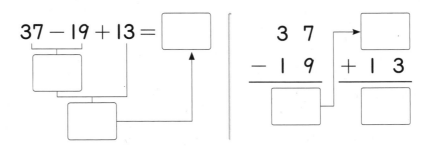

$$37 - 19 + 13 = \boxed{}$$

$$\begin{array}{r} 3\ 7 \\ -\ 1\ 9 \\ \hline \boxed{} \end{array} \quad \begin{array}{r} \boxed{} \\ +\ 1\ 3 \\ \hline \boxed{} \end{array}$$

(3) 지금 주차장에 있는 자동차는 $\boxed{}$ 대입니다.

5 빈칸에 알맞은 수를 써넣으세요.

(1)
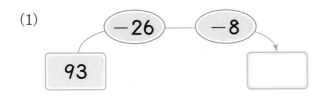

$\boxed{93}$ $\xrightarrow{-26}$ $\xrightarrow{-8}$ $\boxed{}$

(2)
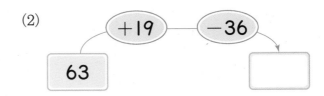

$\boxed{63}$ $\xrightarrow{+19}$ $\xrightarrow{-36}$ $\boxed{}$

8 덧셈식과 뺄셈식은 원래 한 가족이야.

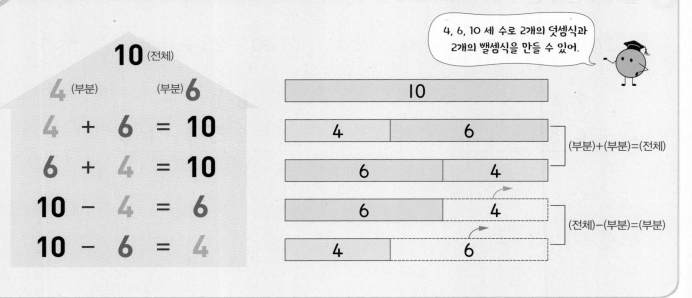

4, 6, 10 세 수로 2개의 덧셈식과 2개의 뺄셈식을 만들 수 있어.

1 딸기맛 사탕이 8개, 포도맛 사탕이 5개 있습니다. 덧셈식을 뺄셈식으로 나타내 보세요.

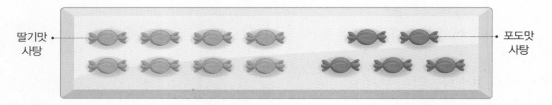

딸기맛 사탕 ┄┄ 포도맛 사탕

(1) 사탕은 모두 몇 개인지 덧셈식으로 나타내 보세요.

$$8 + \boxed{} = \boxed{}$$

(2) 딸기맛 사탕은 몇 개인지 뺄셈식으로 나타내 보세요.

$$\boxed{} - 5 = \boxed{}$$

(3) 포도맛 사탕은 몇 개인지 뺄셈식으로 나타내 보세요.

$$\boxed{} - \boxed{} = \boxed{}$$

(4) 덧셈식을 뺄셈식으로 나타내 보세요.

$$8 + 5 = 13$$

$$13 - 5 = \boxed{}$$

$$13 - \boxed{} = \boxed{}$$

2 울타리 안에 강아지 15마리가 있었는데 지금은 9마리만 남아 있습니다. 물음에 답하세요.

(1) 울타리 밖에 있는 강아지는 몇 마리인지 뺄셈식으로 나타내 보세요.

$$\boxed{} - 9 = \boxed{}$$

(2) 강아지는 모두 몇 마리인지 덧셈식으로 나타내 보세요.

$$9 + \boxed{} = \boxed{}$$

3 덧셈식을 뺄셈식으로 나타내 보세요.

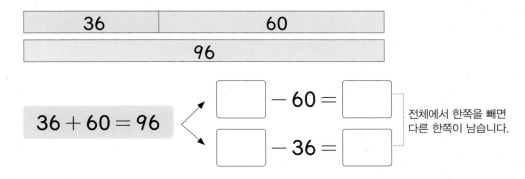

36	60
96	

$$36 + 60 = 96$$

$$\boxed{} - 60 = \boxed{}$$
$$\boxed{} - 36 = \boxed{}$$

전체에서 한쪽을 빼면
다른 한쪽이 남습니다.

4 뺄셈식을 덧셈식으로 나타내 보세요.

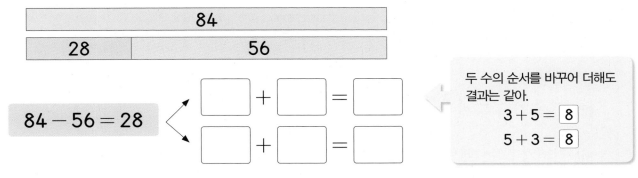

84	
28	56

$$84 - 56 = 28$$

$$\boxed{} + \boxed{} = \boxed{}$$
$$\boxed{} + \boxed{} = \boxed{}$$

두 수의 순서를 바꾸어 더해도
결과는 같아.
$$3 + 5 = \boxed{8}$$
$$5 + 3 = \boxed{8}$$

9 덧셈과 뺄셈의 관계로 □의 값을 구할 수 있어.

꽃밭에 나비 3마리가 있었는데 몇 마리가 더 날아와서 11마리가 되었습니다.
날아온 나비의 수를 □로 하여 덧셈식을 만들고, □의 값을 구해 봅시다.

① □를 사용하여 덧셈식으로 나타내자. $3 + \boxed{} = 11$

② 덧셈식을 뺄셈식으로 바꾸자. $11 - 3 = \boxed{}$ ┄ □가 답이 되는 식을 만듭니다.

➡ $\boxed{} = 8$

버스에 몇 명이 타고 있었는데 정류장에서 4명이 내려서 9명이 남았습니다.
처음 버스에 타고 있던 사람의 수를 □로 하여 뺄셈식을 만들고, □의 값을 구해 봅시다.

① □를 사용하여 뺄셈식으로 나타내자. $\boxed{} - 4 = 9$

② 뺄셈식을 덧셈식으로 바꾸자. $9 + 4 = \boxed{}$

➡ $\boxed{} = 13$

1 서진이가 모은 페트병은 7개입니다. 친구가 모은 페트병을 더했더니 15개가 되었습니다. 친구가 모은 페트병은 몇 개인지 알아보세요.

(1) 친구가 모은 페트병의 수를 □로 하여 덧셈식으로 나타내 보세요.

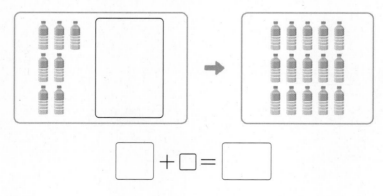

$$\boxed{} + \square = \boxed{}$$

(2) □의 값을 구해 보세요.   (   )

(3) 친구가 모은 페트병은 몇 개일까요?   (   )

2 □를 사용하여 그림에 알맞은 덧셈식을 만들고, □의 값을 구해 보세요.

□	16

25

덧셈식 ....

□의 값 ....

3 소영이가 귤 **4**개를 먹었더니 **8**개가 남았습니다. 처음에 있던 귤은 몇 개인지 알아보세요.

(1) 처음에 있던 귤의 수를 □로 하여 뺄셈식으로 나타내 보세요.

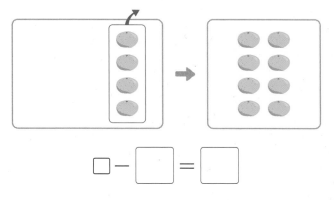

□ − □ = □

(2) □의 값을 구해 보세요.   (   )

(3) 처음에 있던 귤은 몇 개일까요?   (   )

4 □를 사용하여 그림에 알맞은 뺄셈식을 만들고, □의 값을 구해 보세요.

14

□	6

뺄셈식 ....

□의 값 ....

1 계산해 보세요.

(1) $31 - 14 + 5$　　　　　(2) $62 - 18 - 15$

▶ 세 수의 계산은 앞에서부터 차례로 계산해야 해.

2 다음 식을 계산하여 각각의 글자를 빈칸에 알맞게 써넣으세요.

$46 - 28 + 15 =$ ☐ …는

$31 + 17 + 44 =$ ☐ …고

$29 + 54 - 26 =$ ☐ …최

$80 - 36 - 19 =$ ☐ …너

25	
33	
57	
92	

3 계산이 잘못된 까닭을 쓰고, 바르게 계산해 보세요.

$65 - 22 + 21 = 22$
43
22

$65 - 22 + 21 =$

까닭 ....

4 ☐ 안에 알맞은 수를 써넣으세요.

=는 양쪽의 식이 같음을 나타냅니다.

(1) $48 + 17 - 23 = 40 +$ ☐

(2) $60 - 14 + 35 = 80 +$ ☐

▶ 먼저 = 의 왼쪽에 있는 식을 계산해 봐.

5 마트에 복숭아가 36개, 토마토가 57개 있습니다. 그중에서 24개가 썩어서 버렸습니다. 남은 복숭아와 토마토는 몇 개일까요?

식 .... 답 ....

▶ 더하는 수와 빼는 수가 무엇인지 잘 생각해 보고 식을 세워.

6 정원까지 가는 길을 선택하고 세 수를 계산해 보세요.

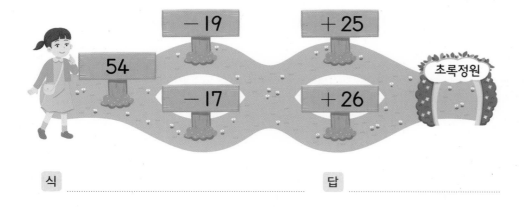

식 .... 답 ....

▶ 정원까지 가는 길을 찾아 식을 만들어 봐.

3

☺ 내가 만드는 문제
7 수 카드 중에서 한 장을 골라 ☐ 안에 써넣고 세 수의 계산을 해 보세요.

[23] [17] [15]

$$61 - 34 + \boxed{} = \boxed{}$$

🎓 **계산 순서를 바꿔서 계산하면 안 될까?**

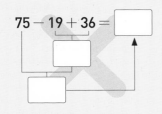

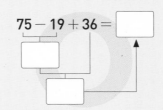

순서대로 계산 안 하고
쉬운 계산부터 하면 안 돼!

➡ 순서대로 계산하지 않으면 계산 결과가 달라질 수 있습니다.

8 덧셈식은 뺄셈식으로, 뺄셈식은 덧셈식으로 나타내 보세요.

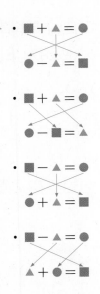

(1) $28 + 65 = 93$

$$\boxed{} - 65 = \boxed{}$$

$$\boxed{} - 28 = \boxed{}$$

(2) $37 - 18 = 19$

$$\boxed{} + 18 = \boxed{}$$

$$\boxed{} + 19 = \boxed{}$$

9 세 수 16, 27, 43으로 덧셈식과 뺄셈식을 만들어 보세요.

덧셈식
$$16 + \boxed{} = 43$$
$$\boxed{} + 16 = \boxed{}$$

뺄셈식
$$43 - \boxed{} = 27$$
$$43 - \boxed{} = \boxed{}$$

10 ☐ 안에 알맞은 수를 써넣으세요.

(1) $34 + \boxed{} = 82$ ➡ $82 - \boxed{} = 48$

(2) $56 - \boxed{} = 17$ ➡ $17 + 39 = \boxed{}$

🔗 탄탄북

11 덧셈식을 계산하고 뺄셈식으로 나타내 보세요.

▶ (부분) + (부분) = (전체)
(전체) − (부분) = (부분)

$$62 + 19 = \boxed{}$$

$$\boxed{} - \boxed{} = \boxed{}$$

$$\boxed{} - \boxed{} = \boxed{}$$

12 수 카드 3장을 사용하여 덧셈식과 뺄셈식을 만들어 보세요.

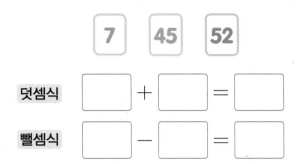

덧셈식 ☐ + ☐ = ☐

뺄셈식 ☐ − ☐ = ☐

▶ 덧셈식에서는 계산 결과가 가장 큰 수이고 뺄셈식에서는 빼어지는 수가 가장 큰 수야.

😊 내가 만드는 문제

13 합이 **91**이 되는 두 수를 정하여 덧셈식과 뺄셈식을 각각 **2**개씩 만들어 보세요.

덧셈식 ☐ + ☐ = 91
    ☐ + ☐ = ☐

뺄셈식 ☐ − ☐ = ☐
    ☐ − ☐ = ☐

3

🎓 세 수로 덧셈식과 뺄셈식을 어떻게 만들까?

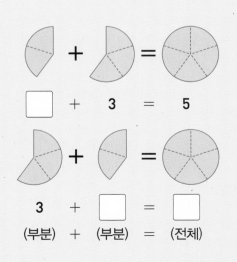

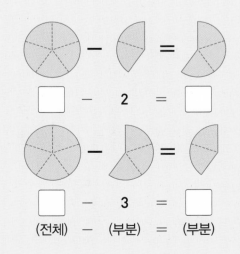

14 귤 12개가 있었는데 몇 개를 먹었더니 6개가 남았습니다. 남은 귤이 6개가 되도록 /으로 지워 보고, □ 안에 알맞은 수를 써 넣으세요.

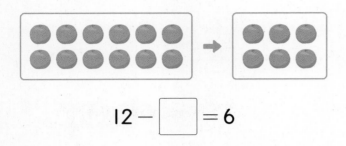

$$12 - \boxed{} = 6$$

15 □를 사용하여 알맞은 식을 만들고, □의 값을 구해 보세요.

> 수직선에서 오른쪽으로 가면 '+', 왼쪽으로 가면 '−'야.

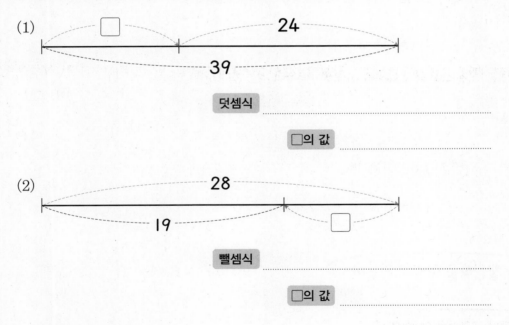

(1)

$\boxed{}$ 　　　24

39

덧셈식 ....

□의 값 ....

(2)

28

19　　$\boxed{}$

뺄셈식 ....

□의 값 ....

16 □ 안에 알맞은 수를 써넣으세요.

> 덧셈과 뺄셈의 관계를 이용해.

(1) $23 + \boxed{} = 51$　　　(2) $\boxed{} - 36 = 29$

(3) $\boxed{} + 18 = 62$　　　(4) $82 - \boxed{} = 25$

17 그림을 보고 □를 사용하여 알맞은 덧셈식을 만들고, □의 값을 구해 보세요.

▶ 덧셈식을 뺄셈식으로 바꿔서 □의 값을 구해.

덧셈식 ....

□의 값 ....

 내가 만드는 문제

18 밑줄 친 부분을 바꿔서 새로운 문장을 만들려고 합니다. □를 사용하여 알맞은 식을 만들고, □의 값을 구해 보세요.

지윤이는 구슬 **35**개를 가지고 있었습니다. 그중에서 몇 개를 친구에게 주었더니 **27**개가 남았습니다. 친구에게 준 구슬은 몇 개일까요?

↓

.... 가지고 있었습니다. 그중에서 몇 개를

.... 남았습니다.

몇 개일까요?

식 ....

□의 값 ....

😀 모르는 수를 어떻게 구할 수 있을까?

덧셈식이나 뺄셈식에서 모르는 수가 하나라면 덧셈과 뺄셈의 관계를 이용해서 모르는 수를 구합니다.

• 덧셈식에서 □의 값 구하기

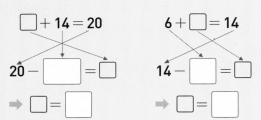

• 뺄셈식에서 □의 값 구하기

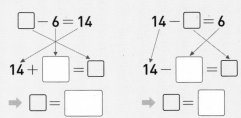

1 ■보다 ●만큼 더 큰(작은) 수 구하기

나타내는 수를 구해 보세요.

46보다 8만큼 더 큰 수

(   )

■보다 ●만큼 더 큰 수는 ■에서 오른쪽으로 ●만큼 더 간 수야.

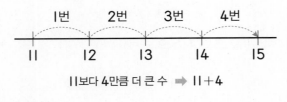

11보다 4만큼 더 큰 수 ➡ 11+4

2 =의 성질 이해하기

□ 안에 알맞은 수를 써넣으세요.

$$19 + \boxed{} = 31 - 4$$

계산할 수 있는 식이 있으면 그 식을 먼저 계산해.

$$15 + \square = 25 - 4$$
$$15 + \square = \;\; 21$$
$$\square = 21 - 15, \; \square = 6$$

1+ 나타내는 수를 구해 보세요.

52보다 7만큼 더 작은 수

(   )

2+ □ 안에 알맞은 수를 써넣으세요.

$$34 - \boxed{} = 18 + 7$$

③ 수직선을 보고 세 수의 계산하기

□ 안에 알맞은 수를 써넣으세요.

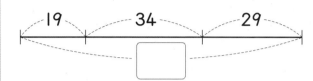

 수직선에서 구해야 하는 길이가 전체인지 부분인지 파악해야 해.

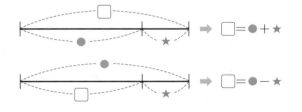

③+ □ 안에 알맞은 수를 써넣으세요.

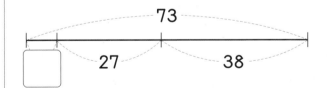

④ 여러 가지 방법으로 덧셈 또는 뺄셈하기

37 + 76을 다음과 같이 계산하였습니다. ㉠, ㉡, ㉢에 알맞은 수를 각각 구해 보세요.

$$37 + 76 = 37 + 3 + ㉠$$
$$= ㉡ + ㉠$$
$$= ㉢$$

㉠ (   )

㉡ (   )

㉢ (   )

 = 왼쪽의 식이 어떻게 바뀌었는지 잘 살펴봐.

19 + ⑰ = 19 + 1 + 16

㉛ - 14 = 30 - 14 + 1

④+ 93 − 34를 다음과 같이 계산하였습니다. ㉠, ㉡, ㉢에 알맞은 수를 각각 구해 보세요.

$$93 - 34 = 90 - 34 + ㉠$$
$$= ㉡ + ㉠$$
$$= ㉢$$

㉠ (   )

㉡ (   )

㉢ (   )

3

수 카드 **2**장을 골라 합이 **85**가 되는
식을 만들어 보세요.

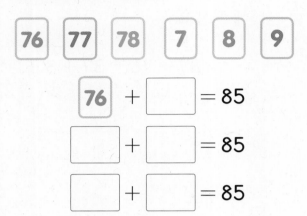

$$76 + \boxed{} = 85$$

$$\boxed{} + \boxed{} = 85$$

$$\boxed{} + \boxed{} = 85$$

받아올림을 생각하여 일의 자리 수끼리의 합이 15인
두 수를 찾아봐.

$$85 = 70 + 15$$
$$76 + ■ = 70 + 6 + ■$$

수 카드 **2**장을 골라 두 자리 수를 만들
어 계산 결과가 가장 크게 되도록 덧셈
식을 쓰고 계산해 보세요.

$$\begin{array}{r} \boxed{}\boxed{} \\ + \quad 6 \quad 4 \\ \hline \boxed{}\boxed{}\boxed{} \end{array}$$

큰 수를 더할수록 계산 결과도 커져.

가장 큰 두 자리 수는 높은 자리부터 큰 수를 차례로 놓아
만듭니다.

$$\text{가장 큰 수: } \boxed{}^{\text{십}} > \boxed{}^{\text{일}}$$

5+ 수 카드 **2**장을 골라 차가 **26**이 되는
식을 만들어 보세요.

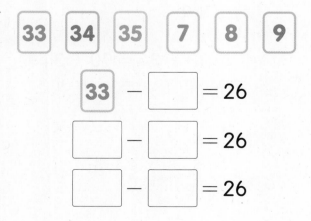

$$33 - \boxed{} = 26$$

$$\boxed{} - \boxed{} = 26$$

$$\boxed{} - \boxed{} = 26$$

6+ 수 카드 **2**장을 골라 두 자리 수를 만들
어 계산 결과가 가장 작게 되도록 뺄셈
식을 쓰고 계산해 보세요.

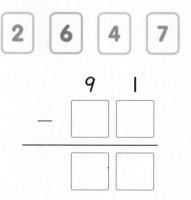

$$\begin{array}{r} 9 \quad 1 \\ - \quad \boxed{}\boxed{} \\ \hline \boxed{}\boxed{} \end{array}$$

7 어떤 수 구하기

어떤 수에 7을 더했더니 31이 되었습니다. 어떤 수를 구해 보세요.

(   )

어떤 수를 □라고 하여 식을 세워 봐.

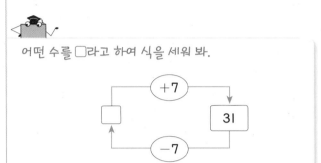

7+

어떤 수에서 9를 뺐더니 45가 되었습니다. 어떤 수를 구해 보세요.

(   )

8 □ 안에 들어갈 수 있는 수 찾기

다음 중 □ 안에 들어갈 수 있는 수에 모두 ○표 하세요.

$$38 + \square < 63$$

(23 , 24 , 25 , 26 , 27)

먼저 <를 =라고 생각하여 □를 구해 봐.

$3 + \square < 6$

↓

$3 + \square = 6$, $\square = 3$

$3 + \square$는 6보다 작으므로 □는 3보다 작습니다.

8+

다음 중 □ 안에 들어갈 수 있는 수에 모두 ○표 하세요.

$$75 - \square < 29$$

(45 , 46 , 47 , 48 , 49)

9 ㉠과 ㉡에 알맞은 수 구하기

㉠과 ㉡에 알맞은 수를 각각 구해 보세요.

```
    3   7
+   8   ㉠
─────────
1   ㉡   1
```

㉠ (   ), ㉡ (   )

받아올림이 없는지, 있는지 알아봐.

백	십	일
	3	7
+	8	㉠
1	㉡	1

→ 7+㉠=1(×)
  7+㉠=11(○)

10 알맞은 기호(+, −) 써넣기

○ 안에 + 또는 − 를 알맞게 써넣으세요. (단, ○ 안에는 같은 기호가 들어갑니다.)

51 ◯ 15 ◯ 8 = 28

계산 결과가 처음 수보다 커졌는지 또는 작아졌는지 살펴봐.

· 덧셈: 2 ⊕ 3=5 ➡ 처음 수보다 커집니다.
· 뺄셈: 5 ⊖ 3=2 ➡ 처음 수보다 작아집니다.

9+ ㉠과 ㉡에 알맞은 수를 각각 구해 보세요.

```
    8   ㉠
−   ㉡   6
─────────
    4   5
```

㉠ (   ), ㉡ (   )

10+ ○ 안에 + 또는 − 를 알맞게 써넣으세요. (단, ○ 안에는 같은 기호가 들어갑니다.)

47 ◯ 16 ◯ 9 = 72

단원 평가

점수 | 확인

1 그림을 보고 □ 안에 알맞은 수를 써넣으세요.

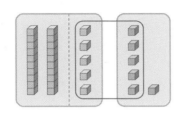

$$25 + 6 = \boxed{}$$

2 계산해 보세요.

(1)
$$\begin{array}{r} 5\ 6 \\ +\ 1\ 7 \\ \hline \end{array}$$

(2)
$$\begin{array}{r} 7\ 1 \\ -\ 4\ 5 \\ \hline \end{array}$$

3 □ 안에 알맞은 수를 써넣으세요.

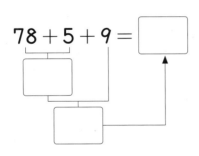

$$78 + 5 + 9 = \boxed{}$$

4 □ 안에 알맞은 수를 써넣으세요.

(1) $15 + 38 = 38 + \boxed{}$

(2) $47 + \boxed{} = 29 + 47$

5 빈칸에 알맞은 수만큼 ○를 그리고, □ 안에 알맞은 수를 써넣으세요.

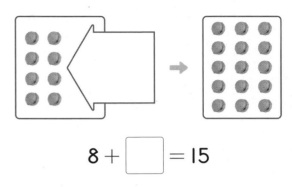

$$8 + \boxed{} = 15$$

6 덧셈식을 뺄셈식으로 나타내 보세요.

$$47 + 29 = 76$$

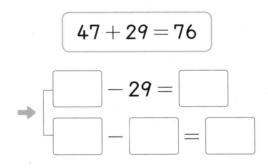

$$\boxed{} - 29 = \boxed{}$$

$$\boxed{} - \boxed{} = \boxed{}$$

7 □ 안에 알맞은 수를 써넣으세요.

(1) $54 + 28 = 54 + 6 + \boxed{}$

$$= 60 + \boxed{}$$

$$= \boxed{}$$

(2) $40 - 13 = 40 - 10 - \boxed{}$

$$= \boxed{} - \boxed{}$$

$$= \boxed{}$$

단원 평가

8 두 수의 합과 차를 각각 구해 보세요.

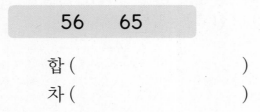

56　　65

합 (　　　　　　　　)

차 (　　　　　　　　)

9 □를 사용하여 알맞은 식을 만들고, □ 의 값을 구해 보세요.

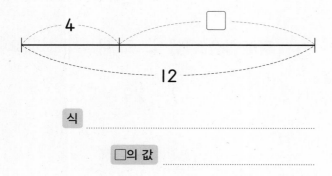

식 _____

□의 값 _____

10 계산 결과가 더 큰 쪽에 ○표 하세요.

78 − 5 − 7	62 + 3 + 6

(　　　　) 　　(　　　　)

11 다음 세 수로 덧셈식과 뺄셈식을 만들 어 보세요.

72　27　45

덧셈식 _____

뺄셈식 _____

12 빈칸은 선으로 연결된 두 수의 차입니 다. 빈칸에 알맞은 수를 써넣으세요.

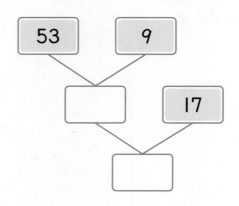

13 딱지를 승우는 59장, 동생은 58장 가 지고 있습니다. 승우와 동생이 가지고 있는 딱지는 모두 몇 장일까요?

(　　　　　　　　)

14 □ 안에 알맞은 수를 써넣으세요.

(1) 13 + □ = 36

(2) □ + 27 = 43

15 ● + ▲를 구해 보세요.

42 − 13 + 18 = ●
42 + 18 − 13 = ▲

● + ▲ = □

16 수 카드 2장을 골라 두 자리 수를 만들어 계산 결과가 가장 크게 되도록 덧셈식을 쓰고 계산해 보세요.

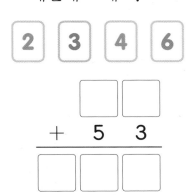

$$\begin{array}{r} \square\,\square \\ +\ 5\ 3 \\ \hline \square\,\square\,\square \end{array}$$

17 □ 안에 알맞은 수를 써넣으세요.

$$\begin{array}{r} \square\ 0 \\ -\ 3\ 7 \\ \hline 3\ \square \end{array}$$

18 1부터 9까지의 수 중에서 □ 안에 들어갈 수 있는 수를 모두 구해 보세요.

$$49 - \square < 44$$

(   )

19 빨간색 구슬이 14개, 파란색 구슬이 28개 있습니다. 노란색 구슬은 빨간색 구슬과 파란색 구슬을 더한 것보다 7개 더 적다면 노란색 구슬은 몇 개인지 풀이 과정을 쓰고 답을 구해 보세요.

풀이 _____

_____

답 _____

20 풍선 15개 중에서 몇 개의 풍선이 터졌습니다. 남은 풍선이 9개일 때 터진 풍선의 수를 □로 하여 식을 만들고, □의 값을 구하려고 합니다. 풀이 과정을 쓰고 답을 구해 보세요.

풀이 _____

_____

답 _____

4 길이 재기

엄마가 잡은 물고기의 길이는?

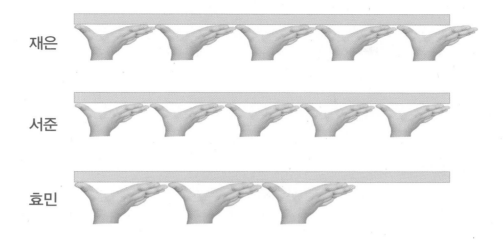

재은

서준

효민

어? 같은 길이인데 재는 사람마다 달라지네?
누가 재도 결과가 같은 약속된 단위가 필요해!

● **1cm 약속하기**

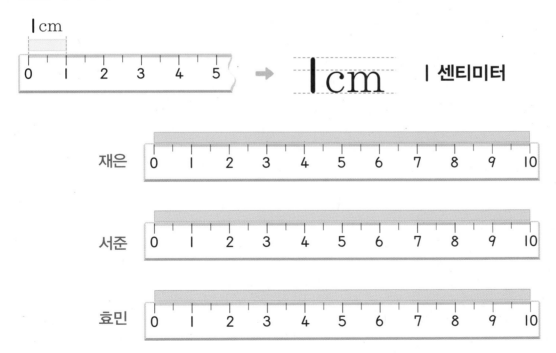

재은

서준

효민

1 종이띠를 이용하여 길이를 비교할 수 있어.

직접 맞대어 길이를 비교하기 어려운 경우에는 종이띠를 이용하여 길이만큼 본뜬 다음 서로 맞대어 길이를 비교합니다.

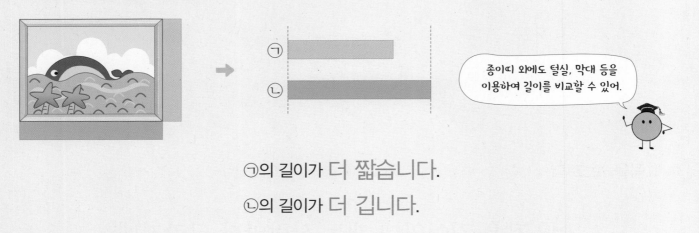

종이띠 외에도 털실, 막대 등을 이용하여 길이를 비교할 수 있어.

㉠의 길이가 더 짧습니다.

㉡의 길이가 더 깁니다.

1 책의 길이를 비교하여 더 짧은 쪽에 ○표 하세요.

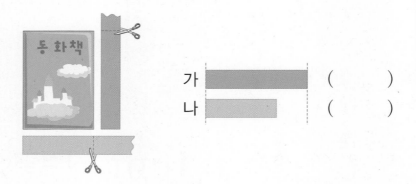

가   (   )
나   (   )

2 돗자리의 길이를 비교하여 더 긴 쪽에 ○표 하세요.

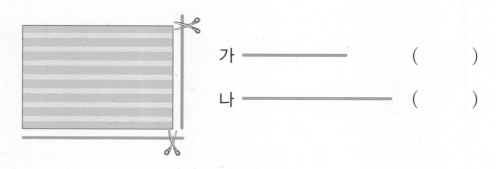

가 ———————— (   )

나 ———————— (   )

3 어떻게 비교하면 좋을지 올바른 방법에 ○표 하세요.

> 직접 맞대어 비교할 수 없는 길이는 구체물을 이용하여 비교해!

식탁의 긴 쪽과 짧은 쪽의 길이를 비교할 때

맞대어서 비교하기 —□

종이띠를 이용하여 비교하기 —□

4 그림을 보고 더 긴 쪽에 ○표 하세요.

(1)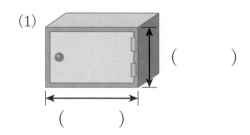

( )

( )

(2)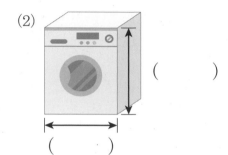

( )

( )

4

5 길이를 비교하여 더 짧은 선에 ○표 하세요.

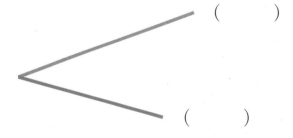

( )

( )

6 길이를 비교하여 더 긴 것의 기호를 써 보세요.

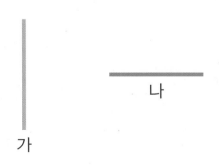

가

나

( )

② 길이를 잴 때 사용할 수 있는 단위는 여러 가지가 있어.

● 여러 가지 단위로 길이 재기

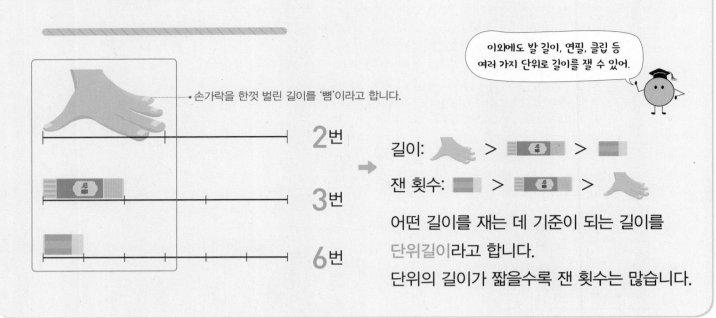

이외에도 발 길이, 연필, 클립 등
여러 가지 단위로 길이를 잴 수 있어.

손가락을 한껏 벌린 길이를 '뼘'이라고 합니다.

2번

3번

6번

길이: ✋ > ▨연필▨ > ▨

잰 횟수: ▨ > ▨연필▨ > 👣

어떤 길이를 재는 데 기준이 되는 길이를
단위길이라고 합니다.
단위의 길이가 짧을수록 잰 횟수는 많습니다.

---

1 길이를 잴 때 사용되는 단위를 보고 ☐ 안에 알맞은 기호를 써넣으세요.

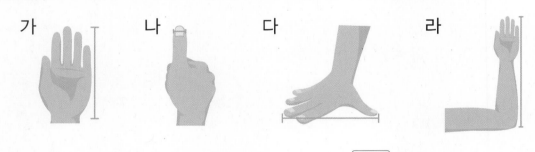

가   나   다   라

몸의 일부분 중에서 가장 긴 것은 ☐ 입니다.

---

2 뼘으로 친구의 몸의 길이를 재었습니다. ☐ 안에 알맞은 수를 써넣으세요.

(1) 친구의 팔 길이는 ☐ 뼘쯤 됩니다.

(2) 친구의 발 길이는 ☐ 뼘쯤 됩니다.

3 당근의 길이를 여러 가지 단위로 재어 보세요.

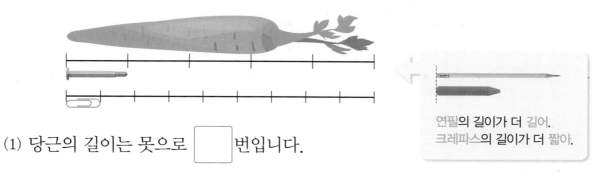

연필의 길이가 더 길어.
크레파스의 길이가 더 짧아.

(1) 당근의 길이는 못으로 ☐ 번입니다.

(2) 당근의 길이는 클립으로 ☐ 번입니다.

4 여러 가지 단위로 지팡이의 길이를 재어 보세요.

단위	잰 횟수
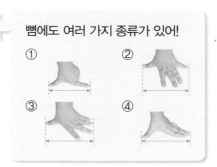	번쯤
	번쯤

뼘에도 여러 가지 종류가 있어!

① ② ③ ④

5 밧줄의 길이를 두 가지 물건으로 재어 보고, 알맞은 말에 ○표 하세요.

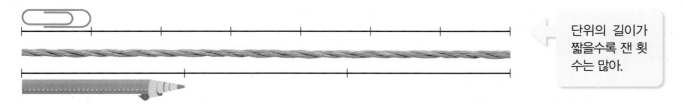

단위의 길이가 짧을수록 잰 횟수는 많아.

(1) 클립의 길이가 색연필의 길이보다 더 (짧습니다 , 깁니다).

(2) 클립으로 잰 횟수가 색연필로 잰 횟수보다 더 (적습니다 , 많습니다).

3 약속된 단위인 cm가 필요해.

● 같은 색 테이프의 길이를 각자의 뼘으로 재어 보기

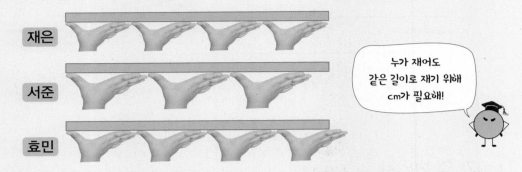

누가 재어도
같은 길이로 재기 위해
cm가 필요해!

➡ 뼘의 길이는 사람마다 다를 수 있기 때문에 색 테이프의 정확한 길이를 알 수 없습니다.

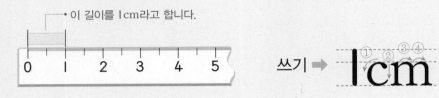

이 길이를 1cm라고 합니다.

쓰기 ➡ **1cm**   읽기 ➡ **1 센티미터**

---

1 막대의 길이를 엄지손톱으로 몇 번 재었는지 알아보고, 알맞은 말에 ◯표 하세요.

지우   지우의 엄지손톱으로 ☐ 번쯤 재었습니다.

세아   세아의 엄지손톱으로 ☐ 번쯤 재었습니다.

➡ 두 사람의 엄지손톱의 길이가 다르므로

　　　　정확한 막대의 길이를 알 수 (있습니다 , 없습니다).

2 길이를 써 보세요.

1cm

2cm

센티미터를 쓰는 순서와 크기에
주의하여 정확하게 써 보자!

3 ☐ 안에 알맞은 수를 써넣으세요.

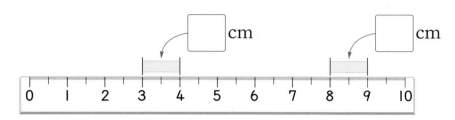

4 I cm가 몇 번인지 세고 길이를 쓰고 읽어 보세요.

(1)

I cm ☐ 번 ➡ ┌ 쓰기: _____
            └ 읽기: _____

(2)

I cm ☐ 번 ➡ ┌ 쓰기: _____
            └ 읽기: _____

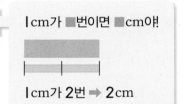

I cm가 ■번이면 ■cm야!

I cm가 2번 ➡ 2cm

(3)

I cm ☐ 번 ➡ ┌ 쓰기: _____
            └ 읽기: _____

5 주어진 길이만큼 점선을 따라 선을 그어 보세요.

(1) 3cm

(2) 6cm

4 Icm가 몇 번 들어가는지 세어 봐.

● 자를 사용하여 길이 재는 방법

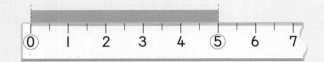

한쪽 끝을 자의 눈금 0에 맞추고 다른 쪽 끝에
있는 자의 눈금을 읽습니다.
➡ 종이띠의 길이는 **5 cm**입니다.
        ● Icm가 5번이니까 5 cm입니다.

● 물건의 한쪽 끝이 자의 눈금 **0**에 놓여
있지 않을 때 길이 재는 방법

1 cm가 몇 번 들어가는지 셉니다.
➡ 종이띠의 길이는 **5 cm**입니다.
        ● 똑같이 Icm가 5번입니다.

---

1 □ 안에 알맞은 수를 써넣어 자를 완성해 보세요.

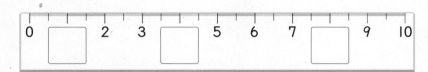

0은 길이를 잴 때 한쪽
끝을 맞추는 기준점이야!

---

2 길이를 바르게 잰 것에 모두 ○표 하세요.

자로 길이를 잴 때 물건을
자의 눈금과 나란히 놓아
야 해!

---

3 붓의 길이를 잰 것입니다. □ 안에 알맞은 수를 써넣으세요.

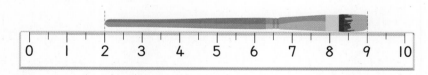

(1) 붓의 한쪽 끝을 자의 눈금 □ 에 맞추었습니다.

(2) 붓의 한쪽 끝에서 다른 쪽 끝까지 Icm가 □ 번 들어갑니다.

(3) 붓의 길이는 □ cm입니다.

4 주어진 물건의 길이는 몇 cm인지 구해 보세요.

(1)

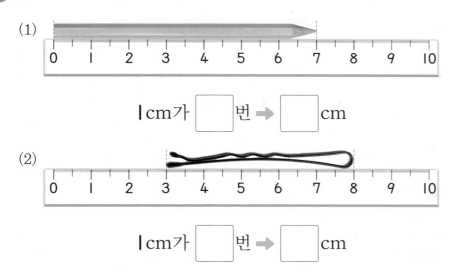

|cm가 ☐ 번 ➡ ☐ cm

(2)

|cm가 ☐ 번 ➡ ☐ cm

5 자로 길이를 재어 보세요.

(   )

4

6 물건의 길이는 몇 cm인지 구해 보세요.

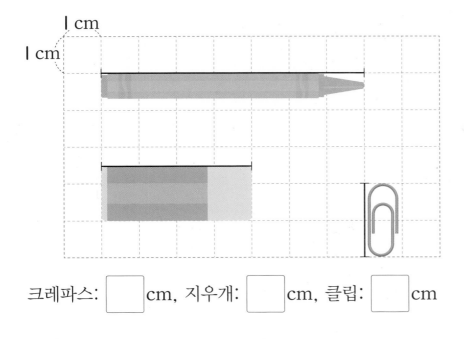

눈금 |칸 ➡ |cm |번
눈금 2칸 ➡ |cm 2번
⋮

크레파스: ☐ cm, 지우개: ☐ cm, 클립: ☐ cm

5 눈금 사이에 있으면 가까운 쪽의 숫자를 읽어.

① 한쪽 끝이 자의 눈금 0에 놓여 있는지 확인해 봅니다.

• 눈금이 0인 경우

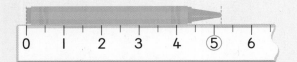

• 눈금이 0이 아닌 경우

② 눈금과 가까운 쪽에 있는 숫자를 읽으며, 숫자 앞에 약을 붙여 말합니다.

➡ 5cm와 6cm 사이에 있고, 5cm에 가깝기 때문에 약 5cm입니다.

② 1cm가 몇 번쯤 들어간 횟수에 약을 붙여 나타냅니다.

➡ 1cm가 4번과 5번 사이에 있고, 5번에 가깝기 때문에 약 5cm입니다.

한쪽 끝이 눈금 사이에 있을 때 '약 ☐ cm'라고 해.

---

1 ☐ 안에 알맞은 수를 써넣으세요.

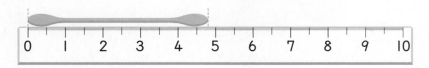

4cm와 5cm 사이에 있고, ☐ cm에 가깝습니다.

➡ 면봉의 길이는 약 ☐ cm입니다.

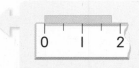

1cm가 2번쯤 들어가므로 약 2cm라고 할 수 있어.

---

2 ☐ 안에 알맞은 수를 써넣으세요.

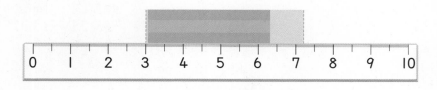

1cm가 4번과 5번 사이에 있고, ☐ 번에 가깝습니다.

➡ 지우개의 길이는 약 ☐ cm입니다.

왼쪽 끝이 눈금 0에 맞추어지지 않았으므로 오른쪽 끝의 숫자를 읽으면 안 돼.

6 자를 사용하지 않고 길이를 짐작하는 것을 어림이라고 해.

• 1cm가 몇 번쯤인지 어림하기

진호

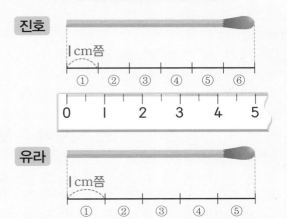

유라

• 어림한 길이를 말할 때는 '약 □cm'라고 합니다.

어림한 길이	자로 잰 길이
약 6cm	5cm

• 실제 길이와 어림한 길이가 가까울수록 더 정확하게 어림한 것입니다.

어림한 길이	자로 잰 길이
약 5cm	5cm

어림한 길이는 정확한 길이가 아니므로 자로 잰 길이와 다를 수 있어.

➡ 실제 길이에 더 가깝게 어림한 사람은 유라입니다.

---

1 털실의 길이를 어림하고 자로 재어 확인해 보세요.

어림한 길이	자로 잰 길이
약 cm	cm

4

---

2 실제 길이에 가까운 길이를 찾아 이어 보세요.

•   •   •

•   •   •

10 cm   20 cm   40 cm

1 길이를 비교하는 방법 알아보기

1 그림을 보고 더 긴 쪽에 ○표 하세요.

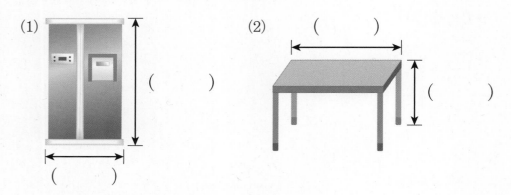

(1) (   )

(   )

(2) (   )

(   )

2 어떻게 비교하면 좋을지 알맞은 방법을 찾아 이어 보세요.

▶ 직접 맞대어 비교할 수 없을 때에는 어떻게 해야 할지 생각해 봐.

친구와 나의 손가락의 길이를 비교할 때	·	·	종이띠나 털실을 이용하여 비교하기
텔레비전의 긴 쪽과 짧은 쪽의 길이를 비교할 때	·	·	맞대어서 비교하기

3 창문에서 ㉠과 ㉡의 길이를 비교하려고 합니다. □ 안에 알맞은 기호나 말을 써넣으세요.

▶ 종이띠와 같은 구체물을 이용해서 ㉠과 ㉡의 길이를 본떠서 길이를 비교해 봐.

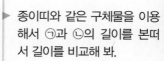

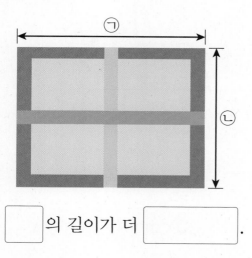

☐ 의 길이가 더 ☐ .

4 색연필의 길이가 짧은 것부터 순서대로 기호를 써 보세요.

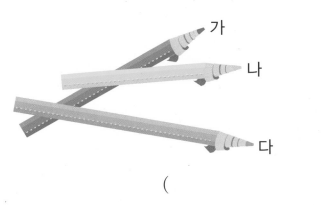

(   )

▶ 종이띠을 이용해서 색연필의 길이를 본떠서 비교해 봐.

 내가 만드는 문제

5 신발장에 신발을 넣으려고 합니다. 칸을 정하고 알맞은 신발을 넣어 보세요.

구두   장화   부츠

신발장의 [   ] 쪽 칸에 [   ] 를 넣습니다.

▶ 신발장보다 길이가 길면 신발을 칸에 넣을 수 없어.

항상 종이띠를 잘라서 길이를 비교해야 할까?

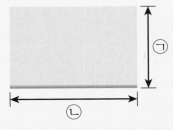

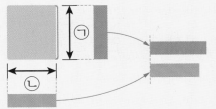

㉠과 ㉡의 길이의 차이가 커서 종이띠를 이용하지 않아도 길이를 비교할 수 있습니다.

➡ ㉠과 ㉡ 중 더 긴 쪽은 [   ] 입니다.

㉠과 ㉡의 길이의 차이가 크지 않으므로 종이띠를 잘라서 비교합니다.

➡ ㉠과 ㉡ 중 더 긴 쪽은 [   ] 입니다.

먼저 눈으로 비교해 봐.

6 뼘과 엄지손톱을 단위로 하여 휴대전화의 길이를 재어 보세요.

뼘	번쯤
엄지손톱	번쯤

7 나무도막을 단위로 하여 우산의 길이는 몇 번쯤인지 붙임딱지를 붙여 알아보세요.

붙임딱지

▶ 포개어지거나 빈틈없이 붙임 딱지를 붙여야 해.

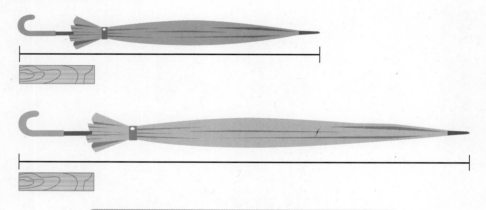

빨간색 우산	나무도막으로	번쯤
노란색 우산	나무도막으로	번쯤

8 준호, 민규, 태은, 지수는 연결 모형으로 모양 만들기를 하였습니다. 가장 길게 연결한 사람은 누구일까요?

▶ 연결 모형을 각각 몇 개 연결 했는지 알아봐.

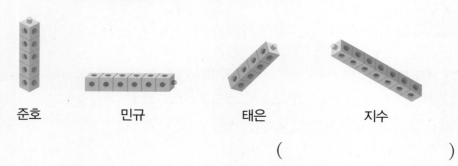

준호　　　민규　　　태은　　　지수

(　　　　　　　)

🔗 탄탄북

9 가장 긴 막대를 가지고 있는 사람은 누구일까요?

> 재영: 내 막대의 길이는 이쑤시개로 5번쯤이야.
> 진주: 내 막대의 길이는 뼘으로 5번쯤이야.
> 도진: 내 막대의 길이는 클립으로 5번쯤이야.

(   )

▶ 잰 횟수가 같으므로 단위의 길이를 비교해.

😊 내가 만드는 문제

10 책상의 길이를 재어 보려고 합니다. 단위로 사용할 수 있는 것을 2가지 정해 책상의 긴 쪽의 길이를 재어 보세요.

무엇으로 길이를 재면 좋을까?

단위	잰 횟수
	번쯤
	번쯤

▶ 주위에 있는 여러 가지 물건들로 책상의 길이를 재어 보자!

4

🎓 길이를 잴 때 어떤 물건을 단위로 사용하는 것이 좋을까?

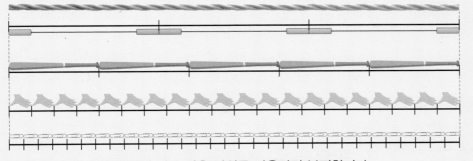

• 밧줄의 길이를 여러 가지 단위로 재어 보기

줄넘기로 [ ] 번

야구 방망이로 [ ] 번

뼘으로 [ ] 번

클립으로 …

세다가 포기!

➡ 긴 물건의 길이를 잴 때 너무 짧은 단위를 사용하면 불편합니다.

11 주어진 길이를 쓰고 읽어 보세요.

(1) 1cm 3번   쓰기: _____   읽기: _____

(2) 1cm 8번   쓰기: _____   읽기: _____

11➕ 알맞은 길이에 ○표 하세요.

(1) 2m = (20cm , 200cm)

(2) 500cm = (5m , 50m)

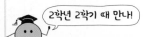 2학년 2학기 때 만나!

1m 알아보기

100cm = 1m

쓰기: 1m

읽기 : 1 미터

▶ 자의 큰 눈금 한 칸을 1cm라고 해.

12 □ 안에 알맞은 수를 써넣으세요.

(1) 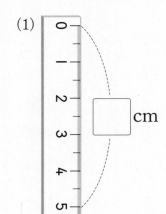 □cm

(2) 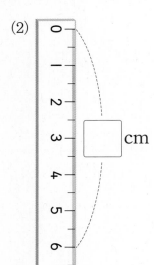 □cm

13 길이가 같은 것끼리 이어 보세요.

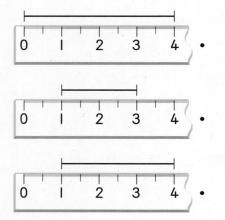

• 2cm

• 3cm

• 4cm

▶ 1cm가 몇 번인지 알아봐.

14 민서와 진아가 각자의 뼘으로 같은 물건의 길이를 재었습니다. 물음에 답하세요.

민서의 뼘	진아의 뼘
13번쯤	12번쯤

(1) 두 친구의 잰 횟수가 다른 까닭은 무엇일까요?

(2) 물건의 길이를 잴 때 cm로 나타내면 어떤 점이 좋을까요?

😊 내가 만드는 문제

15 1 cm, 2 cm, 3 cm 막대를 여러 번 사용하여 7 cm가 되도록 서로 다른 방법으로 붙임딱지를 붙여 보세요.

붙임딱지

▶ 여러 가지 답이 나올 수 있어.

1 cm   2 cm   3 cm

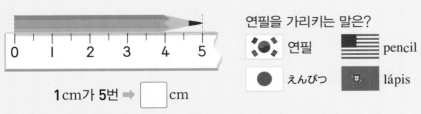

💡 연필을 가리키는 말과 연필의 길이는 나라마다 다를까?

1cm가 5번 ➡ ☐ cm

모든 나라에서는 ☐ 의 길이를 1cm라고 정해서 사용하고 있습니다.
따라서 연필을 가리키는 말은 나라별로 달라도 연필의 길이는 모두 5cm입니다.

말은 안 통해도 길이는 통하겠군.

🔗 탄탄북

16 소시지의 길이는 몇 cm인지 써 보세요.

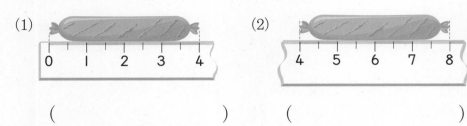

(1) (　　　　　　　) (2) (　　　　　　　)

16➕ 막대의 길이는 얼마일까요?

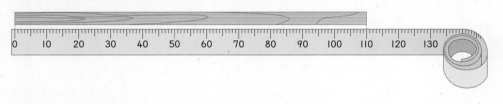

▭ cm = 1 m 10 cm

> 2학년 2학기 때 만나!

자로 길이 재기

한끝을 줄자의 눈금 0에 맞추고, 다른 쪽 끝에 있는 눈금을 읽습니다.
120 cm = 1 m 20 cm

17 자로 연필의 길이를 재어 보세요.

(　　　　　　　)

18 자를 사용하여 길이가 5 cm인 선을 찾아 기호를 써 보세요.

▶ 선이 그려진 방향에 맞게 자를 돌려서 길이를 재어야 해.

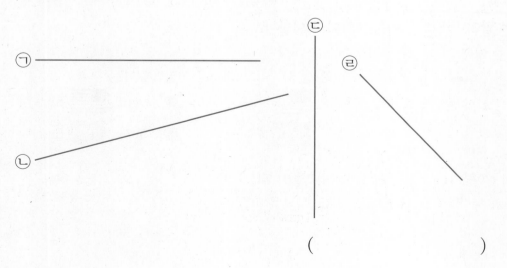

(　　　　　　　)

🔗 탄탄북

19 색깔별 막대의 길이를 자로 재어 보고 같은 길이를 찾아 같은 색의 붙임딱지를 붙여 보세요.

붙임딱지

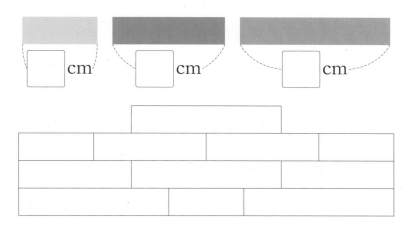

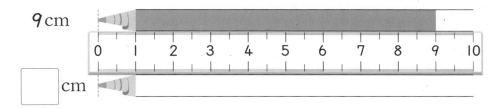

😊 내가 만드는 문제

20 길이를 쓰고, 길이만큼 색연필이 완성되도록 색칠해 보세요.

▶ 색연필의 길이를 정하고, 그 눈금까지 색칠해 봐.

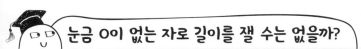

9 cm

☐ cm

4

눈금 0이 없는 자로 길이를 잴 수는 없을까?

자로 길이를 잴 때 꼭 눈금 0부터 재어야 하는 것은 아닙니다.

1cm가 몇 번 들어가는지만 알면 길이를 잴 수 있어.

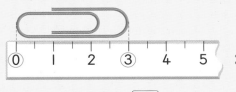

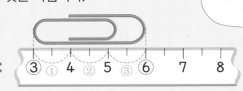

1cm가 3번 ➡ ☐ cm

1cm가 3번 ➡ ☐ cm

21 색 테이프의 길이는 약 몇 cm일까요?

(1)

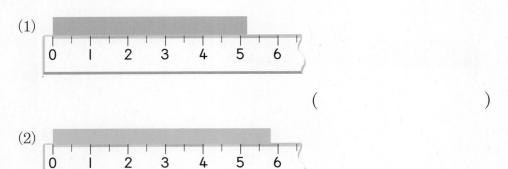

( )

(2)

( )

▶ 정확하지 않은 길이를 말할 때는 길이 앞에 '약'을 붙여야 해!

22 자로 크레파스와 붓의 길이는 약 몇 cm인지 재어 보세요.

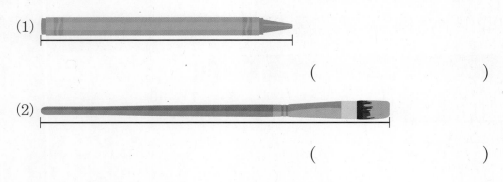

(1)

( )

(2)

( )

▶ 길이가 자의 눈금 사이에 있을 때는 가까운 쪽에 있는 숫자를 읽어!

23 빨대의 길이는 약 몇 cm일까요?

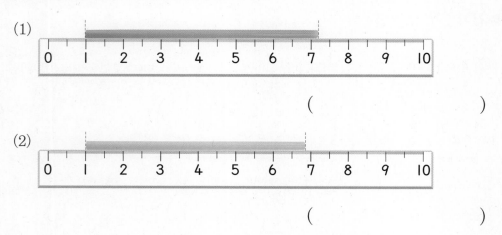

(1)

( )

(2)

( )

▶ 두 물체의 길이를 '약 ■cm' 라고 같게 말하더라도 실제 길이가 같은 것은 아니야.

24 옷핀의 길이를 순호는 약 **3**cm, 미주는 약 **4**cm라고 재었습니다. 물음에 답하세요.

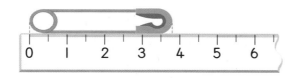

(1) 길이를 바르게 잰 사람은 누구일까요?

(   )

(2) 그렇게 생각한 까닭을 써 보세요.

까닭 ....

....

 내가 만드는 문제

25 ⬭ 안에 곧은 선을 하나 긋고, 그은 선의 길이를 재어 보세요.

> 구불거리지 않는 곧은 선을 그어 보자!

(   )

4

자의 눈금 사이에 있는 길이를 어떻게 읽지?

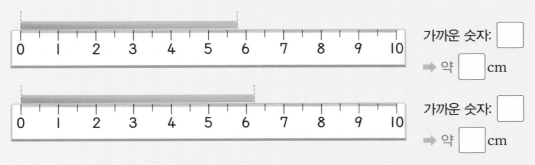

길이가 자의 눈금 사이에 있을 때는 가까운 쪽에 있는 숫자를 읽습니다.

가까운 숫자: ☐
➡ 약 ☐ cm

가까운 숫자: ☐
➡ 약 ☐ cm

> '약'을 붙여 말한 길이가 같더라도 실제 길이는 다를 수 있어.

➡ 가까운 쪽의 숫자를 읽으므로 실제 길이는 6cm보다 짧거나 6cm보다 길 수도 있습니다.

26 길이가 약 8 cm인 선을 찾아 기호를 써 보세요.

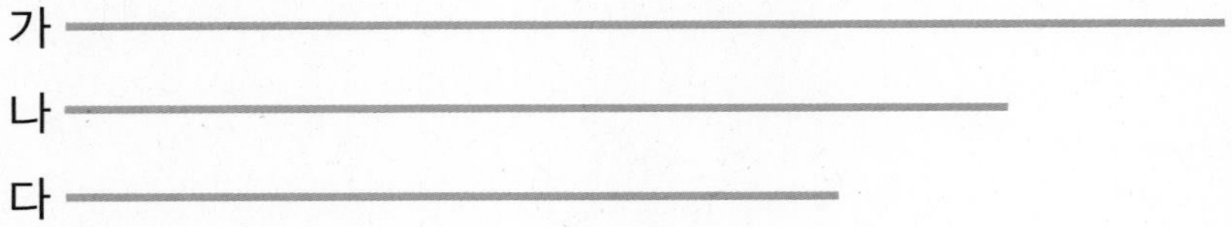
가
나
다

( )

26+ 정우의 키가 1 m일 때 나무의 높이는 약 몇 m일까요?

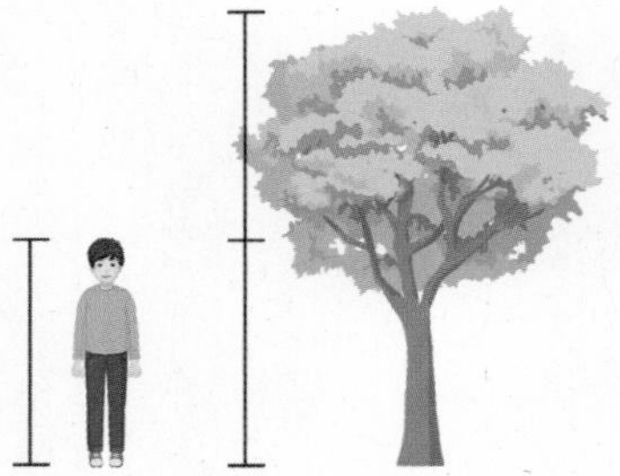

약 □ m

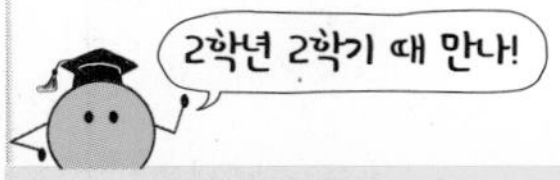
2학년 2학기 때 만나!

길이 어림하기

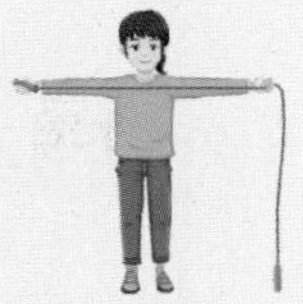

양팔을 벌린 길이는 약 1 m입니다.
➡ 줄넘기 줄의 길이는 약 2 m입니다.

27 물건의 길이를 어림하고 자로 재어 확인해 보세요.

▶ 길이가 1 cm, 5 cm 정도 되는 물건이나 신체의 부분을 생각하며 어림해.

(1)

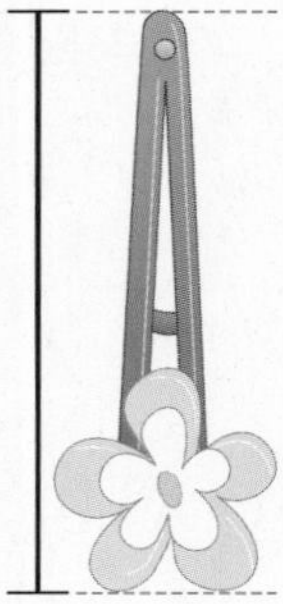

어림한 길이	자로 잰 길이
약 cm	cm

(2)

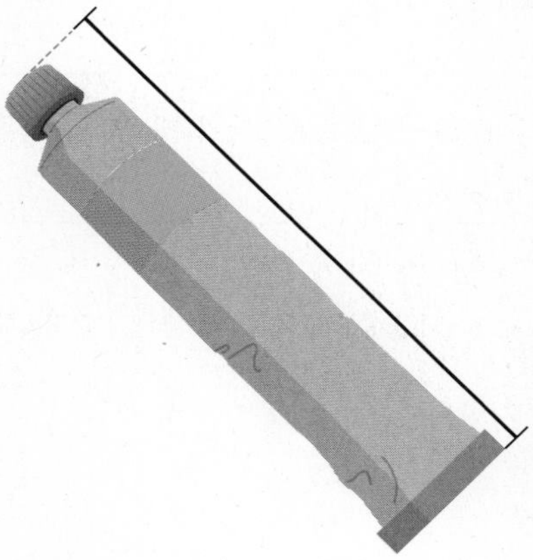

어림한 길이	자로 잰 길이
약 cm	cm

탄탄북

28 윤호와 수아는 약 6 cm를 어림하여 다음과 같이 색 테이프를 잘랐습니다. 6 cm에 더 가깝게 어림한 사람은 누구일까요?

▶ 어림한 길이와 자로 잰 길이의 차가 작을수록 더 가깝게 어림한 거야.

윤호
수아

( )

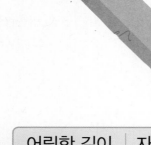

29 가와 나의 길이를 어림하여 비교하고 자로 재어 확인해 보세요.

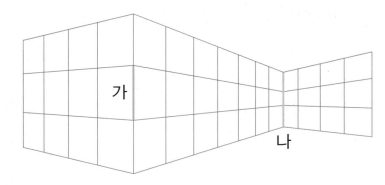

자로 재어 보면 가와 나의 길이는 (같습니다 , 다릅니다).

▶ 어림한 길이와 실제 길이를
비교해 보면서 길이가 얼마쯤
인지에 대한 감각을 길러봐.

😊 내가 만드는 문제
30 길이를 정한 다음 정한 길이만큼 어림하여 ⬭ 안에 선을 긋고
자로 재어 확인해 보세요.

정한 길이	자로 잰 길이
cm	cm

4

🎓 **길이를 좀 더 정확하게 어림하는 방법은?**

1 cm쯤 되는 것으로 길이를 어림합니다.

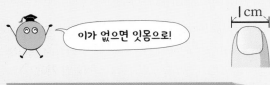

이가 없으면 잇몸으로!

|1 cm|

엄지손톱의 길이는 약 1 cm이므로 자가 없어도
길이를 비교적 정확하게 어림할 수 있습니다.

연필의 길이는 엄지손톱으로 약 [ ] 번이므로

연필의 길이는 약 [ ] cm라고 어림할 수 있습니다.

① **여러 가지 단위로 잰 길이 알아보기**

연필로 막대의 길이를 재어 보니 2번이었습니다. 지우개로 막대의 길이를 재면 몇 번인지 구해 보세요.

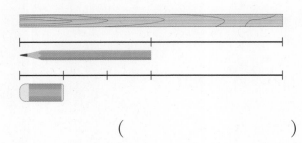

(   )

막대 1개의 길이는 성냥개비 2개의 길이와 클립 4개의 길이와 각각 같아.

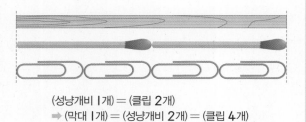

(성냥개비 1개) = (클립 2개)
➡ (막대 1개) = (성냥개비 2개) = (클립 4개)

② **단위길이 비교하기**

지혜와 유민이가 각자의 뼘으로 책장의 길이를 잰 것입니다. 뼘의 길이가 더 긴 사람은 누구일까요?

지혜	유민
12뼘쯤	14뼘쯤

(   )

단위의 길이와 잰 횟수를 비교해 봐.

➡ 2번

➡ 3번

➡ 단위의 길이가 짧을수록 잰 횟수는 많습니다.

1⁺ 붓으로 막대의 길이를 재어 보니 3번이었습니다. 물감으로 막대의 길이를 재면 몇 번인지 구해 보세요.

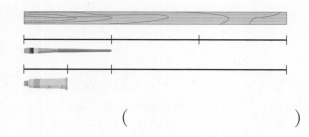

(   )

2⁺ 선우와 현정이가 각자의 걸음으로 복도의 길이를 잰 것입니다. 한 걸음의 길이가 더 짧은 사람은 누구일까요?

선우	현정
20걸음쯤	14걸음쯤

(   )

3 **자로 잰 길이 비교하기**

㉠과 ㉡ 중에서 더 긴 선의 기호를 써
보세요.

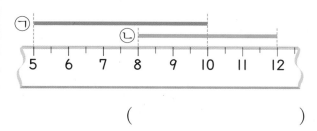

( )

1cm가 몇 번 들어가는지 알아보고 각각의 길이를
구해 봐.

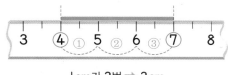

1cm가 3번 ➡ 3cm

4 **꺾어진 선의 길이 구하기**

자로 길이를 재어 선의 길이는 모두 몇
cm인지 구해 보세요.

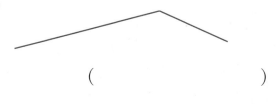

( )

각각의 선을 이어서 길이를 재어 봐.

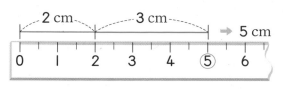

3+ ㉠과 ㉡ 중에서 더 긴 선의 기호를 써
보세요.

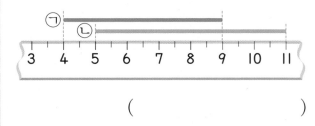

( )

4+ 자로 길이를 재어 선의 길이는 모두 몇
cm인지 구해 보세요.

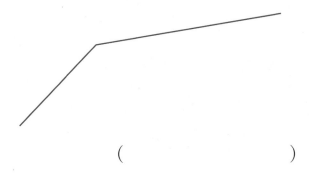

( )

5 더 가깝게 어림한 사람 찾기

현우와 서진이가 수수깡의 길이를 어림한 것입니다. 더 가깝게 어림한 사람은 누구일까요?

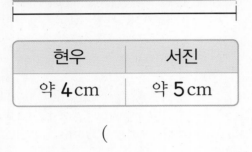

현우	서진
약 4 cm	약 5 cm

( )

어림한 길이가 자로 잰 길이에 가까울수록 가깝게 어림한 거야.

정민 ├────────────┤
유정 ├─────────────────┤
0 1 2 3 4 5 6

➡ 수수깡의 길이에 더 가깝게 어림한 사람은 정민입니다.

5+ 민주와 해인이가 건전지의 길이를 어림한 것입니다. 더 가깝게 어림한 사람은 누구일까요?

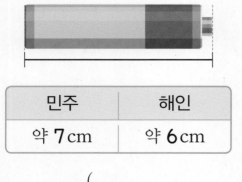

민주	해인
약 7 cm	약 6 cm

( )

6 정해진 길이로만 점과 점 연결하기

출발점에서 도착점까지의 점들을 두 점씩 3 cm 선으로 연결해 보세요.

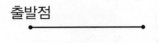

출발점

도착점

점과 점 사이의 길이가 3 cm인 것만 선으로 연결해야 돼.

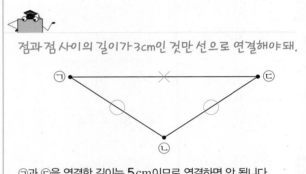

㉠과 ㉢을 연결한 길이는 5 cm이므로 연결하면 안 됩니다.

6+ 출발점에서 도착점까지의 점들을 두 점씩 4 cm 선으로 연결해 보세요.

출발점   도착점

단원 평가

| 점수 | 확인 |

1 길이를 비교하여 □ 안에 알맞은 기호를 써넣으세요.

가

나

□ 의 길이가 더 깁니다.

2 □ 안에 알맞은 수를 써넣어 자를 완성해 보세요.

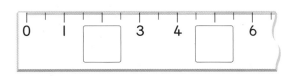

3 □ 안에 알맞은 수를 써넣으세요.

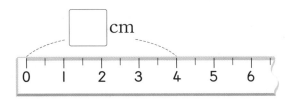

4 못의 길이는 몇 cm일까요?

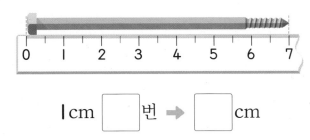

|cm □ 번 ➡ □ cm

5 주어진 길이만큼 점선을 따라 선을 그어 보세요.

5cm

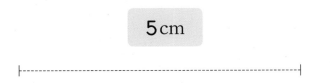

6 빨대의 길이는 엄지손톱과 지우개로 각각 몇 번일까요?

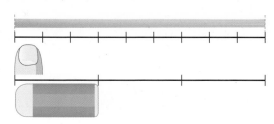

| 엄지손톱 | 번 |
| 지우개 | 번 |

7 성냥개비의 길이는 약 몇 cm일까요?

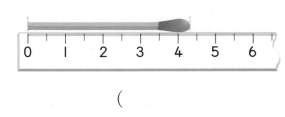

(   )

8 자로 풀의 길이를 재어 보세요.

(   )

9 물감의 길이는 몇 cm일까요?

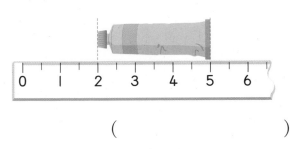

(   )

10 반창고의 길이를 어림하고 자로 재어 확인해 보세요.

어림한 길이	약	cm
자로 잰 길이		cm

11 보기 에서 알맞은 길이를 골라 문장을 완성해 보세요.

보기

1 cm   8 cm   15 cm   135 cm

(1) 콩 한 알의 길이는 [　　] 입니다.

(2) 초등학교 2학년인 지호의 키는 [　　] 입니다.

12 책상의 긴 쪽의 길이를 다음과 같이 재었습니다. 잰 횟수가 가장 적은 사람은 누구일까요?

> 민석: 나는 뼘으로 재었어.
>
> 소민: 나는 클립으로 재었어.
>
> 지우: 나는 수학책의 긴 쪽으로 재었어.

(　　　　　)

13 빨간색 점에서 가장 먼 곳에 있는 점을 찾아 기호를 써 보세요.

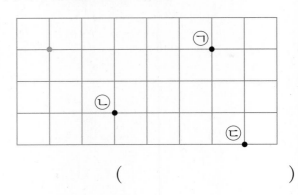

(　　　　　)

14 막대의 길이가 더 긴 것은 어느 것인지 기호를 써 보세요.

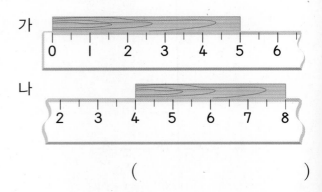

(　　　　　)

15 유하와 선우가 길이가 12 cm인 끈을 어림한 것입니다. 실제 길이에 더 가깝게 어림한 사람은 누구일까요?

유하	선우
약 14 cm	약 11 cm

(　　　　　)

16 주희와 정원이가 각자의 뼘으로 우산의 길이를 재었더니 주희는 6뼘쯤, 정원이는 7뼘쯤이었습니다. 뼘의 길이가 더 긴 사람은 누구일까요?

( )

17 2 cm, 3 cm 막대가 있습니다. 이 막대를 여러 번 사용하여 7 cm가 되도록 서로 다른 방법으로 색칠해 보세요.

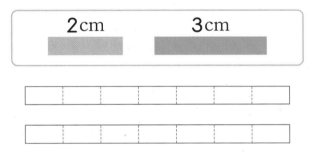

18 가장 긴 줄을 가지고 있는 사람은 누구일까요?

영미: 내 줄의 길이는 14 cm야.

수원: 내 줄의 길이는 크레파스로 14번쯤이야.

진솔: 내 줄의 길이는 클립으로 14번쯤이야.

( )

19 윤아와 혜승이가 뼘으로 텔레비전의 길이를 재었습니다. 두 친구가 잰 길이가 다른 까닭을 써 보세요.

윤아의 뼘	혜승이의 뼘
4뼘쯤	3뼘쯤

까닭

20 수진이가 과자의 길이를 재었습니다. 잘못 잰 까닭을 써 보세요.

수진: 과자의 길이는 5 cm야.

까닭

5 분류하기

누가 나누어도 결과가 같은 분류 기준이 필요해!

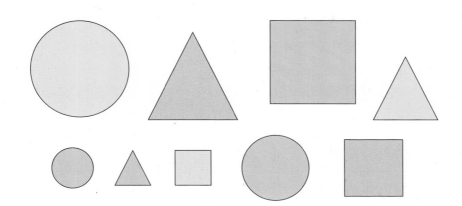

● 분류 기준: 모양

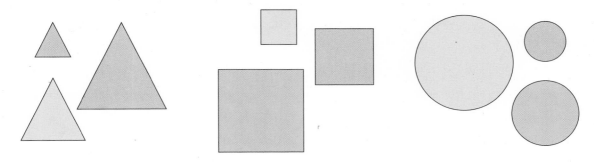

● 분류 기준: 색깔

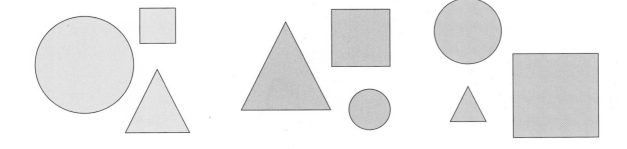

① 분류는 분명한 기준으로 나누어야 해.

└─• 기준에 따라 나누는 것

● 유미의 기준

예쁜 옷	
예쁘지 않은 옷	

➡ 사람에 따라 분류 결과가 다릅니다.

● 지아의 기준

윗옷	
아래옷	

➡ 누가 분류하더라도 결과가 같습니다.

---

1 동물을 두 가지 기준으로 분류한 것입니다. 물음에 답하세요.

㉠ 날 수 있는 동물과 날 수 없는 동물

날 수 있는 동물	
날 수 없는 동물	

㉡ 귀여운 동물과 귀엽지 않은 동물

귀여운 동물	
귀엽지 않은 동물	

(1) 누가 분류하더라도 결과가 같게 분류한 것은 (㉠ , ㉡)입니다.

(2) 동물을 분류하는 기준으로 알맞은 것은 (㉠ , ㉡)입니다.

비둘기는 날 수 있어.

맞아! 비둘기는 날 수 있어.

나는 토끼가 귀여워.

아니! 나는 토끼가 귀엽지 않아.

➡ 분류는 누가 분류하더라도 결과가 같아지는 분명한 기준으로 나누는 것입니다.

2 여러 가지 과일과 채소를 분류한 기준이 분명한 것의 기호를 써 보세요.

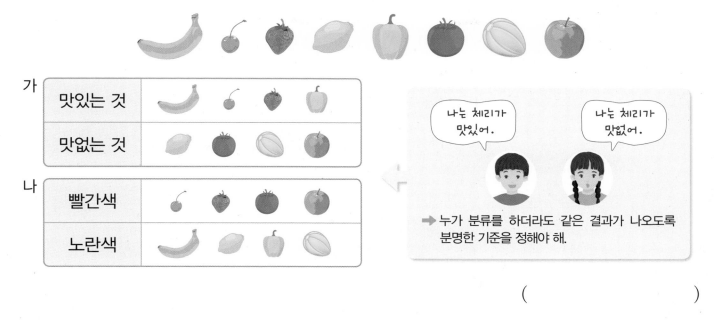

누가 분류를 하더라도 같은 결과가 나오도록 분명한 기준을 정해야 해.

(   )

3 도형을 다음과 같이 분류하였습니다. 분류 기준으로 알맞은 것에 ○표 하세요.

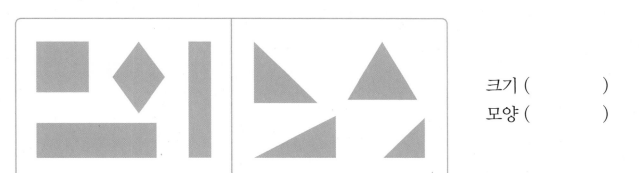

크기 (   )
모양 (   )

5

4 분류 기준으로 알맞은 것을 찾아 기호를 써 보세요.

㉠ 가벼운 것과 무거운 것
㉡ 하늘을 날 수 있는 것과 날 수 없는 것
㉢ 타고 싶은 것과 타기 싫은 것

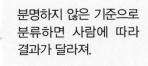

분명하지 않은 기준으로 분류하면 사람에 따라 결과가 달라져.

(   )

2 기준에 따라 분류해 보자.

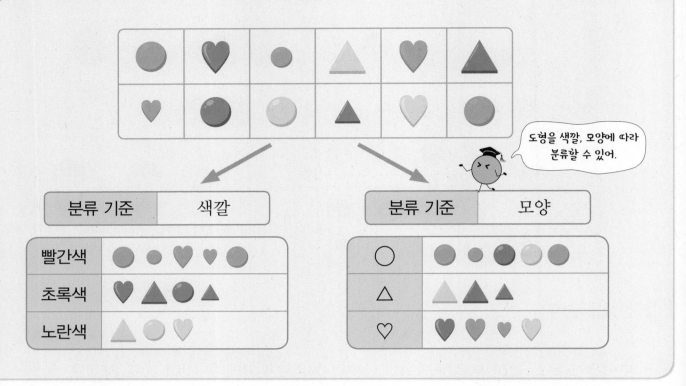

말풍선: 도형을 색깔, 모양에 따라 분류할 수 있어.

분류 기준	색깔

빨간색	● ● ♥ ♥ ●
초록색	♥ ▲ ● ▲
노란색	▲ ● ♥

분류 기준	모양

○	● ● ● ● ●
△	▲ ▲ ▲
♡	♥ ♥ ♥ ♥

---

1 도형을 정해진 기준에 따라 분류해 보세요.

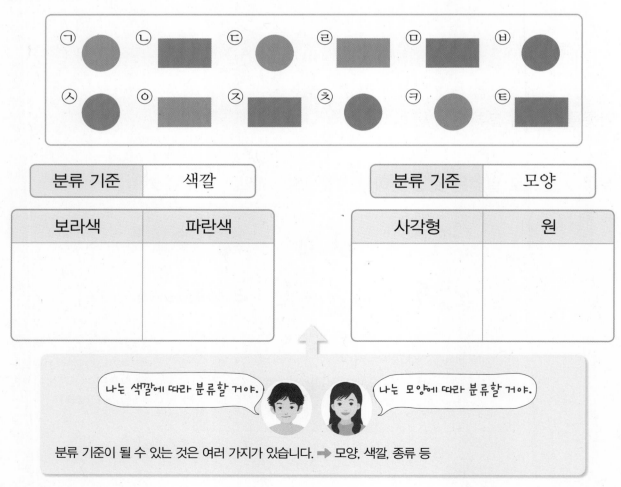

분류 기준	색깔

보라색	파란색

분류 기준	모양

사각형	원

말풍선(왼쪽): 나는 색깔에 따라 분류할 거야.

말풍선(오른쪽): 나는 모양에 따라 분류할 거야.

분류 기준이 될 수 있는 것은 여러 가지가 있습니다. ➡ 모양, 색깔, 종류 등

2 바퀴의 수에 따라 분류해 보세요.

ㄱ   ㄴ   ㄷ

ㄹ   ㅁ   ㅂ

> 기준이 달라지면 분류한 결과도 달라져.
> 예 면허가 필요한 것과 필요하지 않은 것

바퀴의 수	기호
2개	
4개	

3 신발을 분류할 수 있는 기준을 두 가지 써 보세요.

분류 기준 1 _____   분류 기준 2 _____

5

4 기준을 정하여 분류해 보세요.

①   ②   ③   ④

⑤   ⑥   ⑦   ⑧

분류 기준 [   ]

	번호

3 분류하고 세어 보자.

분류 기준	맛

맛	딸기 맛	바닐라 맛	초콜릿 맛
세면서 표시하기	⊬⊬ ⊬⊬	⊬⊬ ⊬⊬	⊬⊬ ⊬⊬
아이스크림 수(개)	5	3	4

→ ∨표 한 수   →○표 한 수   →/표 한 수

→ 하나씩 세면서
/, //, ///, ////, ⊬⊬로
표시합니다.

> 센 것에는
> 종류별로 ∨, /, ○표시를
> 하여 빠짐없이 세어 봐!

1 미연이네 반 학생들이 좋아하는 음식입니다. 정해진 기준에 따라 분류하고 그 수를 세어 보세요.

	치킨	피자	햄버거	햄버거	치킨
	햄버거	햄버거	피자	치킨	피자

분류 기준	종류

종류	치킨	햄버거	피자
세면서 표시하기	⊬⊬ ⊬⊬	⊬⊬ ⊬⊬	⊬⊬ ⊬⊬
학생 수(명)			

2 옷을 정해진 기준에 따라 분류하여 번호를 쓰고 그 수를 세어 보세요.

분류 기준	종류

종류	윗옷	아래옷	원피스
번호			
옷의 수(벌)			

3 민주네 반 학생들이 좋아하는 운동입니다. 정해진 기준에 따라 분류하고 그 수를 세어 보세요.

축구	농구	야구	배구	농구	야구
축구	축구	농구	축구	농구	야구
축구	농구	야구	축구	축구	배구

분류 기준	종류

종류	축구	농구	야구	배구
세면서 표시하기	//////	//////	//////	//////
학생 수(명)				

> 분류하여 세면 운동별로 좋아하는 학생 수를 한눈에 알기 쉬워.

4 분류를 하면 결과를 쉽게 알 수 있어.

└• 가장 많은 것, 가장 적은 것 / 가장 좋아하는 것, 가장 싫어하는 것 등

● 상점에서 팔린 모자를 분류하고 분류한 결과 말해 보기

분류 기준	색깔

색깔	빨간색	파란색	초록색
세면서 표시하기	//// ////	//// ////	//// ////
모자 수(개)	6	4	2

① 가장 많이 팔린 모자의 색깔은 빨간색입니다.

② 가장 적게 팔린 모자의 색깔은 초록색입니다.

많이 팔린 색깔은 인기가 많다는 뜻이야. 따라서 인기가 많은 빨간색 모자를 많이 준비하면 많이 팔 수 있겠지?

---

1 수호네 어머니께서 만드신 초콜릿입니다. 물음에 답하세요.

■	▲	♥	■	♥	▲	♥	■
♥	■	▲	♥	▲	■	♥	♥

(1) 정해진 기준에 따라 초콜릿을 분류하고 그 수를 세어 보세요.

분류 기준	모양

모양	■	▲	♥
세면서 표시하기	//// ////	//// ////	//// ////
초콜릿 수(개)			

(2) 가장 많이 만든 모양은 ☐ 모양이고, 가장 적게 만든 모양은 ☐ 모양입니다.

2 지민이네 반 학생들이 좋아하는 수첩입니다. 물음에 답하세요.

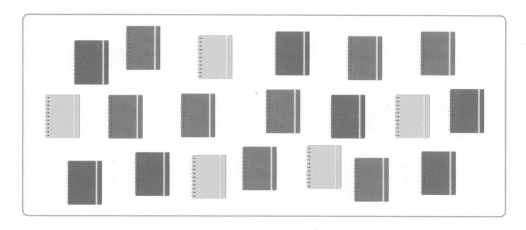

(1) 정해진 기준에 따라 수첩을 분류하고 그 수를 세어 보세요.

분류 기준	색깔

색깔	빨간색	초록색	노란색
세면서 표시하기	~~////~~ ~~////~~	~~////~~ ~~////~~	~~////~~ ~~////~~
학생 수(명)			

색깔별로 분류하면 어떤 색깔이 가장 많고 가장 적은지 알 수 있어.

(2) 가장 많은 학생들이 좋아하는 수첩의 색깔을 써 보세요.

(   )

(3) 가장 적은 학생들이 좋아하는 수첩의 색깔을 써 보세요.

(   )

(4) 문방구에서 어떤 색깔의 수첩을 더 준비하면 좋을지 수첩의 색깔을 써 보세요.

(   )

가장 많은 학생들이 좋아하는 수첩의 색깔을 알아봐!

1 분류하는 방법 알아보기

1 분류 기준으로 알맞은 것에 ○표 하세요.

> 분류 기준은 누가 분류하더라도 결과가 같아지는 분명한 기준으로 정해야 해.

(1)

| 빨간색 옷과 노란색 옷 | 편한 옷과 불편한 옷 |

(2)

| 순한 동물과 순하지 않은 동물 | 다리가 **2**개인 동물과 다리가 **4**개인 동물 |

🔗 탄탄북

2 인물들을 분류할 수 있는 기준으로 알맞은 것을 모두 찾아 기호를 써 보세요.

> 기준에 따라 나누는 것을 분류라고 해.

세종대왕 이순신 신사임당 에디슨 유관순

아인슈타인 장영실 김유신 선덕여왕 마리 퀴리

| ㉠ 잘생긴 사람과 못생긴 사람 | ㉡ 착한 사람과 나쁜 사람 |
| ㉢ 여자 위인과 남자 위인 | ㉣ 한국인과 외국인 |

(   )

3 모양을 기준으로 분류할 수 있는 것에 ◯표 하세요.

▶ 모양에 따라 분류할 수 있어야 해.

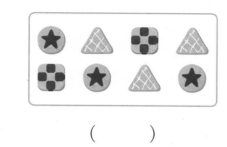

(   )   (   )

😊 내가 만드는 문제

4 단추를 어떻게 분류하면 좋을지 분류 기준을 써 보세요.

분류 기준	

5

🎓❓ 어떤 기준으로 분류를 해야 할까?

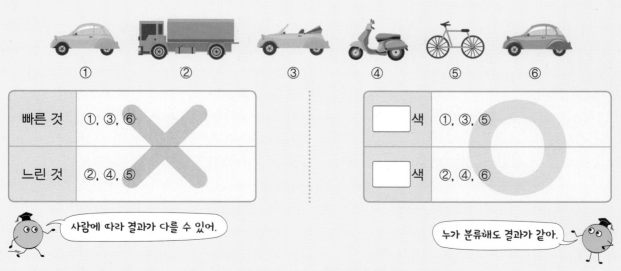

①   ②   ③   ④   ⑤   ⑥

빠른 것	①, ③, ⑥	✕
느린 것	②, ④, ⑤	

◻색	①, ③, ⑤	◯
◻색	②, ④, ⑥	

💬 사람에 따라 결과가 다를 수 있어.

💬 누가 분류해도 결과가 같아.

➡ 분류는 누가 분류하더라도 결과가 같아지는 분명한 기준을 정해야 합니다.

5 음료수를 분류할 수 있는 기준을 써 보세요.

▶ 분류할 수 있는 기준을 모두 생각해 봐.

분류 기준 1	

분류 기준 2	

탄탄북

6 정해진 기준에 따라 붙임딱지를 이용하여 카드를 분류해 보세요.

붙임딱지

분류 기준	종류

종류	한글	숫자
카드		

분류 기준	색깔

색깔	빨간색	노란색
카드		

분류 기준	모양

모양	사각형	원
카드		

7 정해진 기준에 따라 **2**종류로 분류한 것입니다. 잘못 분류된 것을 찾아 ○표 하세요.

☺ 내가 만드는 문제

8 기준을 정하여 블록을 분류하고 기호를 써 보세요.

▶ 정한 기준에 맞춰 칸을 나누어 봐.

분류 기준	

기호	

💡 **분류 기준은 한 가지일까?**

3가지 모양, 3가지 색깔이 있으므로 모양과 색깔을 분류 기준으로 생각할 수 있어.

분류 기준	모양

모양	♡	☆	♣
수(개)	3		4

분류 기준	색깔

색깔	빨간색	보라색	초록색
수(개)	4	4	

9 수진이네 반 학생들이 태어난 계절입니다. 물음에 답하세요.

봄	봄	여름	가을	겨울	봄	여름
겨울	가을	봄	봄	여름	가을	여름

▶ ///// 로 표시한 수의 합이 수진이네 반 학생 수와 같은지 확인해.

(1) 학생은 모두 몇 명일까요?　　　(　　　　　　　　　　)

(2) 계절에 따라 분류하고 그 수를 세어 보세요.

계절	봄	여름	가을	겨울
세면서 표시하기	/////	/////	/////	/////
학생 수(명)				

10 재활용품을 모아 분리배출을 하려고 합니다. 기준에 따라 재활용품을 분류하고 그 수를 세어 보세요.

▶ 빠뜨리지 않고 세도록 하나씩 셀 때마다 / 표시를 해.

분류 기준	종류

종류	비닐	병	캔	플라스틱
세면서 표시하기	/////	/////	/////	/////
재활용품 수(개)				

11 카드 색칠하기 놀이를 하였습니다. 색깔에 따라 분류하여 세어 보고 어느 색깔을 더 많이 칠했는지 써 보세요.

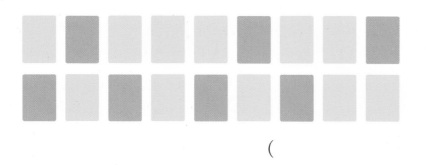

(   )

내가 만드는 문제

12 보기 와 같이 분류 기준을 두 가지 만들고, 분류 기준에 알맞은 모양을 찾아 그 수를 세어 보세요.

색깔, 모양 등을 고려하여 분류 기준을 만들어 봐.

보기
• 파란색입니다.
• 별 모양입니다.

→ 분류 기준

(3개   )   (   )

분류한 결과를 바뜨리지 않으려면 어떻게 세야 할까?

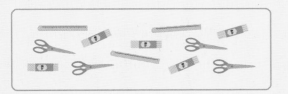

/ 표시를 하면서 세면 바뜨리지 않고 셀 수 있어.

학용품의 종류	자	풀	가위
세면서 표시하기	///// /////	///// /////	///// /////
수(개)	3		

13 정현이네 반에서 운동회 때 마신 음료수입니다. 물음에 답하세요.

우유	콜라	우유	주스	주스	우유
콜라	우유	콜라	콜라	우유	주스
우유	콜라	주스	콜라	콜라	우유
주스	우유	우유	우유	주스	콜라

(1) 종류에 따라 분류하고 그 수를 세어 보세요.

종류	우유	콜라	주스
세면서 표시하기	//// ////	//// ////	//// ////
음료수 수(개)			

(2) 가장 많이 마신 음료수와 가장 적게 마신 음료수는 무엇인지 차례로 써 보세요.

(   ), (   )

13❸ 호영이네 반 학생들이 가지고 있는 구슬입니다. ☐ 안에 알맞은 말을 써넣으세요.

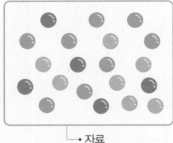
└ 자료

색깔별 구슬 수

색깔	빨간색	파란색	노란색	합계
구슬 수(개)	8	5	7	20

└ 표

(1) 가장 많은 학생들이 가지고 있는 구슬 색깔은 ☐ 이고, 둘째 로 많은 학생들이 가지고 있는 구슬 색깔은 ☐ 입니다.

(2) 학생들이 가지고 있는 파란색 구슬이 몇 개인지 알아보려면 자료 와 표 중 ☐ 가 더 편리합니다.

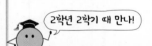
2학년 2학기 때 만나!

표로 나타내면 편리한 점

① 각 항목별 자료의 수를 쉽게 알 수 있습니다.
② 자료의 합계를 쉽게 알 수 있습니다.

🔗탄탄북

14 어느 상점에서 오늘 하루 동안 팔린 우산입니다. 물음에 답하세요.

▶ 색깔별로 우산을 빠짐없이 세어 봐.

(1) 색깔에 따라 분류하고 그 수를 세어 보세요.

색깔	빨간색	노란색	파란색
우산 수(개)			

(2) 이 상점에서는 어느 색깔의 우산을 더 준비하면 좋을지 써 보세요.

( )

😊 내가 만드는 문제

15 채소를 종류에 따라 분류하여 세어 보고 결과를 써 보세요.

▶ 다른 채소에 비해 적은 채소를 더 사 오면 돼.

오이 토마토 당근 가지

• ....
.... 같습니다.
• 채소의 수가 종류에 따라 같으려면 ....

🎓 분류를 하면 좋은 점은?

자동차 판매점에서 한 달 동안 팔린 자동차를 색깔에 따라 분류하여 세었습니다.

색깔	검은색	흰색	빨간색
자동차 수(대)	15	22	7

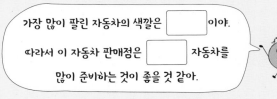
가장 많이 팔린 자동차의 색깔은 ☐이야.
따라서 이 자동차 판매점은 ☐ 자동차를 많이 준비하는 것이 좋을 것 같아.

➡ 분류한 결과를 한눈에 알 수 있고 예상할 수 있습니다.

1 각 나라의 국기를 분류하기

다음 국기를 모은 분류 기준으로 알맞은 것을 찾아 기호를 써 보세요.

ㄱ 빨간색인 부분이 있습니다.
ㄴ ○ 모양을 찾을 수 있습니다.
ㄷ ◇ 모양을 찾을 수 있습니다.

( )

분류 기준은 누가 분류하더라도 명확해야지.

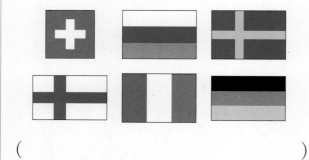

1+ 각 나라의 국기를 어떻게 분류하면 좋을지 분류 기준을 써 보세요.

( )

2 잘못 분류된 것 바르게 고치기

잘못 분류된 것을 찾아 바르게 옮겨 보세요.

→ ☐ 번을 ☐ 맛 칸으로 옮겨야 합니다.

분류 기준에 맞게 나누어야지.

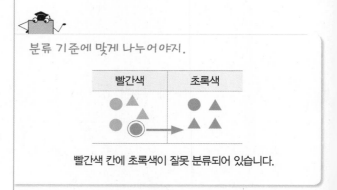

빨간색 칸에 초록색이 잘못 분류되어 있습니다.

2+ 잘못 분류된 것을 찾아 바르게 옮겨 보세요.

→ ☐ 번을 ☐ 칸으로 옮겨야 합니다.

3 분류한 결과로 예측하기

문방구에서 오늘 팔린 학용품을 종류에 따라 분류하여 세었습니다. 문방구 주인이 내일 학용품을 많이 팔기 위해 가장 많이 준비해야 하는 학용품을 써 보세요.

종류	연필	지우개	풀
수(개)	4	8	6

(   )

많이 팔린 것을 먼저 찾아봐.

종류	핫도그	과자	아이스크림
수(개)	6	2	4

➡ 6>4>2이므로 가장 많이 팔린 것은 핫도그입니다.

3+ 가방 가게에서 오늘 팔린 가방 **20**개를 색깔에 따라 분류하여 세었습니다. 가게 주인이 내일 가방을 많이 팔기 위해 가장 많이 준비해야 하는 가방의 색깔을 써 보세요.

색깔	빨간색	초록색	보라색
수(개)	6	9	

(   )

4 두 가지 조건에 맞게 분류하기

성현이네 반 학생들이 가져온 우산입니다. 파란색 우산을 가져온 남학생은 몇 명일까요?

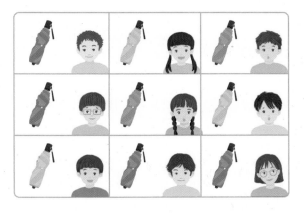

(   )

주어진 조건을 모두 만족해야 해.

원 모양   빨간색

➡ 원 모양이면서 빨간색인 모양은 **1**개입니다.

4+ 연주네 반 학생들이 색종이로 접은 모양입니다. 노란색 개구리를 접은 학생은 몇 명일까요?

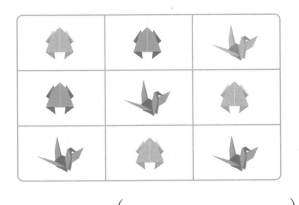

(   )

5 자료와 표 채워 넣기

수환이네 반 학생들이 기르는 강아지를 종류에 따라 분류하였습니다. 빈칸에 알맞은 동물과 학생 수를 써넣으세요.

푸들	치와와	닥스훈트	퍼그	푸들	치와와
푸들	푸들	닥스훈트	퍼그	푸들	푸들
치와와	푸들		퍼그	닥스훈트	닥스훈트
푸들	퍼그	닥스훈트	치와와	치와와	닥스훈트

종류	푸들	치와와	닥스훈트	퍼그
학생 수(명)		6	6	4

5+ 려원이네 반 학생들의 장래 희망을 종류에 따라 분류하였습니다. 빈칸에 알맞은 장래 희망과 학생 수를 써넣으세요.

의사	선생님	과학자	가수	의사
과학자	선생님	과학자		선생님
의사	의사	과학자	의사	의사

장래 희망	의사	선생님	과학자	가수
학생 수(명)		3	4	2

자료와 표를 함께 생각해.

종류	●	●	▲	▲
수	3	2	2	㉡

표에서 ●이 3개이므로 ㉠에는 ●이야.

자료에서 ▲는 2개이므로 ㉡에 알맞은 수는 2야.

단원 평가

1 도형을 분류하는 기준으로 알맞은 것에 모두 ○표 하세요.

색깔	크기	모양

[2~3] 나영이가 색종이로 접은 모양입니다. 물음에 답하세요.

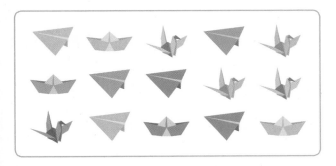

2 종류에 따라 분류하고 그 수를 세어 보세요.

종류	비행기	배	학
수(개)			

3 색깔에 따라 분류하고 그 수를 세어 보세요.

색깔	노란색	빨간색	초록색
수(개)			

[4~6] 어느 해 6월의 날씨입니다. 물음에 답하세요.

일	월	화	수	목	금	토
	1 ☀	2 ☀	3 ☁	4 ☁	5 ☂	6 ☀
7 ☀	8 ☁	9 ☀	10 ☁	11 ☀	12 ☂	13 ☁
14 ☂	15 ☀	16 ☁	17 ☁	18 ☂	19 ☀	20 ☀
21 ☀	22 ☀	23 ☁	24 ☂	25 ☁	26 ☀	27 ☀
28 ☂	29 ☁	30 ☀				

☀ 맑은 날   ☁ 흐린 날   ☂ 비 온 날

4 날씨에 따라 분류하고 그 수를 세어 보세요.

날씨	맑은 날	흐린 날	비 온 날
날수(일)	14		

5 6월에는 어떤 날이 가장 많았을까요?

(   )

6 6월에는 어떤 날이 가장 적었을까요?

(   )

7 정해진 기준에 따라 분류하였습니다. 잘못 분류된 것을 찾아 ○표 하세요.

[8~9] 혜수네 반 학생들이 좋아하는 동물입니다. 물음에 답하세요.

8 동물을 분류할 수 있는 기준을 써 보세요.

분류 기준	

9 위 **8**에서 정한 기준에 따라 동물을 분류하고 그 수를 세어 보세요.

세면서 표시하기	
학생 수(명)	

10 승재네 집에 있는 책을 종류에 따라 분류하여 세었습니다. 책의 수가 종류에 따라 비슷하려면 어떤 종류의 책을 더 사는 것이 좋을지 써 보세요.

종류	동화책	위인전	역사책
책의 수(권)	18	18	8

( )

[11~12] 여러 나라의 화폐를 기준에 따라 분류하였습니다. 물음에 답하세요.

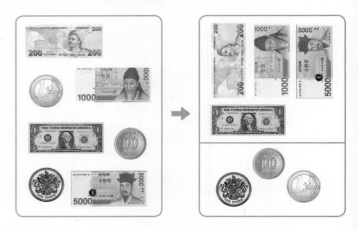

11 어떤 기준에 따라 분류한 것일까요?

분류 기준	

12 화폐를 분류할 수 있는 또 다른 분류 기준을 써 보세요.

분류 기준	

[13~14] 지민이네 모둠 학생들이 가지고 있는 형광펜입니다. 물음에 답하세요.

13 노란색 형광펜은 몇 자루일까요?

( )

14 어떤 색 형광펜이 가장 많을까요?

( )

[15~18] 재형이가 가지고 있는 단추입니다. 물음에 답하세요.

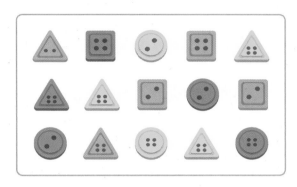

15 단추를 분류하는 기준이 될 수 없는 것을 찾아 기호를 써 보세요.

┌─────────────────────────────┐
│ ㉠ 구멍의 수   ㉡ 두께   │
│ ㉢ 색깔   ㉣ 모양   │
└─────────────────────────────┘

(   )

16 빨간색이면서 □ 모양인 단추는 몇 개일까요?

(   )

17 구멍이 2개이면서 ○ 모양인 단추는 몇 개일까요?

(   )

18 모양에 따라 분류한 단추를 색깔에 따라 다시 분류하고 그 수를 세어 보세요.

색깔＼모양	△	□	○
빨간색			
초록색			
노란색			

19 다음 동물을 무서운 동물과 무섭지 않은 동물로 분류하려고 합니다. 분류 기준이 알맞지 않은 까닭을 써 보세요.

까닭 _____

_____

20 냉장고에서 잘못 분류된 칸은 과일, 채소, 김치 중 어느 칸인지 풀이 과정을 쓰고 답을 구해 보세요.

과일
채소
김치

풀이 _____

_____

_____

답 _____

6 곱셈

사탕을 빨리 세는 방법은?

곱셈은 결국 덧셈을 간단히 한 거였어!

1, 2, 3, ...으로 하나씩 세어 보면 모두 15개입니다.

3씩 5묶음이므로 3, 6, 9, ...로 뛰어 세면 모두 15개입니다.

$$3 + 3 + 3 + 3 + 3 = 3 \times 5 = 15$$

3씩

5번

❶ 물건의 수를 세는 방법은 여러 가지야.

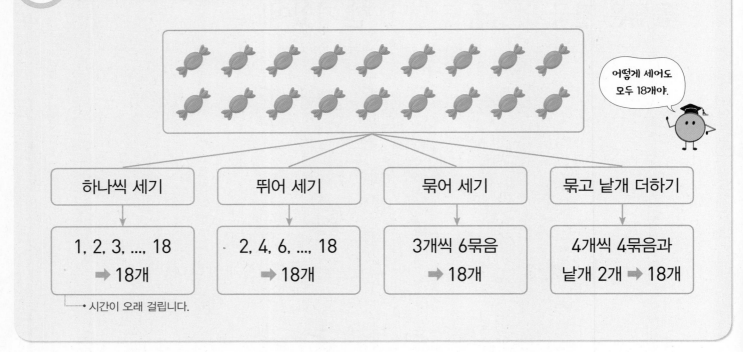

어떻게 세어도 모두 18개야.

하나씩 세기	뛰어 세기	묶어 세기	묶고 낱개 더하기
1, 2, 3, ..., 18 ➡ 18개	2, 4, 6, ..., 18 ➡ 18개	3개씩 6묶음 ➡ 18개	4개씩 4묶음과 낱개 2개 ➡ 18개

• 시간이 오래 걸립니다.

---

1 풍선은 모두 몇 개인지 여러 가지 방법으로 세어 보세요.

(1) 하나씩 세어 보세요.

(2) 2씩 뛰어 세어 보세요.

(3) 5씩 묶어 세어 보세요.

(4) 3씩 묶어 센 수에 낱개를 더해 세어 보세요.

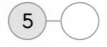

낱개 더하기

같은 수로 묶을 수 없을 땐 묶어 센 수에 낱개를 더해.

2 몇씩 묶는지에 따라 묶음의 수가 달라져.

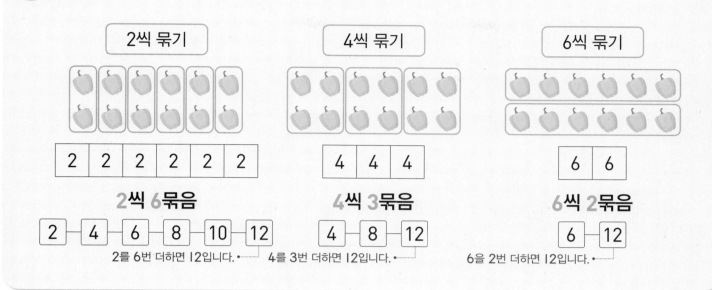

1 나뭇잎은 모두 몇 장인지 묶어 세어 보려고 합니다. 물음에 답하세요.

(1) 나뭇잎의 수는 3씩 몇 묶음일까요?

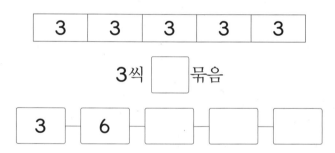

(2) 나뭇잎의 수는 5씩 몇 묶음일까요?

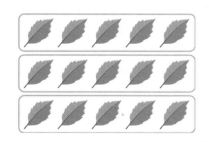

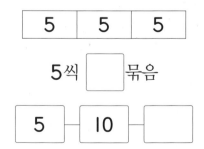

(3) 나뭇잎은 모두 몇 장일까요?

(   )

3 ■씩 ▲묶음은 ■의 ▲배야.

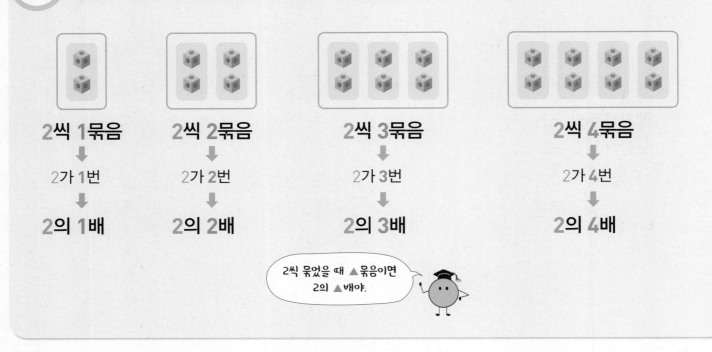

2씩 1묶음
↓
2가 1번
↓
2의 1배

2씩 2묶음
↓
2가 2번
↓
2의 2배

2씩 3묶음
↓
2가 3번
↓
2의 3배

2씩 4묶음
↓
2가 4번
↓
2의 4배

2씩 묶었을 때 ▲묶음이면
2의 ▲배야.

1 그림을 보고 □ 안에 알맞은 수를 써넣으세요.

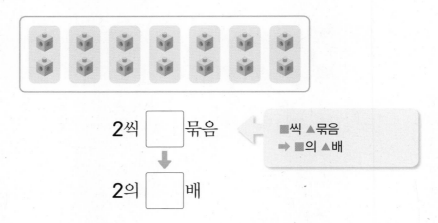

2씩 □ 묶음 ⬅ ■씩 ▲묶음
➡ ■의 ▲배
↓
2의 □ 배

2 그림을 보고 □ 안에 알맞은 수를 써넣으세요.

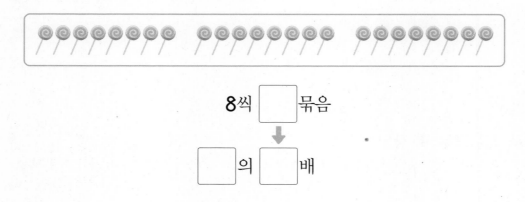

8씩 □ 묶음
↓
□의 □ 배

4 수를 ■의 ▲배로 나타낼 수 있어.

빨간색 연결 모형의 수는
노란색 연결 모형의 수의 2배입니다.
➡ 6은 3의 2배입니다.

파란색 연결 모형의 수는
노란색 연결 모형의 수의 5배입니다.
➡ 15는 3의 5배입니다.

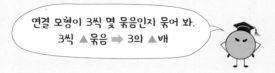
연결 모형이 3씩 몇 묶음인지 묶어 봐.
3씩 ▲묶음 ➡ 3의 ▲배

1 딸기의 수는 키위의 수의 몇 배일까요?

  ➡ ☐배

딸기의 수가 5씩 몇
묶음인지 구해 봐.

2 색 막대를 보고 ☐ 안에 알맞은 수를 써넣으세요.

3 cm
12 cm

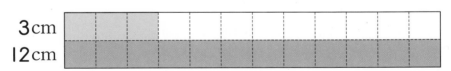

빨간색 막대의 길이는 노란색 막대의 길이의 ☐배입니다.

3 그림을 보고 ☐ 안에 알맞은 수를 써넣으세요.

12는 2의 ☐배입니다.

12가 2의 몇 배인지
알아보려면 12가 2씩
몇 묶음인지 알아봐.

1 여러 가지 방법으로 세어 보기

1 빵은 모두 몇 개인지 뛰어 세어 보세요.

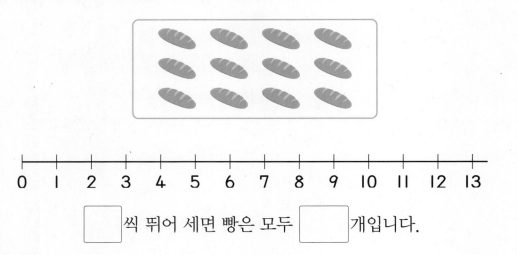

▶ 몇씩 뛰어 세면 좋을지 정해 봐.

0 1 2 3 4 5 6 7 8 9 10 11 12 13

□ 씩 뛰어 세면 빵은 모두 □ 개입니다.

2 사과는 모두 몇 개인지 4씩 묶어 세어 보세요.

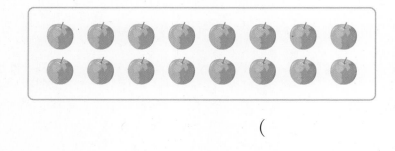

▶ 똑같은 수를 더해 가며 뛰어 세어야 해.

( )

3 잠자리는 모두 몇 마리인지 여러 가지 방법으로 세어 보려고 합니다. 잘못된 방법으로 센 사람은 누구일까요?

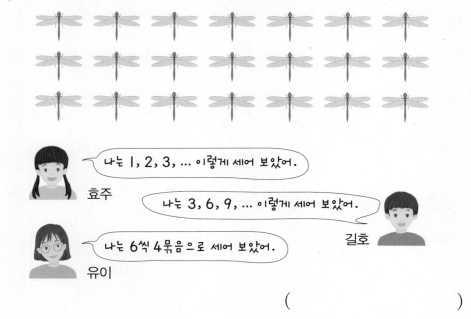

효주: 나는 1, 2, 3, ... 이렇게 세어 보았어.

길호: 나는 3, 6, 9, ... 이렇게 세어 보았어.

유이: 나는 6씩 4묶음으로 세어 보았어.

( )

4 야구공을 몇씩 몇 묶음으로 세어 보세요.

▶ 몇씩 묶으면 좋을지 정해 봐.

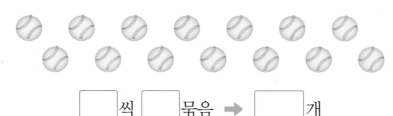

☐씩 ☐묶음 ➡ ☐개

☺ 내가 만드는 문제

5 주머니에 같은 수의 구슬을 붙임딱지로 붙이고 구슬이 모두 몇 개인지 세어 보세요.

붙임딱지

(   )

 어떻게 세는 방법이 더 편할까?

하나씩 세기	5씩 묶어 세기
	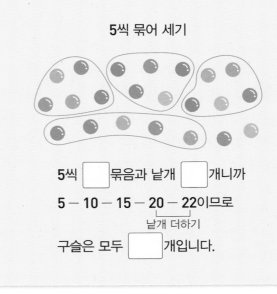

세는 데 시간이 오래 걸리고 빠뜨리고 셀 수도 있습니다.

5씩 ☐묶음과 낱개 ☐개니까

5 - 10 - 15 - **20** - **22**이므로

낱개 더하기

수가 많을 때에는 묶어 세는 방법이 더 편리해.

구슬은 모두 ☐개입니다.

6 화분이 20개 있습니다. □ 안에 알맞은 수를 써넣으세요.

> ▶ 묶어 세는 것이 하나씩 세는 것보다 빠르고 편리하게 셀 수 있어.

(1) 화분의 수는 4씩 ☐ 묶음입니다.

(2) 화분의 수는 5씩 ☐ 묶음입니다.

7 지우개는 모두 몇 개인지 묶어 세어 보세요.

(1) 지우개의 수는 2씩 몇 묶음일까요?

(   )

(2) 다른 방법으로 묶어 세어 보세요.

> ▶ 몇씩 묶는지에 따라 묶음의 수가 달라져.

☐ 씩 ☐ 묶음

(3) 지우개는 모두 몇 개일까요?   (   )

8 그림을 보고 바르게 설명한 것을 모두 찾아 기호를 써 보세요.

> ㉠ 도토리의 수는 4씩 5묶음입니다.
>
> ㉡ 도토리를 2개씩 묶으면 9묶음이 됩니다.
>
> ㉢ 도토리의 수는 4 + 4 + 4 + 4로 나타낼 수 있습니다.
>
> ㉣ 도토리는 모두 16개입니다.

(   )

탄탄북

9 우표는 모두 몇 장인지 묶어 세어 보려고 합니다. 몇씩 묶어 세어야 하는지 ☐ 안에 알맞은 수를 써넣으세요.

▶ 몇씩 묶어야 우표가 남지 않는지 잘 생각해 봐.

☐씩 ☐묶음 ➡ ☐장

😊 내가 만드는 문제

10 ◯ 모양의 수를 정한 다음 보기 와 같이 두 가지 방법으로 몇씩 몇 묶음으로 나타내 보세요.

▶ 17과 같은 수는 몇씩 몇 묶음으로 나타낼 수 없으니 묶음의 수로 나타낼 수 있도록 수를 정하자.

보기

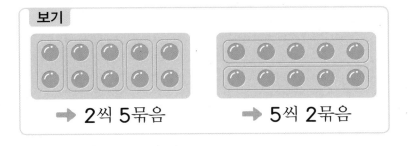

➡ 2씩 5묶음   ➡ 5씩 2묶음

6

☐씩 △묶음과 △씩 ☐묶음의 차이점은?

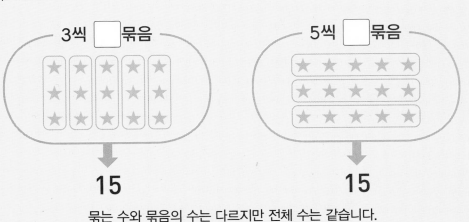

3씩 ☐묶음   5씩 ☐묶음

15   15

묶는 수와 묶음의 수는 다르지만 전체 수는 같습니다.

☐씩 △묶음으로 묶은 것은 △씩 ☐묶음으로도 묶을 수 있어.

3 몇의 몇 배 알아보기

11 고리의 수는 몇의 몇 배인지 ☐ 안에 알맞은 수를 써넣으세요.

☐씩 ☐묶음이므로 ☐의 ☐배입니다.

12 쌓기나무의 수는 몇의 몇 배인지 ☐ 안에 알맞은 수를 써넣으세요.

▶ 남는 쌓기나무가 없도록 같은 수씩 묶어 봐.

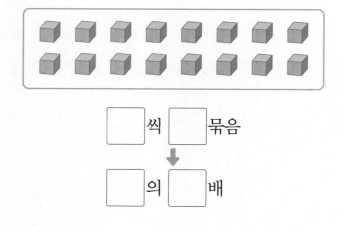

☐씩 ☐묶음

⬇

☐의 ☐배

13 ☐ 안에 알맞은 수를 쓰고 이어 보세요.

▶ ■씩 ▲묶음은 ■의 ▲배야.

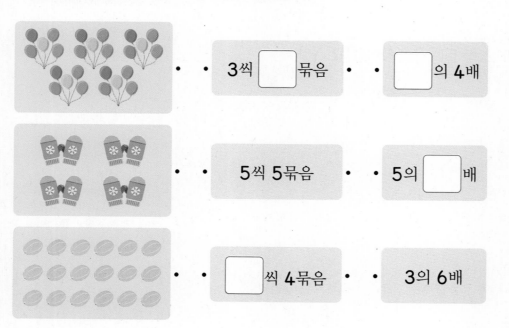

3씩 ☐묶음 · · ☐의 4배

5씩 5묶음 · · 5의 ☐배

☐씩 4묶음 · · 3의 6배

14 구슬이 4개 있습니다. 빈칸에 구슬 수의 5배만큼 붙임딱지를 붙여 보세요.

▶ 4개의 5배만큼 붙임딱지를 붙여 봐.

😊 내가 만드는 문제

15 우리 주변에 있는 물건을 이용하여 다음과 같이 몇의 몇 배를 넣어 문장을 만들어 보세요.

> (예) 우리 교실에 책상이 4의 5배만큼 있습니다.

_____

_____

몇의 몇 배는 한 가지로만 나타낼 수 있을까?

2씩 8묶음	4씩 4묶음	8씩 2묶음
↓	↓	↓
2의 ☐ 배	4의 ☐ 배	8의 ☐ 배

묶는 방법에 따라 여러 가지로 나타낼 수 있어.

16 야구공의 수는 야구 방망이의 수의 몇 배인지 ☐ 안에 알맞은 수를 써넣으세요.

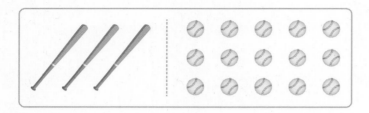

(1) 야구 방망이는 ☐ 개이고 야구공은 ☐ 개입니다.

(2) 야구공의 수는 야구 방망이의 수의 ☐ 배입니다.

🔗탄탄북

17 마카롱의 수를 몇의 몇 배로 나타내 보세요.

▶ 묶는 수를 다르게 하면 묶음의 수가 변해.

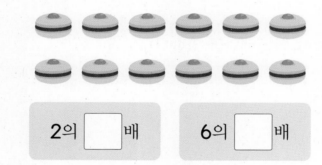

2의 ☐ 배   6의 ☐ 배

18 소영, 지민, 채은이가 쌓은 연결 모형의 수는 수민이가 쌓은 연결 모형의 수의 몇 배인지 ☐ 안에 알맞은 수를 써넣으세요.

▶ 수민이의 연결 모형을 몇 번 이어 붙여야 하는지 알아봐.

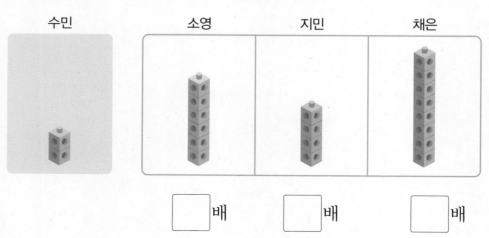

☐ 배   ☐ 배   ☐ 배

19 그림을 보고 ☐ 안에 알맞은 수를 써넣으세요.

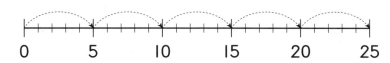

▶ ●씩 ▲번 뛰어 센 수
➡ ●의 ▲배

(1) 5씩 ☐ 번 뛰어 센 수는 **25**입니다.

(2) **25**는 5의 ☐ 배입니다.

😊 내가 만드는 문제
20 색 막대를 이용하여 다음과 같이 몇의 몇 배로 나타내 보세요.

▶ ●를 ▲번 이어 붙인 길이
➡ ●의 ▲배

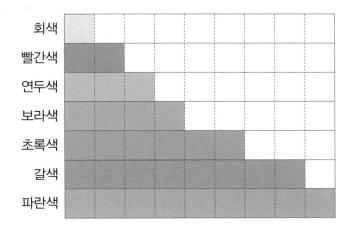

> **예** 보라색 막대의 길이는 빨간색 막대의 길이의 **2**배입니다.

☐ 의 길이는 ☐ 의 길이의 ☐ 배입니다.

6

몇 배인 수를 구하는 방법은?

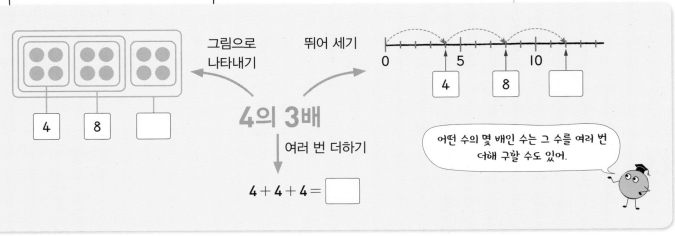

5 곱셈은 묶음이나 배를 × 기호로 나타낸 거야.

● 곱셈 알아보기

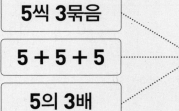

| 5씩 3묶음 |
| 5 + 5 + 5 |
| 5의 3배 |

5 × 3

읽기 5 곱하기 3

● 곱셈식으로 나타내기

덧셈식 5 + 5 + 5 = 15 ➡ **곱셈식** 5 × 3 = 15
곱하기   곱

읽기 5 곱하기 3은 15와 같습니다.
5와 3의 곱은 15입니다.

① ②   ② ①
× × 은
같은 수를 여러 번 더할 때
식을 간단하게 나타낼 수 있어.

---

1 사과의 수를 곱셈으로 알아보려고 합니다. □ 안에 알맞은 수를 써넣으세요.

(1) 사과의 수는 6씩 ☐ 묶음 ➡ 6의 ☐ 배입니다.

(2) 사과의 수를 덧셈식로 나타내면 ☐ + ☐ + ☐ = ☐ 입니다.

(3) 사과의 수를 곱셈식으로 나타내면 ☐ × ☐ = ☐ 입니다.

(4) 사과는 모두 ☐ 개입니다.

2 □ 안에 알맞은 말을 써넣으세요.

4 × 6 = 24 ➡ 읽기 4 ☐ 6은 24와 같습니다.

3 그림을 보고 ☐ 안에 알맞은 수를 써넣으세요.

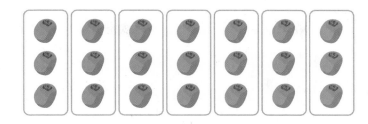

(1) **3**씩 **7**묶음은 ☐의 ☐배입니다.

(2) **3**의 **7**배는 $3 + 3 + 3 + 3 + 3 + 3 + 3 = $ ☐입니다.

(3) $3 \times 7 = $ ☐입니다.

4 ◆의 수를 덧셈식과 곱셈식으로 각각 나타내 보세요.

덧셈식 ☐ + ☐ + ☐ + ☐ + ☐ = ☐

곱셈식 ☐ × ☐ = ☐

> ■를 ▲번 더한 식을 곱셈식으로 나타내면 ■×▲야.

5 덧셈식을 곱셈식으로 나타내 보세요.

(1) $2 + 2 + 2 + 2 + 2 + 2 = $ ☐ ➡ $2 \times$ ☐ $=$ ☐

(2) $8 + 8 + 8 = $ ☐ ➡ ☐ × ☐ = ☐

6 곱셈식으로 나타내 문제를 해결해 보자.

• 도넛은 모두 몇 개일까요?

6의 4배

6 + 6 + 6 + 6 = 24
4번

6 × 4 = 24

도넛은 6씩 4묶음이네.

➡ 도넛은 모두 24개입니다.

1 귤은 모두 몇 개인지 알아보세요.

(1) 귤의 수는 7의 ☐ 배입니다.

(2) 귤의 수를 덧셈식으로 나타내면 7 + ☐ + ☐ + ☐ = ☐ 입니다.

(3) 귤의 수를 곱셈식으로 나타내면 7 × ☐ = ☐ 입니다.

2 연필은 모두 몇 자루인지 곱셈식으로 나타내 보세요.

(1)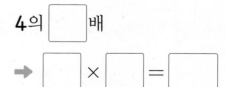

4의 ☐ 배

➡ ☐ × ☐ = ☐

(2)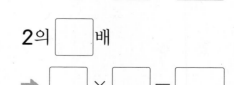

2의 ☐ 배

➡ ☐ × ☐ = ☐

3 ☐ 안에 알맞은 수를 써넣으세요.

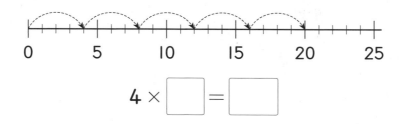

$$4 \times \boxed{} = \boxed{}$$

4 바퀴가 **2**개인 자전거가 **7**대 있습니다. 전체 자전거 바퀴는 모두 몇 개인지 구해 보세요.

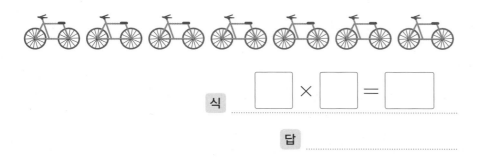

식 $\boxed{} \times \boxed{} = \boxed{}$

답 ....

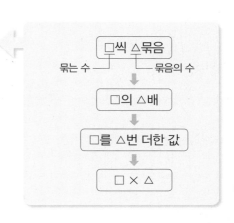

□씩 △묶음
묶는 수 ──┘ └── 묶음의 수
↓
□의 △배
↓
□를 △번 더한 값
↓
□ × △

6

5 그림을 보고 ☐ 안에 알맞은 수를 써넣으세요.

(1)

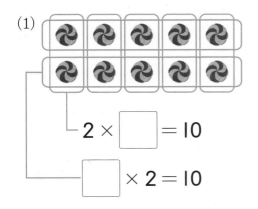

$$2 \times \boxed{} = 10$$

$$\boxed{} \times 2 = 10$$

(2)

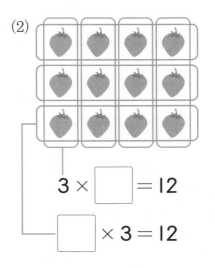

$$3 \times \boxed{} = 12$$

$$\boxed{} \times 3 = 12$$

5 곱셈 알아보기

1 구슬이 **4**개씩 꿰어져 있습니다. 구슬은 모두 몇 개인지 알아보세요.

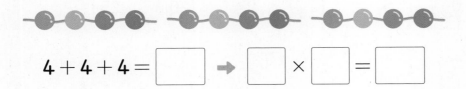

$4 + 4 + 4 =$ ☐ ➡ ☐ $\times$ ☐ $=$ ☐

2 달걀을 **6**개씩 넣은 판이 **4**개 있습니다. 달걀은 모두 몇 개인지 ☐ 안에 알맞은 수를 써넣으세요.

●씩 ■묶음
●의 ■배
●＋…＋●
　　■번
● × ■

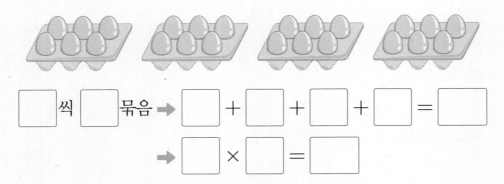

☐씩 ☐묶음 ➡ ☐ ＋ ☐ ＋ ☐ ＋ ☐ ＝ ☐

➡ ☐ $\times$ ☐ $=$ ☐

3 연결 모형의 수를 곱셈식으로 바르게 설명하지 못한 사람의 이름을 써 보세요.

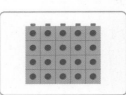

서진: $5 \times 4 = 20$이야.

은수: $5 + 5 + 5 + 5$는 5×4와 같아.

미란: "$5 \times 4 = 20$은 4 곱하기 5는 20과 같습니다."라고 읽어.

(   )

4 ☐ 안에 알맞은 수를 써넣으세요.

(1) ☐ ＋ ☐ ＋ ☐ ＋ ☐ ＋ ☐ $= 9 \times 5$

(2) ☐ ＋ ☐ ＋ ☐ ＋ ☐ ＋ ☐ ＋ ☐ $= 7 \times 6$

🔗 탄탄북

5 빈칸에 알맞은 덧셈식이나 곱셈식을 써 보세요.

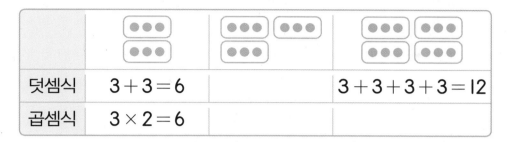

덧셈식	3+3=6		3+3+3+3=12
곱셈식	3×2=6		

2학년 2학기 때 만나!

5의 단 곱셈구구

5의 단 곱셈구구는 5씩 커집니다.
$5×1=5$
$5×2=10$ +5
$5×3=15$ +5
$5×4=20$ +5
$5×5=25$ +5

5➕ ☐ 안에 알맞은 수를 써넣으세요.

(1) 5 × 6 = ☐   (2) 5 × 7 = ☐

😊 내가 만드는 문제

6 오른쪽 쌓기나무의 몇 배만큼 쌓을지 정하여 쌓은 쌓기나무 수를 덧셈식과 곱셈식으로 나타내 보세요.

덧셈식 ....

곱셈식 ....

큰 수를 셀 때 만약 × 기호가 없다면?

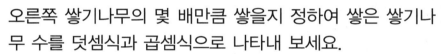

★ ★ ★ ★ ★   5 ➡ 5 × 1

★★★★★ ★★★★★   5+5 ➡ 5 × ☐

★★★★★ ★★★★★ ★★★★★   5+5+5 ➡ 5 × ☐

★★★★★ ★★★★★ ★★★★★ ★★★★★   5+5+5+5 ➡ 5 × ☐

★★★★★ ★★★★★ ★★★★★ ★★★★★ ★★★★★   5+5+5+5+5 ➡ 5 × ☐

⋮   ⋮

계산하기도 전에 식 쓰다가 쓰러질 거야.

7 과자는 모두 몇 개인지 알아보세요.

▶ 몇 개씩 묶는지에 따라 묶음의 수가 달라져.

(1) 덧셈식으로 나타내 보세요.

식 _____

(2) 곱셈식으로 나타내 보세요.

식 _____

(3) 다른 곱셈식으로 나타내 보세요.

식 _____

8 은정이의 나이는 9살입니다. 선생님의 나이는 은정이의 나이의 4배입니다. 선생님의 나이는 몇 살일까요?

(   )

9 곱셈을 이용하여 주어진 값을 만들 수 있는 두 수를 찾아 ☐로 묶어 보세요.

▶ 옆의 수, 위와 아래의 수, ╱와 ╲ 방향의 두 수에서 찾아야 해.

18

4	8	9	2	3	2
6	3	5	6	8	4
7	2	6	1	9	5
2	3	4	2	7	2
9	8	1	9	6	4
7	6	9	5	5	8

10 로운이는 다음과 같이 책 읽기를 실천하였습니다. 읽은 책의 수를 곱셈식으로 나타내 보세요.

요일 계획	월	화	수	목	금
하루에 책 2권 읽기	○	×	×	○	○

곱셈식 ....

🔗 탄탄북

11 꽃 모양이 규칙적으로 그려진 포장지 위에 얼룩이 묻었습니다. 포장지에 그려져 있던 꽃 모양은 모두 몇 개일까요?

▶ 얼룩으로 가려져 있는 부분에도 같은 규칙으로 꽃 모양이 있어.

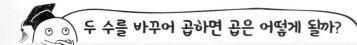

(   )

😊 내가 만드는 문제

12 한 상자에 초콜릿이 6개 들어 있습니다. 상자의 수를 정하여 전체 초콜릿은 모두 몇 개인지 구해 보세요.

식   6 × ☐ = ☐
....

답 ....

두 수를 바꾸어 곱하면 곱은 어떻게 될까?

7씩 묶어 세기

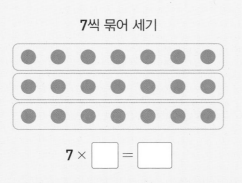

7 × ☐ = ☐

3씩 묶어 세기

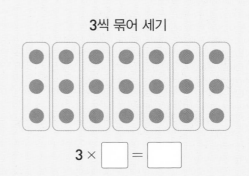

3 × ☐ = ☐

곱셈에서 곱하는 두 수의 순서를 바꾸어도 곱은 (같습니다 , 다릅니다).

1 여러 가지 곱셈식으로 나타내기

나뭇잎이 모두 몇 장인지 세 가지 곱셈식으로 나타내 보세요.

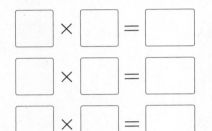

$$\boxed{} \times \boxed{} = \boxed{}$$

$$\boxed{} \times \boxed{} = \boxed{}$$

$$\boxed{} \times \boxed{} = \boxed{}$$

2, 3, … 등 작은 수로 먼저 묶어 봐.

1+ 꽃이 모두 몇 송이인지 네 가지 곱셈식으로 나타내 보세요.

,

,

2 다른 방법으로 묶어 세기

나타내는 수를 6씩 묶으면 몇 묶음일까요?

$$\boxed{8씩\ 3묶음}$$

( )

수는 여러 가지 방법으로 묶을 수 있어.

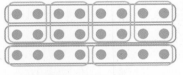

➡ 8씩 3묶음은 4씩 6묶음입니다.

2+ 나타내는 수를 9씩 묶으면 몇 묶음일까요?

$$\boxed{6씩\ 6묶음}$$

( )

3 곱이 ■인 곱셈식으로 나타내기

보기 와 같이 표를 완성하고 □ 안에 알맞은 수를 써넣으세요.

보기

15				
3	3	3	3	3
5		5		5

24				
4	4	4		
8				

$4 \times \boxed{} = 24$, $8 \times \boxed{} = 24$

수를 여러 가지 덧셈으로 나타낼 수 있어.

15 = 3 + 3 + 3 + 3 + 3. 15 = 5 + 5 + 5
     5번   3번

3+ 표를 완성하고 □ 안에 알맞은 수를 써넣으세요.

2	2	2	2	2	2
3					

$2 \times 6 = \boxed{}$, $3 \times \boxed{} = \boxed{}$

4 곱셈식에서 □의 값 구하기

□ 안에 알맞은 수를 구해 보세요.

$$\boxed{} \times 2 = 18$$

(   )

덧셈식은 곱셈식으로 나타낼 수 있잖아.

$\boxed{} + \boxed{} = \boxed{} \times 2$
↓ 곱셈식도
덧셈식으로 나타낼 수 있습니다.
$\boxed{} \times 2 = \boxed{} + \boxed{}$

4+ □ 안에 알맞은 수를 구해 보세요.

$$3 \times \boxed{} = 15$$

(   )

6

5 곱셈 활용하기

연필을 효준이는 5자루의 4배만큼, 시훈이는 3자루의 7배만큼 가지고 있습니다. 효준이와 시훈이가 가지고 있는 연필은 모두 몇 자루일까요?

(   )

알고 있는 것부터 차례로 구해 봐.

효준이의 연필 수

↓

시훈이의 연필 수

↓

두 사람의 연필 수

6 두 번 곱셈하기

한 상자에 초콜릿이 3개씩 3줄로 들어 있습니다. 5상자에 들어 있는 초콜릿은 모두 몇 개일까요?

(   )

먼저 한 상자에 들어 있는 초콜릿 수를 구해야 해.

3씩 3묶음

↓

3의 3배

↓

3 × 3

5+ 구슬을 유하는 3개씩 5묶음, 수진이는 6개씩 3묶음 가지고 있습니다. 구슬을 누가 몇 개 더 많이 가지고 있을까요?

(   ), (   )

6+ 요섭이는 사탕을 한 상자에 2개씩 3묶음 넣었습니다. 7상자에 넣은 사탕은 모두 몇 개일까요?

(   )

단원 평가

점수 | 확인

1 파인애플은 모두 몇 개인지 3씩 묶어 세어 보세요.

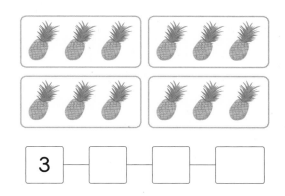

3 — □ — □ — □

2 그림을 보고 □ 안에 알맞은 수를 써넣으세요.

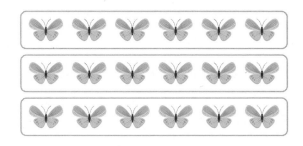

(1) 6씩 □ 묶음은 □ 입니다.

(2) 6의 □ 배는 □ 입니다.

3 □ 안에 알맞은 수를 써넣으세요.

$3 + 3 = 3 \times$ □

$3 + 3 + 3 = 3 \times$ □

$3 + 3 + 3 + 3 = 3 \times$ □

$3 + 3 + 3 + 3 + 3 = 3 \times$ □

4 그림을 보고 □ 안에 알맞은 수를 써넣으세요.

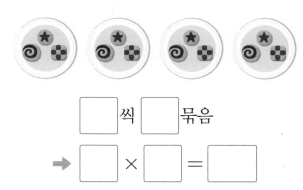

□ 씩 □ 묶음

→ □ × □ = □

5 잠자리 5마리의 날개는 모두 몇 장인지 덧셈식과 곱셈식으로 나타내 보세요.

덧셈식 ....

곱셈식 ....

6 관계있는 것끼리 이어 보세요.

2의 3배 •   • 4의 5배

5의 4배 •   • 3의 2배

7 단추 구멍은 모두 몇 개일까요?

(   )

단원 평가

8 별의 수를 나타낼 수 있는 곱셈식을 모두 고르세요. (   )

① 3 × 9　　② 4 × 8　　③ 7 × 5
④ 8 × 4　　⑤ 9 × 3

9 나타내는 값이 나머지 넷과 다른 것은 어느 것일까요? (   )

① 2씩 4묶음　　　② 2의 4배
③ 2 × 2 × 2 × 2　④ 2 × 4
⑤ 2 + 2 + 2 + 2

10 곱의 크기를 비교하여 ○ 안에 >, =, <를 알맞게 써넣으세요.

3 × 4　◯　12

3 × 3　◯　12

3 × 5　◯　12

11 그림을 보고 곱셈식으로 나타내 보세요.

⋮⋮⋮⋮⋮	⋮⋮⋮⋮⋮	⋮⋮⋮⋮⋮
5 × 2 = 10		

12 다음을 보고 4의 6배는 4의 5배보다 얼마만큼 더 큰 수인지 구해 보세요.

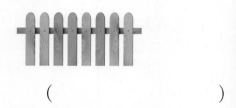

(   )

13 울타리 하나에 기둥이 8개 있습니다. 울타리 7개로 마당을 둘러쌌습니다. 기둥은 모두 몇 개일까요?

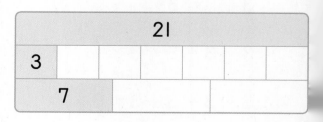

(   )

14 성민이 동생의 나이는 5살이고 성민이의 나이는 동생 나이의 2배입니다. 성민이의 나이는 몇 살일까요?

(   )

15 표를 완성하고 ☐ 안에 알맞은 수를 써넣으세요.

21						
3						
7						

3 × ☐ = 21, 7 × ☐ = 21

16 우선이는 오른쪽 그림의 **4**배만 큼, 은정이는 오른쪽 그림의 **6**배 만큼 쌓기나무를 가지고 있습니 다. 두 사람이 가지고 있는 쌓기나무는 모두 몇 개일까요?

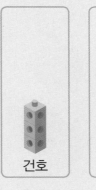

(   )

17 조개는 모두 몇 개인지 두 가지 곱셈식 으로 나타내 보세요.

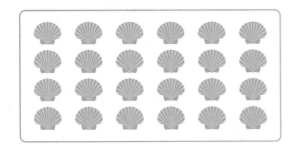

식 _____ ,

18 ㉠에 알맞은 수를 구해 보세요.

$$㉠ × 4 = 12$$

(   )

---

19 건호가 쌓은 연결 모형의 수의 **3**배만큼 연결 모형을 쌓은 사람은 누구인지 알 아보려고 합니다. 풀이 과정을 쓰고 답 을 구해 보세요.

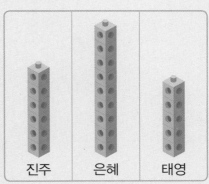

건호   진주   은혜   태영

풀이 _____

_____

_____

답 _____

20 두발자전거 **4**대와 바퀴가 **6**개인 트럭 **4**대가 있습니다. 두발자전거와 트럭의 바퀴는 모두 몇 개인지 풀이 과정을 쓰 고 답을 구해 보세요.

풀이 _____

_____

_____

답 _____

● 각각의 모양이 어떤 수를 나타내는지 써 보세요.

188 수학 2-1

기본 2-1 붙임딱지

문제의 쪽수, 번호에 알맞게 붙여 보세요!

1 세 자리 수

14쪽 4번

16쪽 7번

19쪽 16번

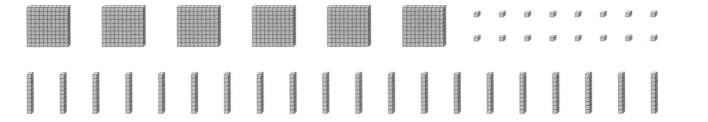

2 여러 가지 도형

48쪽 18번, 49쪽 20번

4 길이 재기

116쪽 2번

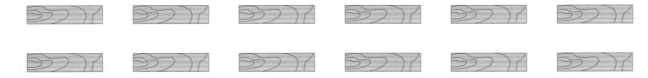

기본 2-1 붙임딱지

19쪽 10번

21쪽 14번

5 분류하기

44쪽 6번

6 곱셈

63쪽 5번

166쪽 13번

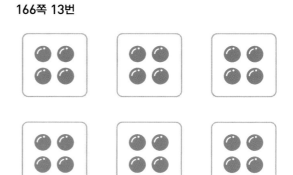

계산이 아닌

개념을 깨우치는

수학을 품은 연산

디딤돌 연산 수학

은

이다.

1~6학년(학기용)

수학 공부의 새로운 패러다임

상위권의 기준

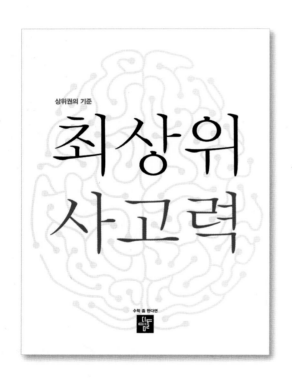

상위권의 기준

최상위
사고력

수학 좀 한다면
디딤돌

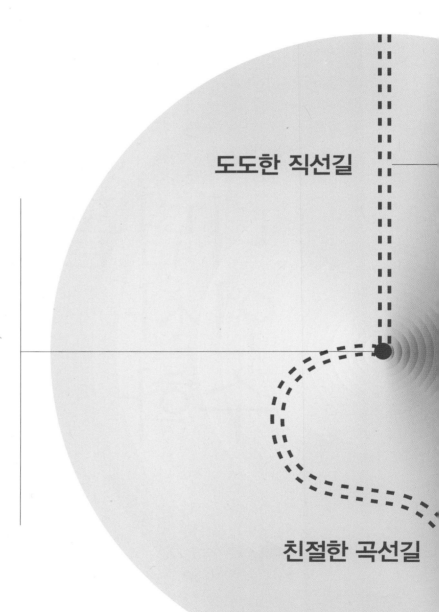

도도한 직선길

친절한 곡선길

수학 좀 한다면

기본탄탄북

2
1

차례

수학 좀 한다면

초등수학

기본탄탄북

$\dfrac{2}{1}$

- **개념 적용 복습** │ 진도책의 개념 적용에서 틀리기 쉽거나 중요한 문제들을 다시
  한번 풀어 보세요.

- **서술형 문제** │ 쓰기 쉬운 서술형 문제로 수학적 의사표현 능력을 키워 보세요.

- **수행 평가** │ 수시평가를 대비하여 꼭 한번 풀어 보세요.
  시험에 대한 자신감이 생길 거예요.

- **총괄 평가** │ 최종적으로 모든 단원의 문제를 풀어 보면서 실력을 점검해 보세요.

➕ **개념 적용**

1

진도책 14쪽
3번 문제

□ 안에 알맞은 수를 써넣으세요.

100은 95보다 [ ]만큼 더 큰 수입니다.

🎓 **어떻게 풀었니?**

수직선에서 95부터 몇 칸 뛰어 세어야 100이 되는지 알아보자!

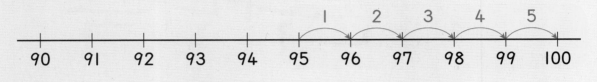

95부터 [ ]칸 뛰어 세었더니 100이 되었네.

아~ 100은 95보다 [ ]만큼 더 큰 수구나!

2 100은 97보다 얼마만큼 더 큰 수인지 구해 보세요.

(   )

3 100은 94보다 얼마만큼 더 큰 수인지 구해 보세요.

(   )

4

진도책 16쪽
9번 문제

□ 안에 들어갈 수 있는 수를 보기 에서 찾아 ○표 하세요.

보기

200   500   800

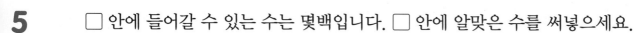

어떻게 풀었니?

□ 안에 들어갈 수 있는 수는 **400**과 **600** 사이의 수라는 걸 알았니?
수의 순서를 생각해 보자!

4 − 5 − 6 ➡ 40 − □ − 60 ➡ 400 − □ − 600 이잖아.

아~ 그럼 문제의 □ 안에 들어갈 수 있는 수는 □ 이니까 □ 에 ○표
하면 되는구나!

1

5   □ 안에 들어갈 수 있는 수는 몇백입니다. □ 안에 알맞은 수를 써넣으세요.

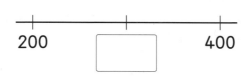

6   □ 안에 들어갈 수 있는 수는 몇백입니다. □ 안에 알맞은 수를 써넣으세요.

7

진도책 18쪽
15번 문제

수 모형이 나타내는 수를 써 보세요.

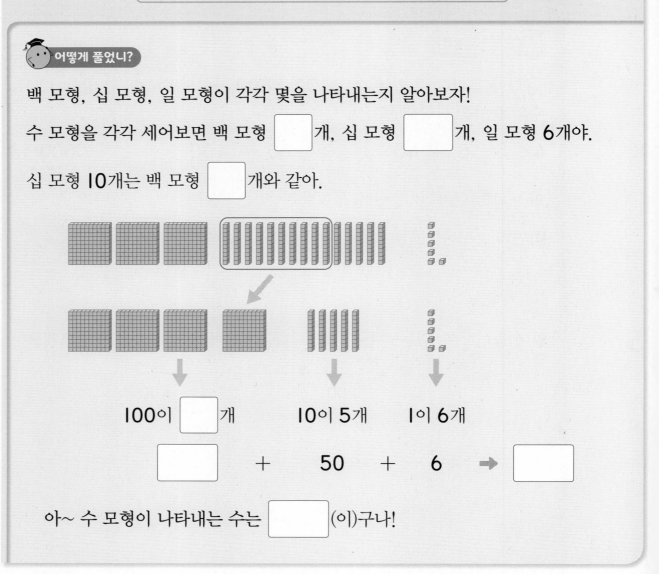

🎓 어떻게 풀었니?

백 모형, 십 모형, 일 모형이 각각 몇을 나타내는지 알아보자!

수 모형을 각각 세어보면 백 모형 ☐ 개, 십 모형 ☐ 개, 일 모형 6개야.

십 모형 10개는 백 모형 ☐ 개와 같아.

100이 ☐ 개   10이 5개   1이 6개

☐   +   50   +   6   ➡   ☐

아~ 수 모형이 나타내는 수는 ☐ (이)구나!

8   수 모형이 나타내는 수를 써 보세요.

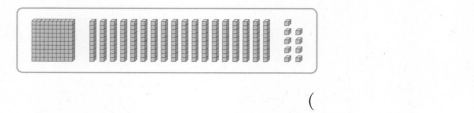

(   )

9

진도책 26쪽
9번 문제

보기 에서 알맞은 수를 골라 □ 안에 써넣으세요.

보기
538   536   532

536 < □

😊 **어떻게 풀었니?**

세 수의 각 자리 수를 알아보고 비교해 보자!

수	백의 자리	십의 자리	일의 자리
538	5	3	8
536			
532			

세 수는 □의 자리 수와 □의 자리 수가 각각 같으니까 일의 자리 수를 비교하면 되겠네.

일의 자리 수를 비교하면 □ < □ < □ (이)니까

□ < 536 < □ (이)야.

아~ 그럼 보기 에서 □ 안에 알맞은 수를 고르면 □ (이)구나!

10

보기 에서 알맞은 수를 골라 □ 안에 써넣으세요.

보기
711   719   714

714 > □

11

보기 에서 □ 안에 들어갈 수 있는 수를 모두 골라 써 보세요.

보기
403   327   296   335

327 < □

(   )

🖹 쓰기 쉬운 서술형

1

100 알아보기

사탕이 **100**개 있습니다. 이 사탕을 한 봉지에 **10**개씩 나누어 담으려면 모두 몇 봉지에 담을 수 있는지 풀이 과정을 쓰고 답을 구해 보세요.

🍴 무엇을 쓸까?　❶ 100은 10이 몇 개인지 알아보기

　❷ 모두 몇 봉지에 담을 수 있는지 구하기

답을 쓸 때에는 숫자 뒤에 반드시 단위 '봉지'를 붙여 써야 해.

풀이　⑩ 100은 10이 (　　　)개인 수입니다. ⋯ ❶

따라서 모두 (　　　)봉지에 담을 수 있습니다. ⋯ ❷

답

1-1

시유는 **10**장씩 묶여 있는 색종이 **7**묶음을 가지고 있습니다. 색종이가 **100**장이 되려면 **10**장씩 몇 묶음이 더 필요한지 풀이 과정을 쓰고 답을 구해 보세요.

🍴 무엇을 쓸까?　❶ 100은 10이 몇 개인지 알아보기

　❷ 10이 7개인 수가 100이 되려면 10이 몇 개 더 있어야 하는지 구하기

　❸ 색종이가 100장이 되려면 10장씩 몇 묶음이 더 필요한지 구하기

풀이

답

1-2

한 상자에 10개씩 들어 있는 배가 6상자 있습니다. 배가 100개가 되려면 10개씩 몇 상자가 더 필요한지 풀이 과정을 쓰고 답을 구해 보세요.

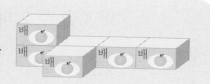

🖋 **무엇을 쓸까?**
   ❶ 100은 10이 몇 개인지 알아보기
   ❷ 10이 6개인 수가 100이 되려면 10이 몇 개 더 있어야 하는지 구하기
   ❸ 배가 100개가 되려면 10개씩 몇 상자가 더 필요한지 구하기

풀이

답

1

1-3

문방구에 공책이 10권씩 8묶음과 낱개로 20권이 있습니다. 공책은 모두 몇 권인지 풀이 과정을 쓰고 답을 구해 보세요.

🖋 **무엇을 쓸까?**
   ❶ 10이 8개인 수 구하기
   ❷ 10이 8개인 수보다 20만큼 더 큰 수는 얼마인지 구하기
   ❸ 공책은 모두 몇 권인지 구하기

풀이

답

2 세 자리 수 알아보기

100이 4개, 10이 0개, 1이 9개인 수는 얼마인지 풀이 과정을 쓰고 답을 구해 보세요.

✏ 무엇을 쓸까? ① 100, 10, 1이 각각 얼마인지 구하기
② 덧셈으로 나타내 세 자리 수 구하기

풀이 예 100이 4개이면 400, 10이 0개이면 0, 1이 9개이면 (　　　)입니다. ··· ①

따라서 400 + 0 + (　　) = (　　　)입니다. ··· ②

답 _____

2-1

100이 7개, 10이 1개인 수는 700과 800 중 어느 수에 더 가까운지 풀이 과정을 쓰고 답을 구해 보세요.

✏ 무엇을 쓸까? ① 100이 7개, 10이 1개인 수 구하기
② 100이 7개, 10이 1개인 수는 700과 800 중 어느 수에 더 가까운지 구하기

풀이 _____

_____

_____

답 _____

3 각 자리의 숫자 알아보기

십의 자리 숫자가 다른 수를 찾아 쓰려고 합니다. 풀이 과정을 쓰고 답을 구해 보세요.

| 489 | 984 | 298 |

✏ **무엇을 쓸까?** ❶ 각 수의 십의 자리 숫자 쓰기
❷ 십의 자리 숫자가 다른 수 찾아 쓰기

풀이 ㉮ 주어진 수의 십의 자리 숫자를 알아보면 489는 8, 984는 (   ), 298은 (   )입니다. --- ❶

따라서 십의 자리 숫자가 다른 수는 (   )입니다. --- ❷

답

1

3-1 숫자 **7**이 나타내는 수가 **700**인 수는 모두 몇 개인지 풀이 과정을 쓰고 답을 구해 보세요.

| 617 | 578 | 702 | 375 | 799 | 807 |

✏ **무엇을 쓸까?** ❶ 각 수에서 숫자 7이 나타내는 수 구하기
❷ 숫자 7이 나타내는 수가 700인 수는 모두 몇 개인지 구하기

풀이

답

4 뛰어 센 수 알아보기

350에서 100씩 3번 뛰어 센 수는 얼마인지 풀이 과정을 쓰고 답을 구해 보세요.

🖊 무엇을 쓸까? ❶ 100씩 뛰어 세는 방법 설명하기
　　　　　　　❷ 350에서 100씩 3번 뛰어 센 수 구하기

> 100씩 뛰어 세면 백의 자리 수가 바뀌어!

풀이 예 100씩 뛰어 세면 백의 자리 수가 (　　)씩 커집니다. ··· ❶

350에서 100씩 뛰어 세면 350 − 450 − 550 − (　　)이므로

3번 뛰어 센 수는 (　　)입니다. ··· ❷

답 _____

4-1

칠백팔십오에서 10씩 4번 뛰어 센 수는 얼마인지 풀이 과정을 쓰고 답을 구해 보세요.

🖊 무엇을 쓸까? ❶ 칠백팔십오를 수로 나타내기
　　　　　　　❷ 10씩 뛰어 세는 방법 설명하기
　　　　　　　❸ 칠백팔십오에서 10씩 4번 뛰어 센 수 구하기

풀이 _____

_____

_____

_____

답 _____

4-2

846에서 10씩 5번 거꾸로 뛰어 센 수는 얼마인지 풀이 과정을 쓰고 답을 구해 보세요.

무엇을 쓸까? ❶ 10씩 거꾸로 뛰어 세는 방법 설명하기
  ❷ 846에서 10씩 5번 거꾸로 뛰어 센 수 구하기

풀이 ....
....
....

답 ....

1

4-3

규칙에 따라 뛰어 셀 때 ㉠에 알맞은 수는 얼마인지 풀이 과정을 쓰고 답을 구해 보세요.

무엇을 쓸까? ❶ 몇씩 뛰어 세는 규칙인지 설명하기
  ❷ 규칙에 따라 뛰어 세어 ㉠에 알맞은 수 구하기

풀이 ....
....
....

답 ....

수행 평가

1 수를 읽어 보세요.

503

(   )

2 연필은 모두 몇 자루인지 수로 쓰고 읽어 보세요.

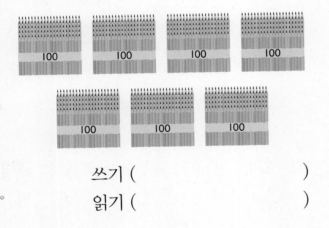

쓰기 (   )

읽기 (   )

3 ㉠에 알맞은 수를 구해 보세요.

(   )

4 수 모형이 나타내는 수를 쓰고 읽어 보세요.

쓰기 (   )

읽기 (   )

5 십의 자리 숫자가 3인 수를 모두 찾아 써 보세요.

352   713   632   103   938

(   )

6 빈칸에 알맞은 수를 써넣으세요.

→ ☐ 씩 뛰어 세었습니다.

7 가장 큰 수에 ○표, 가장 작은 수에 △표 하세요.

284 807 476 372 281

8 327보다 크고 333보다 작은 세 자리 수는 모두 몇 개일까요?

(   )

9 1부터 9까지의 수 중에서 ☐ 안에 들어 갈 수 있는 수를 모두 써 보세요.

724 < ☐43

(   )

서술형 문제

10 수 카드를 한 번씩만 사용하여 가장 작은 세 자리 수를 만들려고 합니다. 풀이 과정을 쓰고 답을 구해 보세요.

2   6   0

풀이

답

1

진도책 42쪽
8번 문제

삼각형과 사각형의 공통점을 모두 찾아 기호를 써 보세요.

> ㉠ 둥근 부분이 있습니다.
> ㉡ 변과 꼭짓점이 있습니다.
> ㉢ 곧은 선으로 이루어져 있습니다.
> ㉣ 4개의 변과 4개의 꼭짓점이 있습니다.

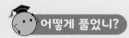 어떻게 풀었니?

삼각형과 사각형을 보고 삼각형과 사각형의 공통점을 알아보자!

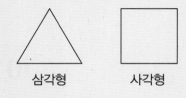

삼각형   사각형

삼각형과 사각형은 모두 둥근 부분이 (있고 , 없고), (굽은 , 곧은) 선으로
이루어져 있어.

또 삼각형과 사각형은 모두 변과 꼭짓점이 (있어 , 없어).

삼각형은 변이 ☐ 개, 꼭짓점이 ☐ 개이고,

사각형은 변이 ☐ 개, 꼭짓점이 ☐ 개야.

아~ 그럼 삼각형과 사각형의 공통점을 모두 찾아 기호를 쓰면 ☐ , ☐

이구나!

2   삼각형과 사각형을 바르게 비교한 사람을 찾아 이름을 써 보세요.

꼭짓점의
수가 같아.

재민

변의 수가
달라.

윤지

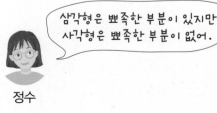

삼각형은 뾰족한 부분이 있지만
사각형은 뾰족한 부분이 없어.

정수

(   )

3

진도책 44쪽
4번 문제

원을 모두 찾아 기호를 써 보세요.

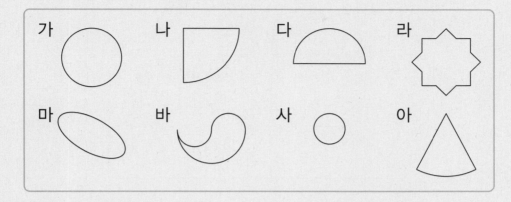

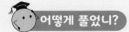 어떻게 풀었니?

원의 특징을 생각하며 원을 찾아보자!

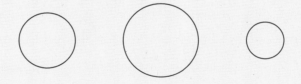

뾰족한 부분과 곧은 선이 (있는 , 없는) 도형은 ☐ , ☐ , ☐ 야.

이 중에서 어느 쪽에서 보아도 똑같이 (동그란 , 반듯한) 모양은 ☐ , ☐ 야.

아~ 그럼 원을 모두 찾아 기호를 쓰면 ☐ , ☐ 구나!

4 원 안에 있는 수들의 합을 구해 보세요.

 5 3 6 4 8

(   )

5

진도책 47쪽
20번 문제

보기 의 조각을 이용하여 만들 수 없는 모양에 ○표 하세요.

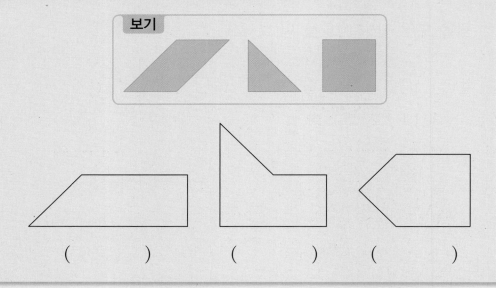

(   )   (   )   (   )

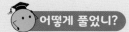 어떻게 풀었니?

보기 의 조각을 이용하여 만들 수 있는지 주어진 모양에 선을 그어 알아보자!

이제 보기 의 조각을 이용하여 만들 수 없는 모양을 찾을 수 있겠지?

아~ 그럼 보기 의 조각을 이용하여 만들 수 없는 모양에 ○표 하면

(   ) (   ) (   )이 되는구나!

6

보기 의 조각을 이용하여 만들 수 있는 모양에 ○표 하세요.

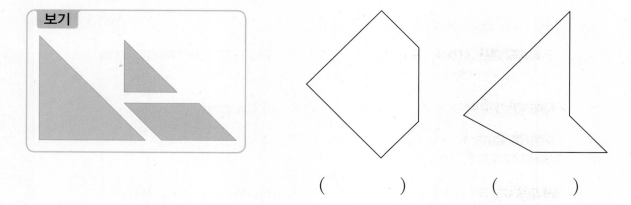

(   )   (   )

7

진도책 50쪽
3번 문제

쌓기나무로 쌓은 모양에 대한 설명입니다. ☐ 안에 알맞은 수나 말을 써넣으세요.

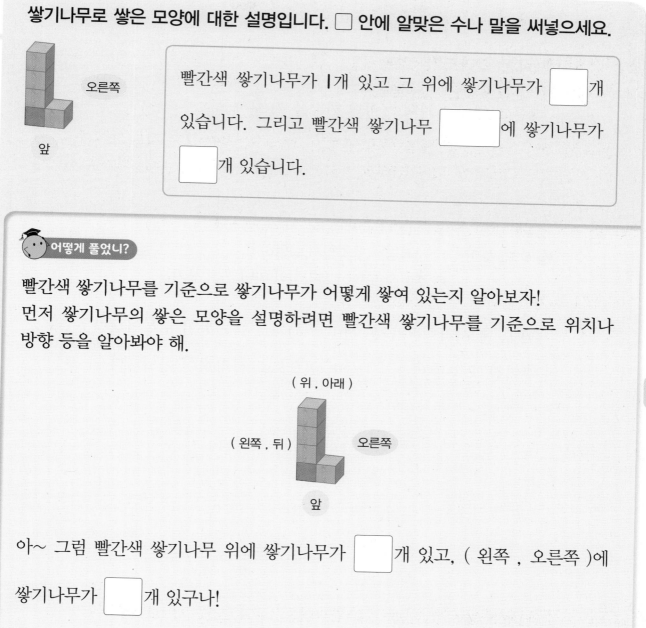

빨간색 쌓기나무가 1개 있고 그 위에 쌓기나무가 ☐개 있습니다. 그리고 빨간색 쌓기나무 ☐에 쌓기나무가 ☐개 있습니다.

👨‍🎓 **어떻게 풀었니?**

빨간색 쌓기나무를 기준으로 쌓기나무가 어떻게 쌓여 있는지 알아보자!
먼저 쌓기나무의 쌓은 모양을 설명하려면 빨간색 쌓기나무를 기준으로 위치나 방향 등을 알아봐야 해.

(위 , 아래)

(왼쪽 , 뒤)　　오른쪽

앞

아~ 그럼 빨간색 쌓기나무 위에 쌓기나무가 ☐개 있고, (왼쪽 , 오른쪽)에 쌓기나무가 ☐개 있구나!

8

쌓기나무로 쌓은 모양에 대한 설명입니다. 알맞은 말에 ◯표 하고 ☐ 안에 알맞은 수를 써넣으세요.

빨간색 쌓기나무가 1개 있고, 그 (위 , 아래)와 (앞 , 뒤)에 쌓기나무가 1개씩 있습니다. 그리고 빨간색 쌓기나무 (왼쪽 , 오른쪽)으로 나란히 쌓기나무가 ☐개 있습니다.

2 📃 쓰기 쉬운 서술형

1

사각형 알아보기

다음 도형이 사각형이 아닌 까닭을 써 보세요.

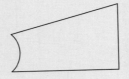

✏️ **무엇을 쓸까?** ❶ 사각형은 무엇인지 설명하기

❷ 주어진 도형이 사각형이 아닌 까닭 쓰기

까닭 예 사각형은 곧은 선 (　　　)개로 둘러싸인 도형입니다. ··· ❶

주어진 도형은 (　　　) 선이 있으므로 사각형이 아닙니다. ··· ❷

1-1

다음 도형이 사각형이 아닌 까닭을 써 보세요.

✏️ **무엇을 쓸까?** ❶ 사각형은 무엇인지 설명하기

❷ 주어진 도형이 사각형이 아닌 까닭 쓰기

까닭

2 도형에서 변과 꼭짓점의 수 알아보기

삼각형의 변과 꼭짓점은 모두 몇 개인지 풀이 과정을 쓰고 답을 구해 보세요.

무엇을 쓸까? ❶ 삼각형의 변과 꼭짓점의 수 각각 구하기

❷ 삼각형의 변과 꼭짓점은 모두 몇 개인지 구하기

> 삼각형에서 곧은 선을 변, 두 곧은 선이 만나는 점을 꼭짓점이라고 해.

풀이 예 삼각형은 변이 (   )개, 꼭짓점이 (   )개입니다. --- ❶

따라서 삼각형의 변과 꼭짓점은 모두 (   ) + (   ) = (   )(개)입니다.

--- ❷

답

2-1

사각형의 변과 꼭짓점은 모두 몇 개인지 풀이 과정을 쓰고 답을 구해 보세요.

무엇을 쓸까? ❶ 사각형의 변과 꼭짓점의 수 각각 구하기

❷ 사각형의 변과 꼭짓점은 모두 몇 개인지 구하기

풀이

답

3 찾을 수 있는 크고 작은 도형의 수 알아보기

도형에서 찾을 수 있는 크고 작은 사각형은 모두 몇 개인지 풀이 과정을 쓰고 답을 구해 보세요.

무엇을 쓸까? ❶ 사각형 1개짜리, 사각형 2개짜리, 사각형 4개짜리 사각형의 수 각각 구하기
❷ 도형에서 찾을 수 있는 크고 작은 사각형은 모두 몇 개인지 구하기

사각형의 수를 셀 때 빠뜨리지 않고 세야 해!

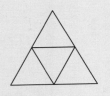

풀이 예 사각형 1개짜리 사각형은 (　　　)개, 사각형 2개짜리 사각형은

(　　　)개, 사각형 4개짜리 사각형은 (　　　)개입니다. ··· ❶

따라서 도형에서 찾을 수 있는 크고 작은 사각형은 모두

(　　　) + (　　　) + (　　　) = (　　　)(개)입니다. ··· ❷

답

3-1 도형에서 찾을 수 있는 크고 작은 삼각형은 모두 몇 개인지 풀이 과정을 쓰고 답을 구해 보세요.

무엇을 쓸까? ❶ 삼각형 1개짜리, 삼각형 4개짜리 삼각형의 수 각각 구하기
❷ 도형에서 찾을 수 있는 크고 작은 삼각형은 모두 몇 개인지 구하기

풀이

답

3-2

도형에서 찾을 수 있는 크고 작은 사각형은 모두 몇 개인지 풀이 과정을 쓰고 답을 구해 보세요.

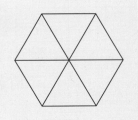

✎ **무엇을 쓸까?** ❶ 사각형 1개짜리, 사각형 2개짜리, 사각형 3개짜리 사각형의 수 각각 구하기
❷ 도형에서 찾을 수 있는 크고 작은 사각형은 모두 몇 개인지 구하기

풀이

답

2

3-3

도형에서 찾을 수 있는 크고 작은 사각형은 모두 몇 개인지 풀이 과정을 쓰고 답을 구해 보세요.

✎ **무엇을 쓸까?** ❶ 삼각형 2개짜리, 삼각형 3개짜리 사각형의 수 각각 구하기
❷ 도형에서 찾을 수 있는 크고 작은 사각형은 모두 몇 개인지 구하기

풀이

답

4 똑같은 모양으로 쌓기

주어진 모양과 똑같은 모양으로 쌓으려고 합니다. 쌓기나무는 모두 몇 개 필요한지 풀이 과정을 쓰고 답을 구해 보세요.

가 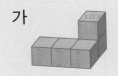 나

무엇을 쓸까? ❶ 가와 나 모양과 똑같은 모양으로 쌓는 데 필요한 쌓기나무의 수 각각 구하기
❷ 가와 나 모양과 똑같은 모양으로 쌓는 데 필요한 쌓기나무의 수의 합 구하기

풀이 예 가: **1**층에 (   )개, **2**층에 (   )개이므로 필요한 쌓기나무는

(   ) + (   ) = (   )(개)입니다.

나: **1**층에 (   )개, **2**층에 (   )개이므로 필요한 쌓기나무는

(   ) + (   ) = (   )(개)입니다. ··· ❶

따라서 쌓기나무는 모두 (   ) + (   ) = (   )(개) 필요합니다. ··· ❷

답

4-1

주어진 모양과 똑같은 모양으로 쌓으려고 합니다. 쌓기나무는 모두 몇 개 필요한지 풀이 과정을 쓰고 답을 구해 보세요.

가   나

무엇을 쓸까? ❶ 가와 나 모양과 똑같은 모양으로 쌓는 데 필요한 쌓기나무의 수 각각 구하기
❷ 가와 나 모양과 똑같은 모양으로 쌓는 데 필요한 쌓기나무의 수의 합 구하기

풀이

답

5 쌓은 모양 설명하기

쌓기나무로 쌓은 모양입니다. 쌓은 모양을 설명해 보세요.

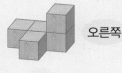

✏️ 무엇을 쓸까? ❶ 쌓기나무의 위치, 개수, 모양 설명하기

설명 ⑩ 쌓기나무 **3**개가 옆으로 나란히 있고, 가운데 쌓기나무의 앞에

쌓기나무 (   )개가, 오른쪽 쌓기나무의 (   )에 쌓기나무 (   )개가

있습니다. … ❶

2

5-1 쌓기나무로 쌓은 모양입니다. 쌓은 모양을 설명해 보세요.

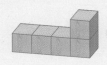

✏️ 무엇을 쓸까? ❶ 쌓기나무의 위치, 개수, 모양 설명하기

설명

수행 평가

1 원을 모두 찾아 기호를 써 보세요.

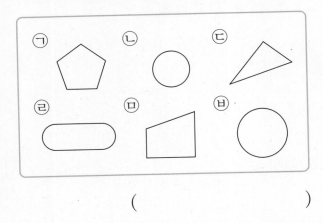

(   )

2 삼각형은 변과 꼭짓점이 각각 몇 개일 까요?

변 (   )

꼭짓점 (   )

3 윤호가 설명하는 도형의 이름을 써 보세요.

4개의 변과 4개의 꼭짓점으로 이루어진 도형이야.

윤호

(   )

4 원에 대한 설명으로 틀린 것은 어느 것일까요? (   )

① 동그란 모양입니다.

② 변이 없습니다.

③ 꼭짓점이 없습니다.

④ 곧은 선이 있습니다.

⑤ 크기가 달라도 모양은 모두 같습니다.

5 빨간색 쌓기나무의 왼쪽에 있는 쌓기나무를 찾아 ○표 하세요.

오른쪽

앞

6 똑같은 모양으로 쌓으려면 쌓기나무가 몇 개 필요할까요?

(1)  ➡ (   )

(2)  ➡ (   )

7 칠교 조각 중에서 삼각형 조각은 사각형 조각보다 몇 개 더 많을까요?

(   )

8 쌓기나무로 쌓은 모양에 대한 설명입니다. 틀린 부분을 모두 찾아 바르게 고쳐 보세요.

오른쪽

앞

> 쌓기나무 **3**개가 옆으로 나란히 있고, 왼쪽 쌓기나무의 위에 쌓기나무 **1**개가, 오른쪽 쌓기나무의 앞에 쌓기나무 **1**개가 있습니다.

9 보기 의 조각을 모두 이용하여 사각형을 만들어 보세요.

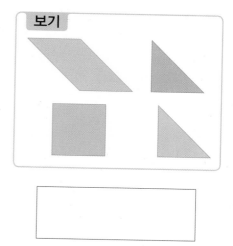

보기

서술형 문제

10 다음 도형을 점선을 따라 자르면 삼각형과 사각형이 각각 몇 개 생기는지 풀이 과정을 쓰고 답을 구해 보세요.

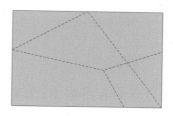

풀이

답 삼각형: , 사각형:

1

진도책 71쪽
12번 문제

□ 안에 알맞은 수를 써넣으세요.

$$
\begin{array}{r}
2\ 5 \\
+\ \boxed{}\ 7 \\
\hline
6\ 2
\end{array}
$$

🎓 어떻게 풀었니?

일의 자리 계산에서 받아올림이 있다는 걸 알았니?

일의 자리, 십의 자리를 차례대로 계산해 보자.

일의 자리 계산에서 $5 + 7 = 12$이니까 십의 자리로 $\boxed{}$ 을/를 받아올림하여

십의 자리 위에 작게 1로 나타내.

십의 자리를 계산할 때 일의 자리에서 받아올림한 수를 빠뜨리지 않아야 해.

$1 + 2 + \boxed{} = 6$ 에서 $3 + \boxed{} = 6$이고 $3 + \boxed{} = 6$이니까 $\boxed{} = \boxed{}$ (이)야.

┈┈• 받아올림한 수

아~ 그럼 문제의 □ 안에 알맞은 수는 $\boxed{}$ (이)구나!

2

□ 안에 알맞은 수를 써넣으세요.

$$
\begin{array}{r}
4\ \boxed{} \\
+\ 1\ 8 \\
\hline
6\ 4
\end{array}
$$

3

진도책 83쪽
13번 문제

◻ 안에 알맞은 수를 써넣으세요.

$$
\begin{array}{r}
6\ \ 0 \\
-\ \boxed{}\ \ 4 \\
\hline
2\ \ 6
\end{array}
$$

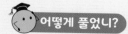 어떻게 풀었니?

일의 자리 계산에서 $0 - 4$는 계산할 수 없다는 걸 알았니?

십의 자리에서 10을 받아내림하여 일의 자리를 계산해야 해.

십의 자리를 계산해 보자.

십의 자리를 계산할 때 일의 자리로 받아내림한 수를 반드시 빼야 해.

$6 - \underset{\text{• 받아내림한 수}}{1} - \boxed{} = 2$ 에서 $5 - \boxed{} = 2$ 이고 $5 - \boxed{} = 2$ 이니까 $\boxed{} = \boxed{}$ (이)야.

아~ 그럼 문제의 ◻ 안에 알맞은 수는 $\boxed{}$ (이)구나!

3

4

◻ 안에 알맞은 수를 써넣으세요.

$$
\begin{array}{r}
9\ \ 0 \\
-\ \boxed{}\ \ 6 \\
\hline
5\ \ 4
\end{array}
$$

5

◻ 안에 알맞은 수를 써넣으세요.

$$
\begin{array}{r}
6\ \ 3 \\
-\ 2\ \boxed{} \\
\hline
\boxed{}\ \ 8
\end{array}
$$

6

진도책 92쪽
4번 문제

□ 안에 알맞은 수를 써넣으세요.

$$48 + 17 - 23 = 40 + \boxed{}$$

😊 어떻게 풀었니?

먼저 $48 + 17 - 23$은 얼마인지 계산해 보자.
세 수의 덧셈과 뺄셈이 있는 식의 계산 방법은 앞에서부터 차례대로 계산하는 거야.

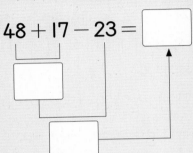

$48 + 17 - 23 = 40 + \square$에서 $\boxed{} = 40 + \square$야.

$\boxed{}$는 40에 □를 더한 수이므로 □ $= \boxed{}$(이)야.

아~ 그럼 문제의 □ 안에 알맞은 수는 $\boxed{}$(이)구나!

7 □ 안에 알맞은 수를 써넣으세요.

$$29 + 37 - 12 = \boxed{} + 4$$

8 ★에 알맞은 수를 구해 보세요.

$$35 + ★ = 73 - 34 + 16$$

(   )

9

지도책 94쪽
1번 문제

덧셈식을 계산하고 뺄셈식으로 나타내 보세요.

$62 + 19 = \boxed{}$

$\boxed{} - \boxed{} = \boxed{}$

$\boxed{} - \boxed{} = \boxed{}$

어떻게 풀었니?

$62 + 19$는 얼마인지 계산해 보자.

$62 + 19 = \boxed{}$ (이)야.

덧셈식을 뺄셈식으로 나타내는 방법을 알아보자.

$\blacksquare + \blacktriangle = \bullet$

$\bullet - \blacksquare = \blacktriangle$

$\bullet - \blacktriangle = \blacksquare$

아~ 그럼 $62 + 19 = \boxed{}$ 을/를 뺄셈식으로 나타내면

$\boxed{} - \boxed{} = \boxed{}$ 또는 $\boxed{} - \boxed{} = \boxed{}$ (이)구나!

3

10 덧셈식을 계산하고 뺄셈식으로 나타내 보세요.

$37 + 56 = \boxed{}$

$\boxed{} - \boxed{} = \boxed{}$

$\boxed{} - \boxed{} = \boxed{}$

11 뺄셈식을 계산하고 덧셈식으로 나타내 보세요.

$72 - 16 = \boxed{}$

$\boxed{} + \boxed{} = \boxed{}$

$\boxed{} + \boxed{} = \boxed{}$

3 덧셈과 뺄셈

▤ 쓰기 쉬운 서술형

1

받아올림이 있는 (두 자리 수)+(두 자리 수)

바구니에 복숭아가 17개, 자두가 24개 있습니다. 바구니에 있는 과일은 모두 몇 개인지 풀이 과정을 쓰고 답을 구해 보세요.

무엇을 쓸까? ❶ 바구니에 있는 과일은 모두 몇 개인지 구하는 과정 쓰기
❷ 바구니에 있는 과일은 모두 몇 개인지 구하기

풀이 **예** (바구니에 있는 과일의 수) = (복숭아의 수) + (자두의 수) ··· ❶

$$= (\quad) + (\quad)$$

$$= (\quad)(개)$$

따라서 바구니에 있는 과일은 모두 (　　)개입니다. ··· ❷

답

1-1

유진이는 토마토를 35개 땄고, 미호는 19개 땄습니다. 유진이와 미호가 딴 토마토는 모두 몇 개인지 풀이 과정을 쓰고 답을 구해 보세요.

무엇을 쓸까? ❶ 유진이와 미호가 딴 토마토는 모두 몇 개인지 구하는 과정 쓰기
❷ 유진이와 미호가 딴 토마토는 모두 몇 개인지 구하기

풀이

답

1-2

빨간색 구슬이 **75**개 있고, 노란색 구슬은 빨간색 구슬보다 **42**개 더 많습니다. 노란색 구슬은 몇 개인지 풀이 과정을 쓰고 답을 구해 보세요.

🖊 **무엇을 쓸까?**
① 노란색 구슬은 몇 개인지 구하는 과정 쓰기
② 노란색 구슬은 몇 개인지 구하기

풀이 _____

_____

_____

답 _____

3

1-3

준혁이는 어제 줄넘기를 **47**번 넘었고, 오늘은 **39**번 넘었습니다. 미소는 어제 줄넘기를 **54**번 넘었고, 오늘은 **26**번 넘었습니다. 누가 어제와 오늘 줄넘기를 더 많이 넘었는지 풀이 과정을 쓰고 답을 구해 보세요.

🖊 **무엇을 쓸까?**
① 준혁이가 어제와 오늘 넘은 줄넘기의 수 구하기
② 미소가 어제와 오늘 넘은 줄넘기의 수 구하기
③ 누가 어제와 오늘 줄넘기를 더 많이 넘었는지 구하기

풀이 _____

_____

_____

_____

답 _____

2 받아내림이 있는 (두 자리 수)−(두 자리 수)

검은색 바둑돌이 **34**개, 흰색 바둑돌이 **15**개 있습니다. 검은색 바둑돌은 흰색 바둑돌보다 몇 개 더 많은지 풀이 과정을 쓰고 답을 구해 보세요.

✏ 무엇을 쓸까? ❶ 검은색 바둑돌이 흰색 바둑돌보다 몇 개 더 많은지 구하는 과정 쓰기
❷ 검은색 바둑돌은 흰색 바둑돌보다 몇 개 더 많은지 구하기

풀이 예 (검은색 바둑돌의 수) − (흰색 바둑돌의 수) ⋯ ❶
　　　 = (　　) − (　　) = (　　)(개)

따라서 검은색 바둑돌은 흰색 바둑돌보다 (　　)개 더 많습니다. ⋯ ❷

답 _____

2-1

주말농장에서 진성이는 감자를 **40**개 캤고, 은수는 **28**개 캤습니다. 진성이는 감자를 은수보다 몇 개 더 많이 캤는지 풀이 과정을 쓰고 답을 구해 보세요.

✏ 무엇을 쓸까? ❶ 진성이는 감자를 은수보다 몇 개 더 많이 캤는지 구하는 과정 쓰기
❷ 진성이는 감자를 은수보다 몇 개 더 많이 캤는지 구하기

풀이 _____

_____

_____

답 _____

2-2

윤주는 딸기 52개 중에서 27개를 딸기 주스를 만드는 데 사용하였습니다. 남은 딸기는 몇 개인지 풀이 과정을 쓰고 답을 구해 보세요.

✎ 무엇을 쓸까? ❶ 남은 딸기는 몇 개인지 구하는 과정 쓰기
❷ 남은 딸기는 몇 개인지 구하기

풀이 ....

....

....

답 ....

3

2-3

지영이는 색종이 46장 중에서 18장을 종이접기를 하는 데 사용했고, 찬우는 색종이 53장 중에서 24장을 동생에게 주었습니다. 남은 색종이가 더 많은 사람은 누구인지 풀이 과정을 쓰고 답을 구해 보세요.

✎ 무엇을 쓸까? ❶ 지영이에게 남은 색종이의 수 구하기
❷ 찬우에게 남은 색종이의 수 구하기
❸ 남은 색종이가 더 많은 사람은 누구인지 구하기

풀이 ....

....

....

....

답 ....

3

>, <가 있는 식에서 □ 안에 들어갈 수 있는 수 구하기

I부터 9까지의 수 중에서 □ 안에 들어갈 수 있는 수를 모두 구하려고 합니다. 풀이 과정을 쓰고 답을 구해 보세요.

$$25 + \square 7 < 62$$

🔥 무엇을 쓸까? ❶ □ 안에 1부터 9까지의 수를 차례대로 써넣어 식이 성립하는지 알아보기

❷ □ 안에 들어갈 수 있는 수 모두 구하기

풀이 ⓔ □ = I일 때 25 + I7 = (   )이므로 (   ) < 62 (○),

□ = 2일 때 25 + 27 = (   )이므로 (   ) < 62 (○),

□ = 3일 때 25 + 37 = (   )이므로 (   ) < 62 (×)입니다. --- ❶

따라서 □ 안에 들어갈 수 있는 수는 (   ), (   )입니다. --- ❷

답 _____

3-1

0부터 9까지의 수 중에서 □ 안에 들어갈 수 있는 수를 모두 구하려고 합니다. 풀이 과정을 쓰고 답을 구해 보세요.

$$70 - 2\square < 45$$

🔥 무엇을 쓸까? ❶ □ 안에 거꾸로 9부터 0까지의 수를 차례대로 써넣어 식이 성립하는지 알아보기

❷ □ 안에 들어갈 수 있는 수 모두 구하기

풀이 _____

_____

_____

답 _____

4 수 카드로 수 만들어 계산하기

수 카드 2 , 8 , 3 , 6 중 2장을 한 번씩만 사용하여 두 자리 수를 만들려고 합니다. 만들 수 있는 가장 큰 수와 가장 작은 수의 합은 얼마인지 풀이 과정을 쓰고 답을 구해 보세요.

무엇을 쓸까? ❶ 만들 수 있는 가장 큰 두 자리 수와 가장 작은 두 자리 수 구하기
❷ ❶에서 구한 두 수의 합 구하기

수 카드 2장을 고른 후 한 번씩만 사용하여 두 자리 수를 만들어야 해.

풀이 예 8 > 6 > 3 > 2이므로 만들 수 있는 가장 큰 두 자리 수는 ( )이고, 가장 작은 두 자리 수는 ( )입니다. ─ ❶

따라서 가장 큰 수와 가장 작은 수의 합은 ( ) + ( ) = ( )입니다.

─ ❷

답

4-1

수 카드 5 , 9 , 1 , 7 로 만든 두 자리 수 중에서 십의 자리 숫자가 7인 가장 작은 수와 십의 자리 숫자가 5인 가장 큰 수의 차는 얼마인지 풀이 과정을 쓰고 답을 구해 보세요.

무엇을 쓸까? ❶ 십의 자리 숫자가 7인 가장 작은 두 자리 수와 십의 자리 숫자가 5인 가장 큰 두 자리 수 구하기
❷ ❶에서 구한 두 수의 차 구하기

풀이

답

수행 평가

1 계산해 보세요.

(1)
```
   6 7
 +   5
```

(2)
```
   9 3
 -   8
```

2 두 수의 합과 차를 각각 구해 보세요.

| 55 | 49 |

합 (   )
차 (   )

3 계산 결과가 더 작은 것의 기호를 써 보세요.

| ㉠ 46 + 17 | ㉡ 61 - 15 |

(   )

4 ☐ 안에 알맞은 수를 써넣으세요.

(1) $29 + 54 = 29 + 1 +$ ☐

$= 30 +$ ☐

$=$ ☐

(2) $70 - 17 = 70 - 10 -$ ☐

$=$ ☐ $-$ ☐

$=$ ☐

5 세 수를 이용하여 덧셈식과 뺄셈식을 모두 만들어 보세요.

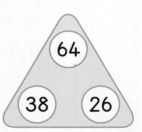

덧셈식 ....

뺄셈식 ....

6 그림을 보고 □를 사용하여 알맞은 식을 써 보고 □의 값을 구해 보세요.

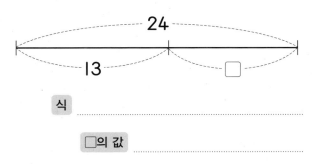

식 ....

□의 값 ....

7 빈칸에 들어갈 수는 선으로 연결된 두 수의 차입니다. 빈칸에 알맞은 수를 써 넣으세요.

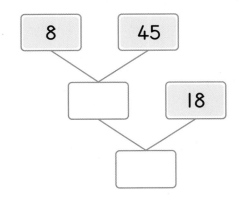

8 계산 결과를 비교하여 ○ 안에 > 또는 < 를 알맞게 써넣으세요.

$$82 - 28 + 7 \bigcirc 53 + 39 - 23$$

9 수 카드 2장을 골라 두 자리 수를 만들어 72와 더하려고 합니다. 계산 결과가 가장 큰 수가 되는 덧셈식을 쓰고 계산해 보세요.

7 4 9 5

□ + 72 = □

3

서술형 문제

10 연우는 우표를 65장 가지고 있었습니다. 그중에서 우표 몇 장을 동생에게 주었더니 36장이 남았습니다. 연우가 동생에게 준 우표는 몇 장인지 풀이 과정을 쓰고 답을 구해 보세요.

풀이 ....

....

....

....

답 ....

1

진도책 121쪽
9번 문제

가장 긴 막대를 가지고 있는 사람은 누구일까요?

> 재영: 내 막대의 길이는 이쑤시개로 5번쯤이야.
> 진주: 내 막대의 길이는 뼘으로 5번쯤이야.
> 도진: 내 막대의 길이는 클립으로 5번쯤이야.

어떻게 풀었니?

이쑤시개, 뼘, 클립으로 잰 횟수가 같다는 걸 알았니?
잰 횟수가 같을 때에는 길이가 가장 긴 것으로 잰 막대가 가장 길겠어!
이쑤시개, 뼘, 클립의 길이를 비교해 보자.

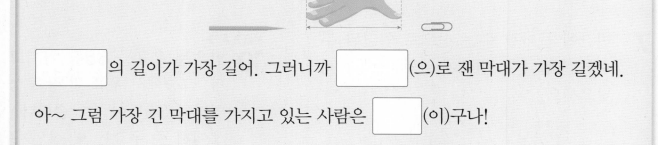

[   ]의 길이가 가장 길어. 그러니까 [   ](으)로 잰 막대가 가장 길겠네.

아~ 그럼 가장 긴 막대를 가지고 있는 사람은 [   ](이)구나!

2 가장 짧은 리본을 가지고 있는 사람은 누구일까요?

> 민준: 내 리본의 길이는 볼펜으로 8번쯤이야.
> 예주: 내 리본의 길이는 클립으로 8번쯤이야.
> 아린: 내 리본의 길이는 리코더로 8번쯤이야.

(   )

3

진도책 124쪽
16번 문제

소시지의 길이는 몇 cm인지 써 보세요.

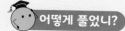 **어떻게 풀었니?**

소시지의 한쪽 끝이 자의 눈금 **0**에 맞추어져 있지 않다는 걸 알았니?
소시지의 한쪽 끝이 **4**에 맞추어져 있고, 다른 쪽 끝은 **8**을 가리키네.
소시지의 한쪽 끝에서 다른 쪽 끝까지 1cm가 몇 번 들어가는지 세어 보자.

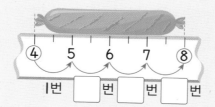

1번 ☐번 ☐번 ☐번

1cm가 ☐번 들어가네. 1cm가 ☐번이면 ☐cm야.

아~ 그럼 소시지의 길이는 ☐cm구나!

4

색연필의 길이는 몇 cm인지 써 보세요.

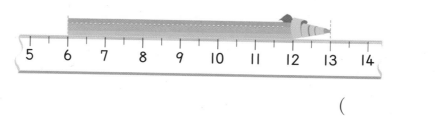

(   )

5

진성이와 윤주가 가지고 있는 색 테이프의 길이를 재는 과정입니다. 누가 가지고 있는 색 테이프의 길이가 더 긴지 써 보세요.

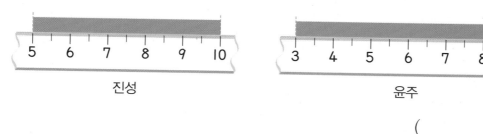

진성   윤주

(   )

6

진도책 125쪽
19번 문제

색깔별 막대의 길이를 자로 재어 보고 같은 길이를 찾아 같은 색으로 색칠해 보세요.

☐ cm   ☐ cm   ☐ cm

👨‍🎓 **어떻게 풀었니?**

색깔별 막대의 길이를 자로 재어 보자.

• 노란색: ☐ cm   • 초록색: ☐ cm   • 파란색: ☐ cm

각각의 막대의 길이를 자로 재어 보고 ☐ cm인 막대는 노란색으로,

☐ cm인 막대는 초록색으로, ☐ cm인 막대는 파란색으로 색칠해 보자.

7

색깔별 막대의 길이를 자로 재어 보고 같은 길이를 찾아 같은 색으로 색칠해 보세요.

☐ cm   ☐ cm   ☐ cm

8

진도책 128쪽
28번 문제

윤호와 수아는 약 6 cm를 어림하여 다음과 같이 색 테이프를 잘랐습니다. 6 cm 에 더 가깝게 어림한 사람은 누구일까요?

윤호

수아

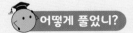 어떻게 풀었니?

두 사람이 자른 색 테이프의 길이를 재어 빈칸에 써넣어 보자.

이름	윤호	수아
어림한 길이	약 6 cm	약 6 cm
자로 잰 길이	cm	cm

어림한 길이와 자로 잰 길이의 차가 (작을수록 , 클수록) 가깝게 어림한 거야.

아~ 그럼 6 cm에 더 가깝게 어림한 사람은 [   ]구나!

4

9 지수와 준영이는 약 8 cm를 어림하여 다음과 같이 끈을 잘랐습니다. 8 cm에 더 가깝게 어림한 사람은 누구일까요?

지수

준영

(   )

10 은지, 태민, 준혁이는 실제 길이가 16 cm인 칫솔의 길이를 다음과 같이 어림하였습니다. 가장 가깝게 어림한 사람은 누구일까요?

은지	태민	준혁
약 17 cm	약 18 cm	약 14 cm

(   )

1

다른 단위로 잰 길이 비교하기

윤수와 미호가 각자 가지고 있는 색연필로 철사를 각각 **3**번 재어 자른 것입니다. 누구의 색연필이 더 짧은지 풀이 과정을 쓰고 답을 구해 보세요.

윤수 ══════════════════

미호 ═══════════════

🖊 **무엇을 쓸까?** ❶ 색연필이 짧을수록 자른 철사가 더 짧다는 것을 설명하기
❷ 누구의 색연필이 더 짧은지 구하기

풀이 예 둘 다 똑같이 **3**번 잰 것이므로 색연필이 짧을수록 자른 철사의 길이가

(짧습니다 , 깁니다). ⋯ ❶

따라서 (　　　)의 색연필이 더 짧습니다. ⋯ ❷

답 _____

1-1

연지와 지윤이가 리본을 각자의 뼘으로 **4**뼘 재어 자른 것입니다. 누구의 뼘이 더 긴지 풀이 과정을 쓰고 답을 구해 보세요.

연지 ▬▬▬▬▬▬▬

지윤 ▬▬▬▬▬▬▬▬

🖊 **무엇을 쓸까?** ❶ 뼘이 길수록 자른 리본이 더 길다는 것을 설명하기
❷ 누구의 뼘이 더 긴지 구하기

풀이 _____

답 _____

1-2

민영, 석준, 다정이가 각자의 걸음으로 수영장의 길이를 재어 나타낸 것입니다. 누구의 한 걸음이 가장 짧은지 풀이 과정을 쓰고 답을 구해 보세요.

민영	석준	다정
32걸음쯤	29걸음쯤	38걸음쯤

🖊 **무엇을 쓸까?** ❶ 같은 거리를 걸을 때 한 걸음의 길이를 비교하는 방법 설명하기
❷ 누구의 한 걸음이 가장 짧은지 구하기

풀이 ....

....

답 ....

4

1-3

서연, 정현, 민경이가 각자 가지고 있는 연필로 칠판의 긴 쪽의 길이를 재어 나타낸 것입니다. 길이가 긴 연필을 가지고 있는 사람부터 차례대로 이름을 쓰려고 합니다. 풀이 과정을 쓰고 답을 구해 보세요.

서연	정현	민경
8번쯤	10번쯤	7번쯤

🖊 **무엇을 쓸까?** ❶ 칠판의 긴 쪽의 길이를 잴 때 재는 연필의 길이를 비교하는 방법 설명하기
❷ 길이가 긴 연필을 가지고 있는 사람부터 차례대로 이름 쓰기

풀이 ....

....

....

답 ....

2

I cm 알기

길이가 가장 긴 것을 찾아 기호를 쓰려고 합니다. 풀이 과정을 쓰고 답을 구해 보세요.

> ㉠ 16 cm   ㉡ 십일 센티미터   ㉢ I cm가 I3번

✏ **무엇을 쓸까?** ❶ 길이를 cm로 나타내기
❷ 길이가 가장 긴 것을 찾아 기호를 쓰기

> 길이를 cm로 나타내
> 비교해 봐.

풀이 ⑩ 길이를 cm로 나타내면 ㉠ 16 cm, ㉡ (   )cm,

㉢ (   )cm입니다. … ❶

(   ) > (   ) > (   )이므로 길이가 가장 긴 것을 찾아 기호를 쓰면

(   )입니다. … ❷

답 _____

2-1

수아와 친구들의 대화를 읽고 누구의 연필이 가장 짧은지 풀이 과정을 쓰고 답을 구해 보세요.

> 수아: 내 연필의 길이는 십 센티미터야.
> 정빈: 내 연필의 길이는 I cm로 I2번이야.
> 태준: 내 연필의 길이는 8 cm야.

✏ **무엇을 쓸까?** ❶ 연필의 길이를 cm로 나타내기
❷ 누구의 연필이 가장 짧은지 구하기

풀이 _____

_____

답 _____

3 길이 재어 비교하기

쌀알과 배추 중 애벌레와 더 가까이 있
는 것은 무엇인지 거리를 재어 구하려
고 합니다. 풀이 과정을 쓰고 답을 구
해 보세요.

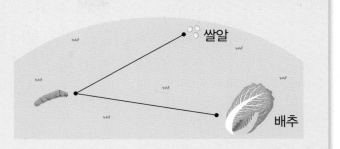

무엇을 쓸까? ❶ 애벌레와 쌀알, 애벌레와 배추 사이의 거리 각각 재기

❷ 애벌레와 더 가까이 있는 것은 무엇인지 구하기

풀이 예 애벌레와 쌀알 사이의 거리를 재어 보면 약 (　　　)cm, 애벌레와 배추

사이의 거리를 재어 보면 약 (　　　)cm입니다. --- ❶

(　　　) < (　　　)이므로 애벌레와 더 가까이 있는 것은 (　　　)입니다. --- ❷

답 _____

4

3-1

오이와 당근 중 토끼와 더 멀리 있는
것은 무엇인지 거리를 재어 구하려
고 합니다. 풀이 과정을 쓰고 답을
구해 보세요.

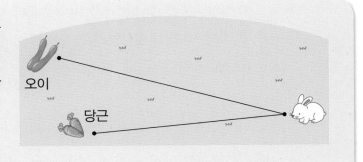

무엇을 쓸까? ❶ 토끼와 오이, 토끼와 당근 사이의 거리 각각 재기

❷ 토끼와 더 멀리 있는 것은 무엇인지 구하기

풀이 _____

_____

답 _____

3-2

원숭이가 둘째로 가까이 있는 바나나를 먹으려면 어느 것을 먹어야 하는지 거리를 재어 알아보고 기호를 쓰려고 합니다. 풀이 과정을 쓰고 답을 구해 보세요.

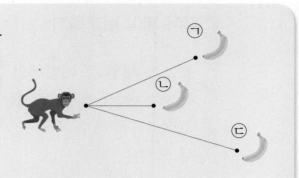

🔏 무엇을 쓸까? ❶ 원숭이와 세 바나나 사이의 거리 각각 재기

❷ 둘째로 가까이 있는 바나나를 찾아 기호 쓰기

풀이

답

3-3

준호네 집에서 학교, 공원, 놀이터까지의 거리를 각각 재어 준호네 집에서 멀리 있는 곳부터 차례대로 쓰려고 합니다. 풀이 과정을 쓰고 답을 구해 보세요.

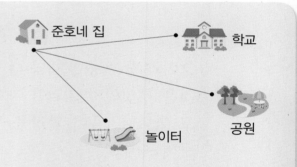

🔏 무엇을 쓸까? ❶ 준호네 집과 학교, 공원, 놀이터까지의 거리 각각 재기

❷ 준호네 집에서 멀리 있는 곳부터 차례대로 쓰기

풀이

답

4 길이 재어 더하기

선의 길이는 모두 몇 cm인지 풀이 과정을 쓰고 답을 구해 보세요.

무엇을 쓸까? ❶ 세 선의 길이를 각각 재기

❷ 선의 길이는 모두 몇 cm인지 구하기

풀이 **예** 세 선의 길이를 각각 재어 보면 (   )cm, (   )cm, (   )cm입니다. --- ❶

(   ) + (   ) + (   ) = (   )이므로 선의 길이는 모두 (   )cm입니다. --- ❷

답 _____

4-1

선의 길이는 모두 몇 cm인지 풀이 과정을 쓰고 답을 구해 보세요.

무엇을 쓸까? ❶ 세 선의 길이를 각각 재기

❷ 선의 길이는 모두 몇 cm인지 구하기

풀이 _____

_____

답 _____

수행 평가

1 ㉠과 ㉡의 길이를 비교하려고 합니다. ㉠과 ㉡의 길이를 비교할 수 있는 올바른 방법을 찾아 색칠하고 길이를 비교해 보세요.

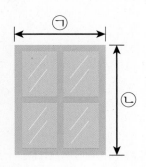

맞대어 비교하기
종이띠를 이용하여 비교하기

➡ ㉠이 ㉡보다 더 (깁니다 , 짧습니다).

2 주어진 길이를 쓰고 읽어 보세요.

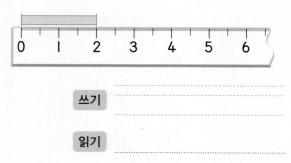

쓰기 ....

읽기 ....

3 수수깡의 길이는 엄지손톱과 클립으로 각각 몇 번인지 재어 보세요.

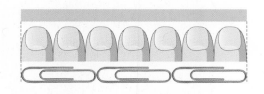

엄지손톱	번
클립	번

4 그림을 보고 ☐ 안에 알맞은 수를 써넣으세요.

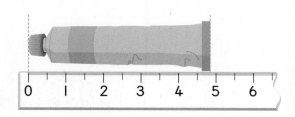

물감의 오른쪽 끝이 ☐ cm 눈금에 가까우므로 물감의 길이는 약 ☐ cm입니다.

5 열쇠의 길이를 자로 재어 보세요.

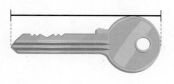

(

6 분필의 길이를 어림하고 자로 재어 확인해 보세요.

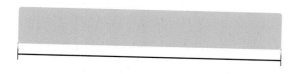

어림한 길이	약 cm
자로 잰 길이	cm

7 삼각형의 세 변의 길이를 재어 보세요.

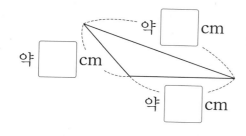

약 [ ] cm

약 [ ] cm

약 [ ] cm

8 수연, 유진, 미나는 연결 모형으로 모양 만들기를 하였습니다. 가장 짧게 연결한 사람은 누구일까요?

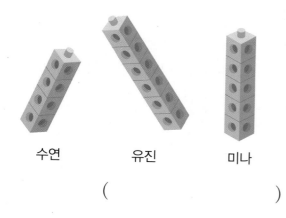

수연   유진   미나

( )

9 2 cm, 3 cm 막대가 있습니다. 이 막대들을 여러 번 사용하여 서로 다른 방법으로 8 cm를 색칠해 보세요.

2 cm   3 cm

서술형 문제

10 민준이가 지우개의 길이를 잘못 잰 까닭을 쓰고, 바르게 고쳐 보세요.

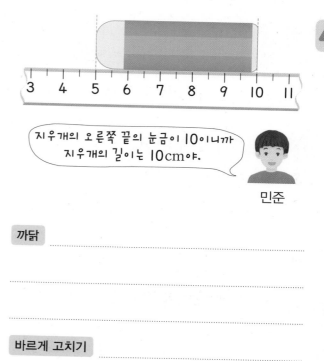

지우개의 오른쪽 끝의 눈금이 10이니까 지우개의 길이는 10 cm야.

민준

까닭

바르게 고치기

4

1

진도책 146쪽
2번 문제

인물들을 분류할 수 있는 기준으로 알맞은 것을 모두 찾아 기호를 써 보세요.

세종대왕 이순신 신사임당 에디슨 유관순

아인슈타인 장영실 김유신 선덕여왕 마리 퀴리

㉠ 잘생긴 사람과 못생긴 사람
㉡ 착한 사람과 나쁜 사람
㉢ 여자 위인과 남자 위인
㉣ 한국인과 외국인

 어떻게 풀었니?

분류할 때는 분명한 기준을 정하여 분류해야 누가 분류하더라도 분류 결과가 같아.
주어진 기준 중에서 분명한 기준이 될 수 있는 것을 알아보자!

㉠ 잘생긴 사람과 못생긴 사람으로 분류하면 분류하는 사람에 따라 분류 결과가
  (달라질 수 있어 , 같아).

㉡ 착한 사람과 나쁜 사람으로 분류하면 분류하는 사람에 따라 분류 결과가
  (달라질 수 있어 , 같아).

㉢ 여자 위인과 남자 위인으로 분류하면 분류하는 사람에 따라 분류 결과가
  (달라질 수 있어 , 같아).

㉣ 한국인과 외국인으로 분류하면 분류하는 사람에 따라 분류 결과가
  (달라질 수 있어 , 같아).

아~ 그럼 분류할 수 있는 기준으로 알맞은 것은 ☐ , ☐ 이구나!

2 꽃들을 분류할 수 있는 기준으로 알맞은 것을 모두 찾아 기호를 써 보세요.

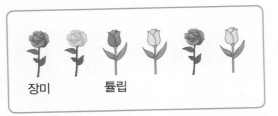

장미 튤립

㉠ 예쁜 꽃과 예쁘지 않은 꽃
㉡ 빨간색 꽃과 노란색 꽃
㉢ 내가 좋아하는 꽃과 내가 싫어하는 꽃
㉣ 장미와 튤립

( )

3

진도책 148쪽
6번 문제

정해진 기준에 따라 카드를 분류해 보세요.

분류 기준	종류	

종류	한글	숫자
번호		

👨‍🎓 **어떻게 풀었니?**

한글과 숫자를 구분할 수 있겠지? 분류 기준에 맞게 카드를 분류해 보자!

카드를 한글과 숫자로 분류해 보면

한글 카드는 ①, ☐, ☐, ☐이고,

숫자 카드는 ☐, ☐, ☐, ☐(이)야.

아~ 그럼 기준에 따라 카드를 분류해 번호를 쓰면

종류	한글	숫자
번호		

이구나!

5

4

정해진 기준에 따라 모양 조각을 분류해 보세요.

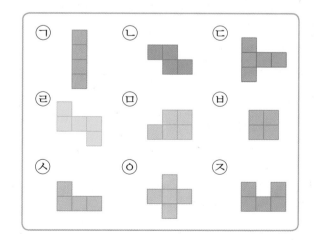

분류 기준	칸 수	

칸 수	4칸	5칸
기호		

5

진도책 151쪽
11번 문제

카드 색칠하기 놀이를 하였습니다. 색깔에 따라 분류하여 세어 보고 어느 색깔을 더 많이 칠했는지 써 보세요.

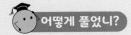 어떻게 풀었니?

색깔에 따라 분류해야 하니까 카드를 노란색과 하늘색으로 분류하면 되겠네.
노란색 카드와 하늘색 카드 수를 각각 세어 표를 완성해 보자!

색깔	노란색	하늘색
세면서 표시하기	//////////	//////////
카드 수(장)		

아~ 그럼 더 많이 칠한 색깔은 ☐ 이구나!

6

연정이와 승우가 카드 색칠하기 놀이를 하였습니다. 연정이는 분홍색으로, 승우는 초록색으로 칠했습니다. 색깔에 따라 분류하여 세어 보고 카드를 누가 더 많이 칠했는지 써 보세요.

(   )

7

진도책 153쪽
14번 문제

어느 상점에서 오늘 하루 동안 팔린 우산입니다. 이 상점에서는 어느 색깔의 우산을 더 많이 준비하면 좋을지 써 보세요.

👨‍🎓 **어떻게 풀었니?**

우산을 색깔에 따라 분류하고 그 수를 세어 보자!

색깔	빨간색	노란색	파란색
우산 수(개)			

오늘 가장 많이 팔린 우산의 색깔은 [＿＿＿]이네.

아~ 그럼 이 상점에서는 [＿＿＿] 우산을 더 많이 준비하면 좋겠구나!

5

8

진성이네 반 학생들이 좋아하는 우유입니다. 진성이네 반에서는 간식으로 어느 우유를 더 많이 준비하면 좋을지 써 보세요.

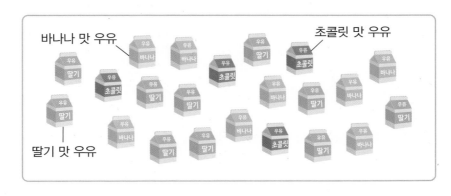

(   )

1 분류 기준 알아보기

어떻게 분류하면 좋을지 분류 기준을 두 가지 써 보세요.

🖋 무엇을 쏠까? ❶ 어떻게 분류하면 좋을지 한 가지 분류 기준 쓰기
❷ 어떻게 분류하면 좋을지 다른 한 가지 분류 기준 쓰기

분류 기준 1 ㉮ 이동 수단을 고속도로를 달릴 수 있는 것과 달릴 수 (   ) 것으로 분류합니다. ··· ❶

분류 기준 2 ㉮ (   )의 수로 분류합니다. ··· ❷

1-1

어떻게 분류하면 좋을지 분류 기준을 두 가지 써 보세요.

🖋 무엇을 쏠까? ❶ 어떻게 분류하면 좋을지 한 가지 분류 기준 쓰기
❷ 어떻게 분류하면 좋을지 다른 한 가지 분류 기준 쓰기

분류 기준 1

분류 기준 2

2

기준에 알맞게 분류하기

다음과 같은 기준에 알맞은 도형은 모두 몇 개인지 풀이 과정을 쓰고 답을 구해 보세요.

분류 기준	• 분홍색입니다. • 원입니다.

🔧 **무엇을 쓸까?**　❶ 분홍색 도형과 원을 각각 모두 찾기

❷ 분홍색 원은 모두 몇 개인지 구하기

풀이　**예** 분홍색 도형은 (　　), (　　), (　　)이고, 원은 (　　), (　　),

(　　), (　　)입니다. ··· ❶

따라서 분홍색 원은 (　　), (　　)으로 모두 (　　)개입니다. ··· ❷

답 _____

5

2-1

다음과 같은 기준에 알맞은 사탕은 모두 몇 개인지 풀이 과정을 쓰고 답을 구해 보세요.

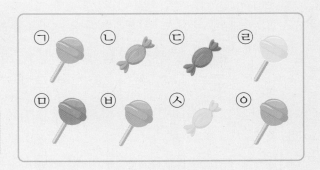

분류 기준	• 막대 모양입니다. • 빨간색입니다.

🔧 **무엇을 쓸까?**　❶ 막대 모양의 사탕과 빨간색 사탕을 각각 모두 찾기

❷ 막대 모양의 빨간색 사탕은 모두 몇 개인지 구하기

풀이　_____

_____

답 _____

3 잘못 분류된 것 찾아 바르게 고치기

수정이는 서랍에 오른쪽과 같이 분류하여 넣었습니다. 잘못 분류된 칸을 찾아 쓰고, 바르게 고쳐 보세요.

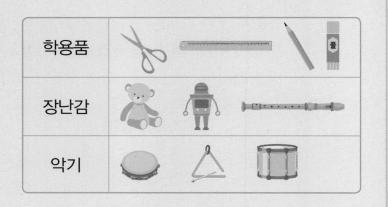

학용품	
장난감	
악기	

✏️ 무엇을 쓸까?　❶ 잘못 분류된 칸을 찾아 쓰기

❷ 바르게 고치기

> 학용품, 장난감, 악기에 알맞은 물건인지 살펴봐.

잘못 분류된 칸　(　　　) 칸 ⋯ ❶

바르게 고치기　(　　　)을/를 (　　　) 칸으로 옮겨야 합니다. ⋯ ❷

3-1

민성이는 이동 수단을 오른쪽과 같이 분류하였습니다. 잘못 분류된 곳을 찾아 쓰고, 바르게 고쳐 보세요.

땅	
하늘	
바다	

✏️ 무엇을 쓸까?　❶ 잘못 분류된 곳을 찾아 쓰기

❷ 바르게 고치기

잘못 분류된 곳　_____

바르게 고치기　_____

4 **가장 많은 것 찾기**

구슬마다 수가 하나씩 쓰여 있습니다. 구슬을 색깔에 따라 분류하였을 때 가장 많은 색깔의 구슬에 쓰여 있는 수를 모두 더하면 얼마인지 풀이 과정을 쓰고 답을 구해 보세요.

🔖 **무엇을 쓸까?** ❶ 가장 많은 색깔의 구슬은 무슨 색인지 알기

❷ 가장 많은 색깔의 구슬에 쓰여 있는 수를 모두 더하면 얼마인지 구하기

풀이 예 초록색 구슬은 (   )개, 빨간색 구슬은 (   )개, 보라색 구슬은

(   )개이므로 가장 많은 색깔의 구슬은 (   )입니다. … ❶

따라서 (   ) 구슬에 쓰여 있는 수를 모두 더하면

(   ) + (   ) + (   ) + (   ) + (   ) = (   )입니다. … ❷

답 _____

5

4-1 모양마다 한 글자씩 쓰여 있습니다. 모양에 따라 분류하였을 때 가장 많은 모양에 쓰여 있는 글자를 위에서부터 차례대로 쓰려고 합니다. 풀이 과정을 쓰고 답을 구해 보세요.

대　매　한　학　민

반　국　산　수　공

🔖 **무엇을 쓸까?** ❶ 가장 많은 모양은 어떤 모양인지 알기

❷ 가장 많은 모양에 쓰여 있는 글자를 위에서부터 차례대로 쓰기

풀이 _____

_____

답 _____

5 분류 결과 비교하기

성호네 반 학생 **26**명이 좋아하는 과일을 종류에 따라 분류하였습니다. 가장 많은 학생들이 좋아하는 과일은 무엇인지 풀이 과정을 쓰고 답을 구해 보세요.

종류	사과	포도	딸기	바나나
학생 수(명)	5		9	6

✎ **무엇을 쓸까?**
❶ 포도를 좋아하는 학생 수 구하기
❷ 가장 많은 학생들이 좋아하는 과일은 무엇인지 쓰기

풀이 ⓓ (포도를 좋아하는 학생 수) $= 26 - 5 - 9 - 6 = ($ $)$(명) --- ❶

따라서 (   ) $> 6 > ($ $)$이므로 가장 많은 학생들이 좋아하는 과일은

(   )입니다. --- ❷

답 _____

5-1

민주네 반 학생 **28**명이 좋아하는 운동을 종류에 따라 분류하였습니다. 가장 적은 학생들이 좋아하는 운동은 무엇인지 풀이 과정을 쓰고 답을 구해 보세요.

종류	야구	축구	농구	배구
학생 수(명)	6	10	4	

✎ **무엇을 쓸까?**
❶ 배구를 좋아하는 학생 수 구하기
❷ 가장 적은 학생들이 좋아하는 운동은 무엇인지 쓰기

풀이 _____

_____

답 _____

5-2

정수네 반 학생 25명이 좋아하는 간식을 종류에 따라 분류하였습니다. 떡볶이를 좋아하는 학생이 햄버거를 좋아하는 학생

종류	피자	햄버거	치킨	떡볶이	김밥
학생 수(명)	7	4	5		

보다 2명 더 많을 때 김밥을 좋아하는 학생은 몇 명인지 풀이 과정을 쓰고 답을 구해 보세요.

🖋 **무엇을 쓸까?** ❶ 떡볶이를 좋아하는 학생 수 구하기

❷ 김밥을 좋아하는 학생 수 구하기

풀이 _____

_____

답 _____

5-3

효주네 반 학생 27명을 태어난 계절에 따라 분류하였습니다. 봄에 태어난 학생이 가을에 태어난 학생보다 1명 적을 때 많은 학생들이 태어난 계절부터 차

계절	봄	여름	가을	겨울
학생 수(명)			6	4

례대로 쓰려고 합니다. 풀이 과정을 쓰고 답을 구해 보세요.

🖋 **무엇을 쓸까?** ❶ 봄에 태어난 학생 수 구하기

❷ 여름에 태어난 학생 수 구하기

❸ 많은 학생들이 태어난 계절부터 차례대로 쓰기

풀이 _____

_____

_____

답 _____

수행 평가

1 수 카드를 분류할 수 있는 기준을 써 보세요.

분류 기준 1	
분류 기준 2	

2 민성이가 색종이로 오린 모양입니다. 모양에 따라 분류하고 그 수를 세어 보세요.

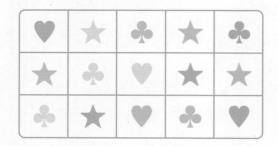

모양	♥	★	♣
수(개)			

3 여러 가지 가방을 기준에 따라 분류하였습니다. 어떤 기준에 따라 분류한 것인지 써 보세요.

(   )

4 과일을 종류에 따라 분류하여 그 수를 세어 보고 결과를 말해 보세요.

종류			
세면서 표시하기	〤〤〤〤	〤〤〤〤	〤〤〤〤
과일 수(개)			

가장 많은 과일은 [   ](이)고

가장 적은 과일은 [   ]입니다.

5 은지네 집에 있는 책을 종류에 따라 분류하였습니다. 책 수가 종류별로 같으려면 어떤 종류의 책을 더 사야 할까요?

종류	문학	과학	예술
책 수(권)	12	12	6

( )

[6~9] 성재가 가지고 있는 단추입니다. 물음에 답하세요.

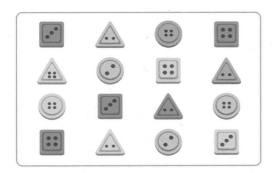

6 단추를 분류하는 기준이 될 수 없는 것을 찾아 기호를 써 보세요.

㉠ 색깔	㉡ 모양
㉢ 무게	㉣ 구멍의 수

( )

7 노란색이면서 △ 모양인 단추는 몇 개인지 써 보세요.

( )

8 구멍이 2개이면서 주황색인 단추는 몇 개인지 써 보세요.

( )

9 색깔에 따라 분류한 단추를 모양에 따라 다시 분류해 보세요.

	△	□	○
초록색			
주황색			
파란색			
노란색			

서술형 문제
10 냉장고에 물건들을 다음과 같이 분류하여 넣었습니다. 잘못 분류된 칸은 어느 칸인지 풀이 과정을 쓰고 답을 구해 보세요.

고기	닭고기, 돼지고기
과일	사과, 복숭아, 콩나물
채소	당근, 양파, 양배추

풀이 _____

_____

답 _____

1

진도책 169쪽
9번 문제

우표는 모두 몇 장인지 묶어 세어 보려고 합니다. 몇씩 묶어 세어야 하는지 ☐ 안에 알맞은 수를 써넣으세요.

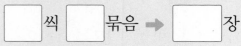

☐ 씩 ☐ 묶음 ➡ ☐ 장

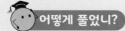 **어떻게 풀었니?**

우표를 2씩, 3씩, 6씩, 9씩 묶을 수 있으니까 이 중 한 가지 방법으로 묶어 보면 돼.
우표를 2씩 묶고 세어 보자.

2씩 ☐ 묶음

2 – ☐ – ☐ – ☐ – ☐ – ☐ – ☐ – ☐ – ☐

(이)니까 우표는 ☐ 장이네.

아~ 그럼 문제의 ☐ 안에 알맞은 수를 써넣으면

예 ☐ 씩 ☐ 묶음 ➡ ☐ 장이구나!

2

구슬은 모두 몇 개인지 묶어 세어 보려고 합니다. 몇씩 묶어 세어야 하는지 ☐ 안에 알맞은 수를 써넣으세요.

☐ 씩 ☐ 묶음 ➡ ☐ 개

3

진도책 172쪽
17번 문제

마카롱의 수를 몇의 몇 배로 나타내 보세요.

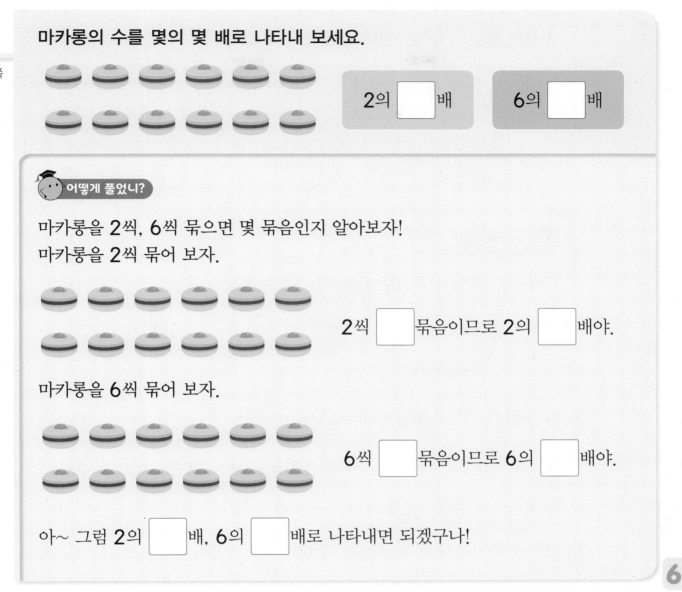

2의 ☐ 배   6의 ☐ 배

어떻게 풀었니?

마카롱을 2씩, 6씩 묶으면 몇 묶음인지 알아보자!
마카롱을 2씩 묶어 보자.

2씩 ☐ 묶음이므로 2의 ☐ 배야.

마카롱을 6씩 묶어 보자.

6씩 ☐ 묶음이므로 6의 ☐ 배야.

아~ 그럼 2의 ☐ 배, 6의 ☐ 배로 나타내면 되겠구나!

6

4

우유의 수를 몇의 몇 배로 나타내 보세요.

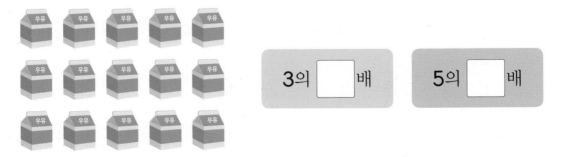

3의 ☐ 배   5의 ☐ 배

5

진도책 179쪽
5번 문제

빈칸에 알맞은 덧셈식이나 곱셈식을 써 보세요.

	••• •••	••• ••• ••• •••	••• ••• ••• ••• ••• •••
덧셈식	$3+3=6$	①	$3+3+3+3=12$
곱셈식	$3\times2=6$	②	③

🎓 **어떻게 풀었니?**

3씩 몇 묶음인지 알아보면서 ●의 수를 덧셈식과 곱셈식으로 나타내 보자!

●●● ●●● ●●● 는 3씩 3묶음이니까 3의 ☐ 배야.

덧셈식으로 나타내면 ☐ + ☐ + ☐ = ☐ 이고,

3씩 3번 더한 식을 곱셈식으로 나타내면 ☐ × ☐ = ☐ (이)야.

●●● ●●● ●●● ●●● 는 3씩 4묶음이니까 3의 ☐ 배야.

덧셈식으로 나타내면 $3+3+3+3=12$이고,

3씩 4번 더한 식을 곱셈식으로 나타내면 ☐ × ☐ = ☐ (이)야.

아~ 그럼 빈칸에 알맞은 식은 ① ☐,

② ☐, ③ ☐ (이)구나!

6

빈칸에 알맞은 덧셈식이나 곱셈식을 써 보세요.

	🎈🎈	🎈🎈🎈	🎈🎈🎈🎈
덧셈식	$4+4=8$	$4+4+4=12$	
곱셈식	$4\times2=8$		

7

진도책 181쪽
11번 문제

꽃 모양이 규칙적으로 그려진 포장지 위에 얼룩이 묻었습니다. 포장지에 그려져 있던 꽃 모양은 모두 몇 개일까요?

👨‍🎓 **어떻게 풀었니?**

얼룩이 묻어 보이지 않는 부분에도 꽃 모양이 있다는 걸 알았니?
꽃 모양은 모두 몇 개인지 곱셈식으로 나타내 알아보자!

꽃 모양은 한 줄에 **8**개씩 ☐ 줄이니까 **8**의 ☐ 배야.

8의 ☐ 배 ➡ **8** + ☐ + ☐ + ☐ = ☐

8의 ☐ 배를 곱셈식으로 나타내면 **8** × ☐ (이)야.

꽃 모양의 수를 곱셈식으로 나타내 구해 보면 **8** × ☐ = ☐ (이)네.

아~ 포장지에 그려진 꽃 모양은 모두 ☐ 개구나!

6

8 ★ 모양이 규칙적으로 그려진 천 위에 물감이 묻었습니다. 천에 그려져 있던 ★ 모양은 모두 몇 개일까요?

곱셈식 .... 답 ....

1

묶어 세기

조개는 모두 몇 개인지 묶어 세려고 합니다. 조개를 묶어 풀이 과정을 쓰고 답을 구해 보세요.

🖊 **무엇을 쓸까?** ❶ 조개를 몇씩 묶으면 몇 묶음인지 쓰기
❷ 조개는 모두 몇 개인지 구하기

> 조개를 여러 가지 방법으로 묶어서 셀 수 있어.

풀이 ⑩ 조개를 6씩 묶으면 (　　　)묶음입니다. ⋯ ❶

6씩 묶어 세면 6 − 12 − (　　　) − (　　　)이므로 조개는 모두 (　　　)개입니다. ⋯ ❷

답

1-1

딸기는 모두 몇 개인지 묶어 세려고 합니다. 딸기를 묶어 풀이 과정을 쓰고 답을 구해 보세요.

🖊 **무엇을 쓸까?** ❶ 딸기를 몇씩 묶으면 몇 묶음인지 쓰기
❷ 딸기는 모두 몇 개인지 구하기

풀이

답

2

■는 ▲의 몇 배인지 알아보기

자두의 수는 참외의 수의 몇 배인지 풀이 과정을 쓰고 답을 구해 보세요.

🖋 **무엇을 쓸까?** ❶ 자두의 수는 참외의 수의 몇 배인지 구하는 과정 쓰기

❷ 자두의 수는 참외의 수의 몇 배인지 구하기

풀이 ㉑ 참외는 **3**개이고 자두는 (   )개입니다.

(   )은/는 **3**씩 (   )묶음입니다. ··· ❶

따라서 자두의 수는 참외의 수의 (   )배입니다. ··· ❷

답

2-1

야구공의 수는 축구공의 수의 몇 배인지 풀이 과정을 쓰고 답을 구해 보세요.

6

🖋 **무엇을 쓸까?** ❶ 야구공의 수는 축구공의 수의 몇 배인지 구하는 과정 쓰기

❷ 야구공의 수는 축구공의 수의 몇 배인지 구하기

풀이

답

3

■의 ▲배는 ●의 ◆배인지 알아보기

3의 6배는 9의 몇 배인지 풀이 과정을 쓰고 답을 구해 보세요.

🍴 무엇을 쓸까? ❶ 3의 6배는 얼마인지 구하기
❷ 3의 6배는 9의 몇 배인지 구하기

풀이 예 3의 6배 ➡ $3 \times 6 = 3 + 3 + 3 + 3 + 3 + 3 = ($ $)$ ⋯ ❶

$9 + 9 = ($ $)$ ➡ $9 \times 2 = ($ $)$이므로

$($ $)$은/는 9의 $($ $)$배입니다.

따라서 3의 6배는 9의 $($ $)$배입니다. ⋯ ❷

답 _____

3-1

8의 3배는 4의 몇 배인지 풀이 과정을 쓰고 답을 구해 보세요.

🍴 무엇을 쓸까? ❶ 8의 3배는 얼마인지 구하기
❷ 8의 3배는 4의 몇 배인지 구하기

풀이 _____

_____

_____

_____

답 _____

4 곱셈식 풀기

㉠과 ㉡이 나타내는 수의 합은 얼마인지 풀이 과정을 쓰고 답을 구해 보세요.

> ㉠ **3** 곱하기 **9**   ㉡ **4**의 **8**배

🖋 **무엇을 쓸까?** ❶ ㉠과 ㉡이 나타내는 수 각각 구하기

  ❷ ㉠과 ㉡이 나타내는 수의 합 구하기

풀이 **예** ㉠ **3** 곱하기 **9**

➡ $3 \times 9 = 3 + 3 + 3 + 3 + 3 + 3 + 3 + 3 + 3 = ($ $)$

㉡ **4**의 **8**배 ➡ $4 \times 8 = 4 + 4 + 4 + 4 + 4 + 4 + 4 + 4 = ($ $)$ --- ❶

따라서 ㉠과 ㉡이 나타내는 수의 합은 $($ $) + ($ $) = ($ $)$입니다. --- ❷

답 _____

4-1

㉠과 ㉡이 나타내는 수의 차는 얼마인지 풀이 과정을 쓰고 답을 구해 보세요.

> ㉠ **6** 곱하기 **8**   ㉡ **5**의 **7**배

🖋 **무엇을 쓸까?** ❶ ㉠과 ㉡이 나타내는 수 각각 구하기

  ❷ ㉠과 ㉡이 나타내는 수의 차 구하기

풀이

답 _____

5 곱셈의 활용

자전거의 바퀴는 모두 몇 개인지 풀이 과정을 쓰고 답을 구해 보세요.

🖊 무엇을 쓸까? ❶ 몇의 몇 배인지 구하기

❷ 곱셈식으로 나타내 자전거의 바퀴는 모두 몇 개인지 구하기

풀이 예 세발자전거 한 대의 바퀴는 **3**개입니다.

3씩 (   )대이므로 **3**의 (   )배입니다. ··· ❶

➡ **3** × (   ) = **3** + **3** + **3** + **3** + **3** + **3** + **3** = (   )

따라서 자전거의 바퀴는 모두 (   )개입니다. ··· ❷

답 _____

5-1

돼지의 다리는 모두 몇 개인지 풀이 과정을 쓰고 답을 구해 보세요.

🖊 무엇을 쓸까? ❶ 몇의 몇 배인지 구하기

❷ 곱셈식으로 나타내 돼지의 다리는 모두 몇 개인지 구하기

풀이 _____

_____

_____

답 _____

5-2

삼각형이 6개 있습니다. 삼각형 6개의 변은 모두 몇 개인지 풀이 과정을 쓰고 답을 구해 보세요.

✎ **무엇을 쓸까?** ❶ 몇의 몇 배인지 구하기

❷ 곱셈식으로 나타내 삼각형 6개의 변은 모두 몇 개인지 구하기

풀이 _____

_____

_____

답 _____

5-3

한 봉지에 5개씩 들어 있는 사탕이 7봉지 있고, 한 봉지에 8개씩 들어 있는 과자가 5봉지 있습니다. 사탕과 과자는 모두 몇 개인지 풀이 과정을 쓰고 답을 구해 보세요.

✎ **무엇을 쓸까?** ❶ 사탕의 수 구하기

❷ 과자의 수 구하기

❸ 사탕과 과자는 모두 몇 개인지 구하기

풀이 _____

_____

_____

_____

답 _____

수행 평가

[1~2] 몇 개인지 묶어 세어 보세요.

1 7씩 몇 묶음일까요?

( )

2 모두 몇 개일까요?

( )

3 □ 안에 알맞은 수를 써넣으세요.

4씩 5묶음은 4의 □ 배이고,

4 + 4 + 4 + 4 + 4 = □ 입니다.

4 배드민턴공의 수를 덧셈식과 곱셈식으로 나타내 보세요.

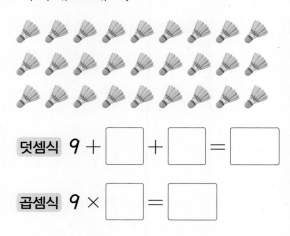

덧셈식 9 + □ + □ = □

곱셈식 9 × □ = □

5 잠자리의 날개는 모두 몇 장인지 곱셈식으로 나타내 구해 보세요.

□ × □ = □

( )

6 그림을 보고 곱셈식으로 나타내 보세요.

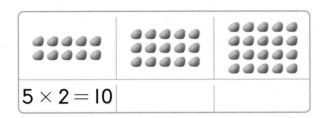

$$5 \times 2 = 10$$

9 ㉠에 알맞은 수를 구해 보세요.

$$㉠ \times 5 = 30$$

( )

7 키위가 모두 몇 개인지 여러 가지 곱셈식으로 나타내 보세요.

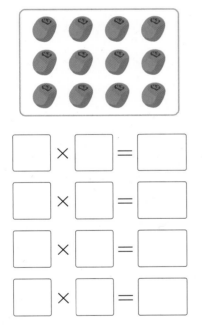

$$\boxed{} \times \boxed{} = \boxed{}$$

$$\boxed{} \times \boxed{} = \boxed{}$$

$$\boxed{} \times \boxed{} = \boxed{}$$

$$\boxed{} \times \boxed{} = \boxed{}$$

10 현우가 쌓은 연결 모형의 수의 2배만큼 연결 모형을 쌓은 사람은 누구인지 알아보려고 합니다. 풀이 과정을 쓰고 답을 구해 보세요.

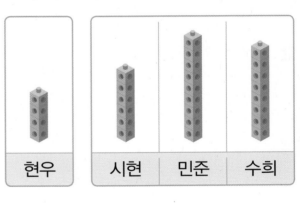

| 현우 | 시현 | 민준 | 수희 |

풀이 _____

_____

_____

답 _____

8 과자가 한 상자에 3개씩 3줄 들어 있습니다. 9상자에 들어 있는 과자는 모두 몇 개일까요?

( )

총괄 평가

1 ☐ 안에 알맞게 써넣으세요.

(1) 90보다 ☐ 만큼 더 큰 수는 100

이고 ☐ (이)라고 읽습니다.

(2) 100이 4개이면 ☐ 이라 쓰고

☐ (이)라고 읽습니다.

2 ☐ 안에 알맞은 수를 써넣으세요.

- 삼각형은 변이 ☐ 개입니다.

- 사각형은 꼭짓점이 ☐ 개입니다.

3 연필의 길이는 몇 cm일까요?

( )

4 보기 와 같은 방법으로 계산하려고 합니다. ☐ 안에 알맞은 수를 써넣으세요.

보기

$$73 - 54 = 73 - 50 - 4$$
$$= 23 - 4 = 19$$

$$63 - 17 = 63 - \boxed{} - \boxed{}$$
$$= \boxed{} - \boxed{} = \boxed{}$$

5 쿠키를 분류할 수 있는 기준을 써 보세요.

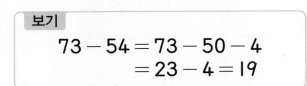

분류 기준 1	
분류 기준 2	

6 그림을 보고 □ 안에 알맞은 수를 써넣으세요.

(1) 3씩 □ 묶음은 □ 입니다.

(2) 3의 □ 배는 □ 입니다.

7 세 자리 수의 일의 자리 숫자가 보이지 않습니다. 어느 수가 더 큰 수인지 비교하여 ○ 안에 > 또는 <를 알맞게 써넣으세요.

75● ○ 73●

8 원을 찾아 원 안에 있는 수의 합을 구해 보세요.

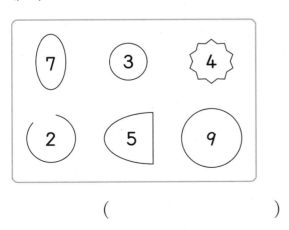

(　　　　　　　　　)

9 두 수의 합과 차를 각각 구해 보세요.

| 27 | 44 |

합 (　　　　　　　)
차 (　　　　　　　)

10 쌓기나무로 쌓은 모양을 바르게 설명하는 말에 모두 ○표 하세요.

오른쪽

앞

쌓기나무 2개가 옆으로 나란히 있고, 왼쪽 쌓기나무의 (앞 , 뒤)쪽과 (위 , 아래)에 쌓기나무가 각각 1개씩 있습니다.

11 길이가 약 **3**cm인 선을 찾아 기호를 써 보세요.

가 ──────────

나 ────────

다 ───────────

( )

12 가장 긴 막대를 가지고 있는 사람은 누구일까요?

아영: 내 막대의 길이는 클립으로 **7**번쯤이야.

준석: 내 막대의 길이는 엄지손톱으로 **7**번쯤이야.

미수: 내 막대의 길이는 나무젓가락으로 **7**번쯤이야.

( )

13 수 모형 **9**개 중 **4**개를 사용하여 나타낼 수 없는 세 자리 수를 모두 찾아 ○표 하세요.

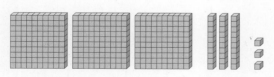

| 202 | 112 | 213 | 301 | 122 | 310 |

14 다음 설명에 맞는 도형을 **2**개 그려 보세요.

- 변이 **4**개입니다.
- 도형의 안쪽에 점이 **3**개 있습니다.

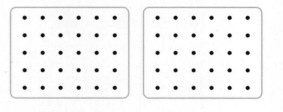

15 학용품을 종류에 따라 분류하여 그 수를 세어 보고 가장 많은 학용품은 무엇인지 구해 보세요.

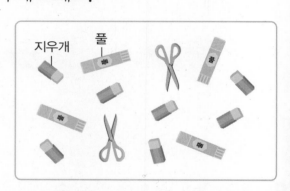

종류	지우개	가위	풀
학용품 수(개)			

( )

16 ★에 알맞은 수를 구해 보세요.

> · ●부터 100씩 3번 뛰어 센 수는 740입니다.
> · ●부터 10씩 4번 뛰어 센 수는 ★ 입니다.

(   )

17 수 카드 4장 중 2장을 한 번씩만 사용 하여 두 자리 수를 만들려고 합니다. 만 들 수 있는 가장 큰 수와 가장 작은 수 의 합을 구해 보세요.

┌─┐ ┌─┐ ┌─┐ ┌─┐
│4│ │8│ │3│ │7│
└─┘ └─┘ └─┘ └─┘

(   )

18 연필을 지수는 5자루씩 6묶음, 윤호는 7자루씩 4묶음 가지고 있습니다. 연필을 누가 몇 자루 더 많이 가지고 있을까요?

(   ), (   )

서술형 문제
19 과일 가게에 사과가 64개 있었습니다. 그중에서 18개를 팔고 새로 26개를 들 여왔습니다. 지금 과일 가게에 있는 사 과는 몇 개인지 풀이 과정을 쓰고 답을 구해 보세요.

풀이

답

서술형 문제
20 한 상자의 높이는 8 cm입니다. 5상자 의 높이는 몇 cm인지 풀이 과정을 쓰 고 답을 구해 보세요.

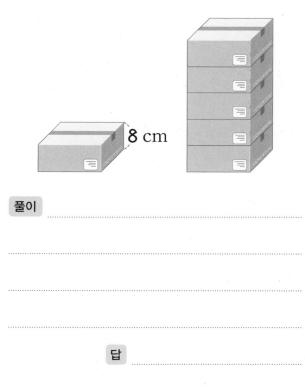

8 cm

풀이

답

한걸음 한걸음 디딤돌을 걷다 보면
수학이 완성됩니다.

● **개념 다지기**
원리, 기본

● **문제해결력 강화**
문제유형, 응용

● **심화 완성**
최상위 수학S, 최상위 수학

● **연산 개념 다지기**
디딤돌 연산

● **개념+문제해결력 강화를 동시에**
기본+유형, 기본+응용

● **상위권의 힘, 사고력 강화**
최상위 사고력

개념 이해　　　　**개념 응용**　　　　**개념 확장**

학습 능력과 목표에 따라
맞춤형이 가능한 디딤돌 초등 수학

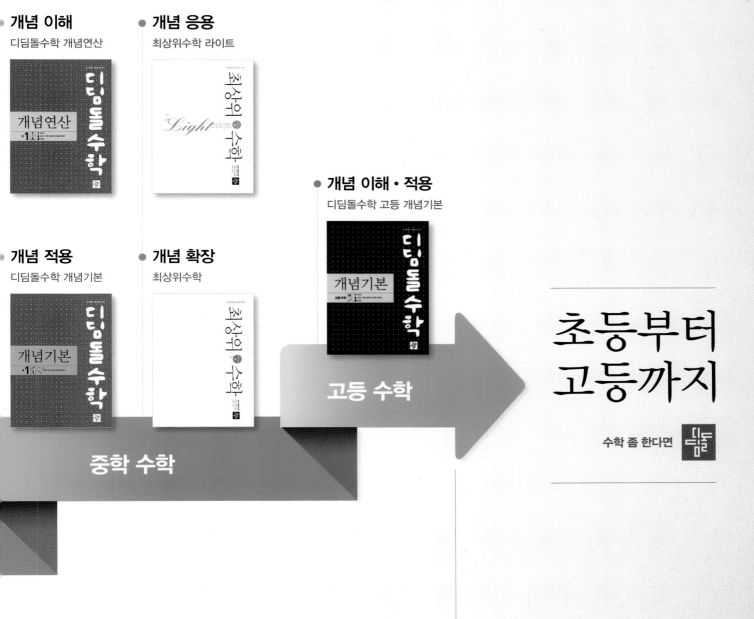

● **개념 이해**
디딤돌수학 개념연산

● **개념 응용**
최상위수학 라이트

● **개념 이해·적용**
디딤돌수학 고등 개념기본

● **개념 적용**
디딤돌수학 개념기본

● **개념 확장**
최상위수학

고등 수학

중학 수학

초등부터
고등까지

수학 좀 한다면

개념을 이해하고, 깨우치고, 꺼내 쓰는
올바른 중고등 개념 학습서

수능까지 연결되는 독해 로드맵

디딤돌 독해력은 수능까지 연결되는 체계적인 라인업을 통하여

수능에서 요구하는 핵심 독해 원리에 대한 이해는 물론,

단계 별로 심화되며 연결되는 학습의 과정을 통해

깊이 있고 종합적인 독해 사고의 능력까지 기를 수 있도록 도와줍니다.

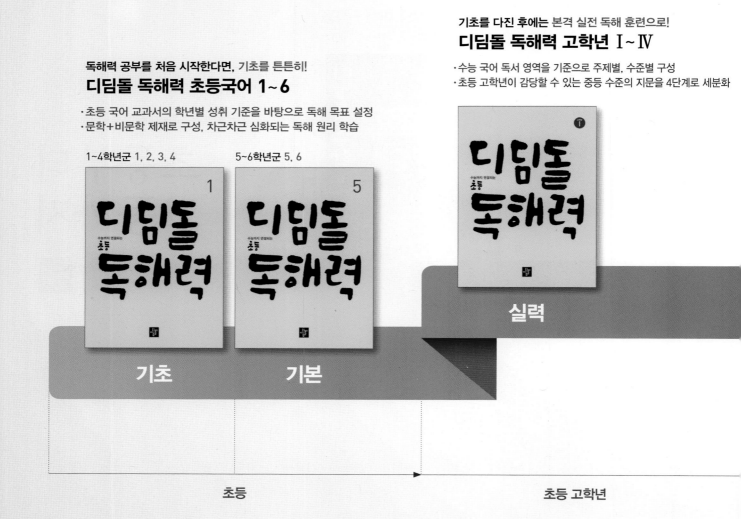

기초를 다진 후에는 본격 실전 독해 훈련으로!
디딤돌 독해력 고학년 I~IV

·수능 국어 독서 영역을 기준으로 주제별, 수준별 구성
·초등 고학년이 감당할 수 있는 중등 수준의 지문을 4단계로 세분화

독해력 공부를 처음 시작한다면, 기초를 튼튼히!
디딤돌 독해력 초등국어 1~6

·초등 국어 교과서의 학년별 성취 기준을 바탕으로 독해 목표 설정
·문학+비문학 제재로 구성, 차근차근 심화되는 독해 원리 학습

1~4학년군 1, 2, 3, 4   5~6학년군 5, 6

실력

기초   기본

초등   초등 고학년

기본 정답과 풀이

수학 좀 한다면

디딤돌

2
1

1 세 자리 수

1학년에서 학습한 두 자리 수에 이어 100부터 1000까지의 수를 배우는 단원입니다. 이 단원에서 가장 중요한 개념은 십진법에 따른 자릿값입니다. 우리가 사용하는 십진법에 따른 수는 0부터 9까지의 숫자만을 사용하여 모든 수를 나타낼 수 있습니다. 따라서 같은 숫자라도 자리에 따라 다른 수를 나타내고, 10개의 숫자만으로 무한히 큰 수를 만들 수 있습니다. 이러한 자릿값의 개념은 수에 대한 이해에서부터 수의 크기 비교, 사칙 연산, 중등에서의 다항식까지 연결되므로 세 자리 수를 학습할 때부터 기초를 잘 다질 수 있도록 지도합니다.

교과서 개념 이해 **1 100을 나타내는 방법은 여러 가지야.** 8쪽

1 (1) 1 (2) 100   **2** 100

3 (1) 20 (2) 90

교과서 개념 이해 **2 100이 몇 개인지에 따라 수가 달라져.** 9쪽

1 (1) 600, 육백 (2) 800, 팔백

2 (1) 예

(2) 예

교과서 개념 이해 **3 숫자 3개로 이루어진 수가 세 자리 수야.** 10~11쪽

1 2, 6, 7 / 267, 이백육십칠

2 534, 오백삼십사

3 (1) 411, 사백십일 (2) 507, 오백칠

4 (1) 754 (2) 190 (3) 5, 2, 6 (4) 8, 0, 4

5 (위에서부터) 718, 965 / 육백사십

교과서 개념 이해 **4 숫자의 위치에 따라 나타내는 수가 달라.** 12~13쪽

1 (1) 50 (2) 300

2 (1) 60, 6 / 600, 60, 6
    (2) 700, 0, 5 / 700, 0, 5

3 (1) 569 (2) 407

4 (1) 백, 300 / 십, 90 / 일, 1
    (2) 백, 600 / 십, 0 / 일, 4

5 (1) 5 (2) 0 (3) 900 (4) 10

5 밑줄 친 숫자가 어느 자리 숫자인지 알아봅니다.
   (1) 4<u>5</u>5: 일의 자리 숫자, 5
   (2) 6<u>0</u>3: 십의 자리 숫자, 0
   (3) <u>9</u>02: 백의 자리 숫자, 900
   (4) 7<u>1</u>0: 십의 자리 숫자, 10

개념 적용 **1 백 알아보기** 14~15쪽

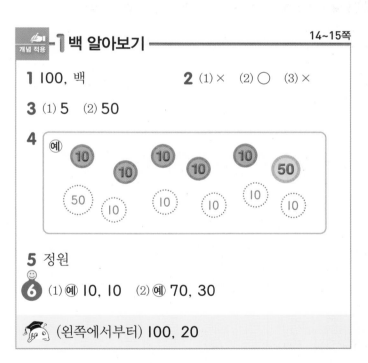

1 100, 백   **2** (1) × (2) ○ (3) ×

3 (1) 5 (2) 50

4 예

5 정원

6 (1) 예 10, 10 (2) 예 70, 30

🎓 (왼쪽에서부터) 100, 20

1 99 다음의 수는 100이고, 백이라고 읽습니다.

2 (1) 10이 9개인 수는 90입니다.
   (3) 70보다 3만큼 더 큰 수는 73입니다.

3 (1) 95-96-97-98-99-100
      100은 95보다 5만큼 더 큰 수입니다.
   (2) 50-60-70-80-90-100
      100은 50보다 50만큼 더 큰 수입니다.

4

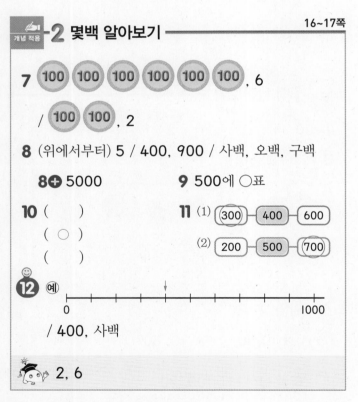

	100원	
방법1	⑩⑩⑩⑩⑩ ⑩⑩⑩⑩⑩	
방법2	⑩⑩⑩⑩⑩	50
방법3	50	50

5 승욱: 10자루씩 묶음 8개와 낱개 16자루 ➡ 96자루
민주: 15자루
정원: 100자루
➡ 연필을 가장 많이 가지고 있는 사람은 정원입니다.

개념 적용 -2 몇백 알아보기

16~17쪽

7 ⑩⑩⑩⑩⑩⑩, 6

/ ⑩⑩, 2

8 (위에서부터) 5 / 400, 900 / 사백, 오백, 구백

8➕ 5000   **9** 500에 ○표

10 ( )   **11** (1) 300 — 400 — 600
(○)   (2) 200 — 500 — 700
( )

12 예
0 ─────↓──────── 1000
/ 400, 사백

2, 6

7 ■00은 100이 ■개인 수입니다.

8 100이 ■개인 수는 ■00입니다.

10 백 모형 4개에 십 모형이 2개 더 있습니다. 백 모형 4개는 400이므로 주어진 수 모형은 400보다 크고 500보다 작습니다.

11 (1) 300과 600 중 400과 더 가까운 수는 300입니다.
(2) 200과 700 중 500과 더 가까운 수는 700입니다.

개념 적용 -3 세 자리 수 알아보기

18~1

13 (1) 삼백육십오   (2) 105

14

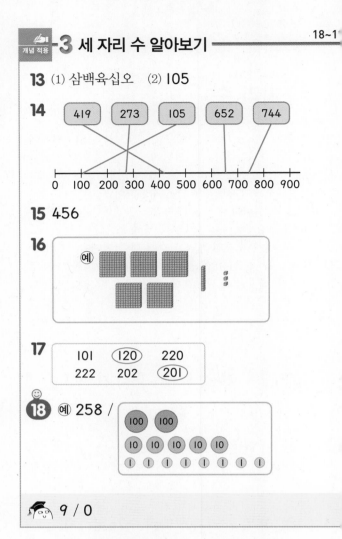

| 419 | 273 | 105 | 652 | 744 |

0 100 200 300 400 500 600 700 800 900

15 456

16 예

17 101 (120) 220
222 202 (201)

18 예 258 /

100 100
⑩ ⑩ ⑩ ⑩ ⑩
① ① ① ① ① ① ① ①

9 / 0

15 백 모형 3개, 십 모형 15개, 일 모형 6개입니다.
십 모형 15개는 백 모형 1개, 십 모형 5개와 같으므
주어진 수 모형은 백 모형 4개, 십 모형 5개, 일 모
6개와 같습니다.
따라서 수 모형이 나타내는 수는 456입니다.

16

513		
백 모형	십 모형	일 모형
5	1	3
5	0	13
4	11	3
⋮	⋮	⋮

17

백 모형	2	2	1	1	1
십 모형	1	0	2	1	0
일 모형	0	1	0	1	2
세 자리 수	210	201	120	111	102

☺ 내가 만드는 문제
18 예 258은 ⑩이 2개, ⑩이 5개, ①이 8개입니다.

개념 적용 -4 각 자리의 숫자가 나타내는 수 알아보기 — 20~21쪽

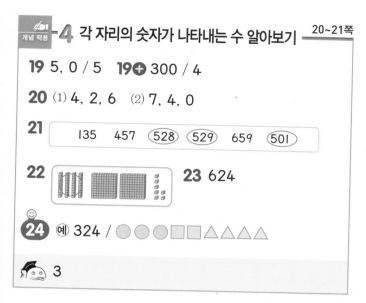

19 5, 0 / 5 **19➕** 300 / 4

20 (1) 4, 2, 6 (2) 7, 4, 0

21

| 135 | 457 | ⬭528 | ⬭529 | 659 | ⬭501 |

22 (그림) **23** 624

24 예 324 / ●●●■■△△△△

👨‍🎓 3

19 555=500+50+5

20 (1) 사백이십육을 수로 나타내면 426입니다.
(2) 칠백사십을 수로 나타내면 740입니다.

21 135   457   528   529   659   501
      ↳5   ↳50   ↳500 ↳500 ↳50   ↳500

22 247에서 십의 자리 숫자 4는 40을 나타냅니다.

23 100이 6개인 세 자리 수는 6□□이고, 이 중에서 십의 자리 숫자가 20을 나타내는 수는 62□입니다. 그리고 814의 일의 자리 숫자는 4로 814와 일의 숫자가 같으므로 주영이가 만든 수는 624입니다.

교과서 개념 이해 5 바뀌는 자리 수로 몇씩 뛰어 세었는지 알 수 있어. — 22쪽

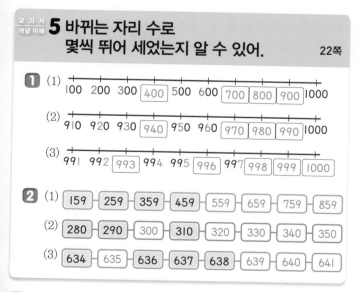

❶ (1) 100 200 300 [400] 500 600 [700][800][900] 1000
(2) 910 920 930 [940] 950 960 [970][980][990] 1000
(3) 991 992 [993] 994 995 [996][997][998][999][1000]

❷ (1) 159 − 259 − 359 − 459 − 559 − 659 − 759 − 859
(2) 280 − 290 − 300 − 310 − 320 − 330 − 340 − 350
(3) 634 − 635 − 636 − 637 − 638 − 639 − 640 − 641

❶ (1) 100씩 뛰어 셉니다.
(2) 10씩 뛰어 셉니다.
(3) 1씩 뛰어 셉니다.

교과서 개념 이해 6 높은 자리 수가 클수록 큰 수야. — 23쪽

❶ >

❷ (1) < (2) >

❸ (1) > (2) <

❸ (1) 360 > 289
         3 > 2
(2) 849 < 873
        4 < 7

개념 적용 -5 뛰어 세기 — 24~25쪽

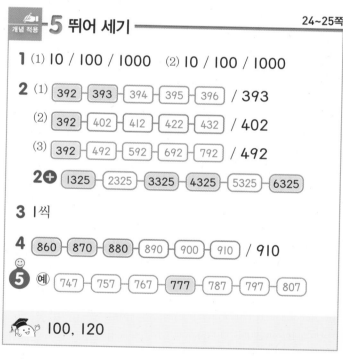

1 (1) 10 / 100 / 1000 (2) 10 / 100 / 1000

2 (1) 392 − 393 − 394 − 395 − 396 / 393
(2) 392 − 402 − 412 − 422 − 432 / 402
(3) 392 − 492 − 592 − 692 − 792 / 492

2➕ 1325 − 2325 − 3325 − 4325 − 5325 − 6325

3 1씩

4 860 − 870 − 880 − 890 − 900 − 910 / 910

5 예 747 − 757 − 767 − 777 − 787 − 797 − 807

👨‍🎓 100, 120

1 (1) 999보다 1만큼 더 큰 수는 1000입니다.
(2) 900보다 100만큼 더 큰 수는 1000입니다.

3 일의 자리 수가 1씩 커지므로 1씩 뛰어 센 것입니다.

4 860−870−880−890−900−910
              10씩 10씩 10씩
880에서 10씩 3번 뛰어 센 수는 910입니다.

😊 내가 만드는 문제
5 예 10씩 뛰어 세면 십의 자리 수가 1씩 커지고, 10씩 거꾸로 뛰어 세면 십의 자리 수가 1씩 작아집니다.

개념 적용 6 수의 크기 비교

6 (1)

백의 자리	십의 자리	일의 자리	, <
1	5	0	
2	1	0	

(2)

백의 자리	십의 자리	일의 자리	, >
8	7	3	
7	8	3	

7 (1) 큽니다에 ○표, >

(2) 작습니다에 ○표, <

8 7, 8, 9에 ○표

9 (1) 538   (2) 714

10

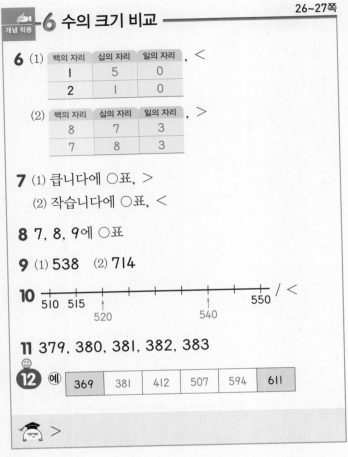

510 515 ↑520   ↑540   550 / <

11 379, 380, 381, 382, 383

12 (예)

369	381	412	507	594	611

>

---

6 백의 자리 수가 다르므로 백의 자리 수가 큰 수가 더 큽니다.

7 (1) 731 > 654
     7 > 6

(2) 109 < 159
     0 < 5

8 23□와 236의 백의 자리 수와 십의 자리 수가 각각 같으므로 □ 안에 들어갈 수 있는 수는 6보다 큰 7, 8, 9입니다.

9 (1) 보기 의 세 수와 536의 백의 자리 수와 십의 자리 수가 각각 같으므로 일의 자리 수가 6보다 큰 수를 찾습니다.
     ➡ 536 < 538

(2) 보기 의 세 수와 647의 백의 자리 수를 비교하면 714가 647보다 큽니다.
     ➡ 714 > 647

10 수직선에서 540이 520보다 오른쪽에 있으므로 540이 520보다 큽니다.
     ➡ 520 < 540

11 378과 384 사이에 있는 수를 모두 쓰면 379, 380, 381, 382, 383입니다.

개념 완성 발전 문제

1 4 / 34 / 30   **1⁺** 94 / 690 / 90

2

299	300	301			
	310	311			
		321	322		
		331	332	333	

2⁺

	488	489	490		
		499	500	501	
507	508	509			
	519.	520	521		

3 921, 129   **3⁺** 875, 357

4 896, 897, 898, 899

4⁺ 110, 111, 210, 211

5 930   **5⁺** 1000

6 7, 8, 9   **6⁺** 0, 1, 2, 3, 4

1⁺

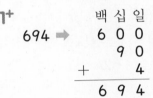

	백	십	일
694 ➡	6	0	0
		9	0
+			4
	6	9	4

2⁺

일의 자리 수가 1만큼 더 커집니다.

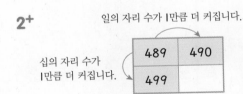

십의 자리 수가 1만큼 더 커집니다.

489	490
499	

3 수 카드의 수의 크기를 비교하면 9 > 2 > 1입니다.
• 가장 큰 수를 만들려면 백의 자리부터 큰 수를 차례로 놓습니다. ➡ 921
• 가장 작은 수를 만들려면 백의 자리부터 작은 수를 차례로 놓습니다. ➡ 129

3⁺ 수 카드의 수의 크기를 비교하면 8 > 7 > 5 > 3입니다.
• 가장 큰 수를 만들려면 백의 자리부터 큰 수를 차례로 놓습니다. ➡ 875
• 가장 작은 수를 만들려면 백의 자리부터 작은 수를 차례로 놓습니다. ➡ 357

4 백의 자리 수가 8인 세 자리 수는 800, 801, ..., 895, 896, 897, 898, 899입니다.
이 중에서 895보다 큰 수는 896, 897, 898, 899입니다.

4⁺ 십의 자리 수가 10을 나타내고 300보다 작은 세 자리 수는 110, 111, 112, ..., 119와 210, 211, 212, ..., 219입니다.
이 중에서 일의 자리 수가 2보다 작은 수는 110, 111, 210, 211입니다.

5 어떤 수는 820보다 10만큼 더 큰 수이므로 830입니다.
따라서 830보다 100만큼 더 큰 수는 930입니다.

5⁺ 어떤 수는 899보다 100만큼 더 큰 수이므로 999입니다.
따라서 999보다 1만큼 더 큰 수는 1000입니다.

6 백의 자리 수가 7로 같고 일의 자리 수가 5<8이므로 □는 7과 같거나 7보다 커야 합니다.
따라서 □ 안에 들어갈 수 있는 수는 7, 8, 9입니다.

6⁺ 백의 자리 수가 5로 같고 일의 자리 수가 4<6이므로 □는 4와 같거나 4보다 작아야 합니다.
따라서 □ 안에 들어갈 수 있는 수는 0, 1, 2, 3, 4입니다.

단원 평가   31~33쪽

1 740

2

3 600, 육백

4 100

5 328 – 428 – 528 – 628 – 728

6 1000

7 (1) >   (2) <

8 3, 300 / 6, 60 / 9, 9

9 326, 삼백이십육

10 8, 0, 7

11 (1) 2   (2) 20   (3) 62

12 472, 179

13 804, 814, 864 / 10씩

14 (1) 10개   (2) 10개   (3) ★ ★ ◆ ◆ ◆ ◆ ◆ ● ●

15 ⟨199 362 (903) 248 △196⟩

16 5개   **17** 409

18 1, 2, 3   **19** 861

20 ㉯

1 칠백사십__ ➡ 740
  7   4   0

2 • 100이 7개이면 700이고 칠백이라고 읽습니다.
• 100이 3개이면 300이고 삼백이라고 읽습니다.

3 100이 6개이면 600이고 육백이라고 읽습니다.

4 90보다 10만큼 더 큰 수 ⎤
   10이 10개인 수   ⎦ 100

5 100씩 뛰어 세면 백의 자리 수가 1씩 커지므로
328-428-528-628-728입니다.

6 1씩 커지므로 ㉠에 알맞은 수는 999 다음의 수인 1000입니다.

7 (1) 백의 자리 수를 비교하면 8>7이므로
883>797입니다.
(2) 백의 자리 수, 십의 자리 수가 각각 같으므로 일의 자리 수를 비교하면 1<4입니다.
따라서 691<694입니다.

9 100이 3개이면 300, 10이 2개이면 20, 1이 6개이면 6이므로 326을 나타냅니다.
326은 삼백이십육이라고 읽습니다.

10 팔백칠을 수로 나타내면 807입니다.

12 752 ➡ 5, 317 ➡ 1, 472 ➡ 7,
267 ➡ 6, 179 ➡ 7

13 십의 자리 수가 1씩 커지고 있으므로 10씩 뛰어 세었습니다.

14 ★ 5개가 500이므로 ★은 100, ◆ 7개가 70이므로 ◆는 10, ● 1개가 1이므로 ●는 1을 나타냅니다.

15 백의 자리 수를 먼저 비교합니다.

16 228보다 크고 234보다 작은 수는 228과 234 사이에 있는 수입니다.
➡ 229, 230, 231, 232, 233으로 모두 5개입니다.

17 세 자리 수이고 십의 자리 수는 0, 일의 자리 수는 9인 수는 □09입니다.
336보다 크고 466보다 작은 □09는 409입니다.
따라서 나는 409입니다.

18 십의 자리 수를 비교하면 2<4이므로 □는 4보다 작아야 합니다.
따라서 □ 안에 들어갈 수 있는 수는 1, 2, 3입니다.
주의 | □는 세 자리 수에서 백의 자리 수이므로 0은 들어갈 수 없습니다.

서술형
19 예 가장 큰 세 자리 수를 만들려면 백의 자리부터 큰 수를 차례로 놓아야 합니다.
8>6>1이므로 백의 자리에 8, 십의 자리에 6, 일의 자리에 1을 놓으면 861입니다.

평가 기준	배점
가장 큰 세 자리 수를 만드는 방법을 알았나요?	2점
가장 큰 세 자리 수를 만들었나요?	3점

서술형
20 예 ㉮ 100이 6개이면 600, 10이 4개이면 40, 1이 4개이면 4이므로 644입니다.
㉯ 10이 70개인 수는 700입니다.
따라서 644<700이므로 더 큰 수는 ㉯입니다.

평가 기준	배점
㉮와 ㉯가 각각 얼마인지 구했나요?	3점
더 큰 수를 구했나요?	2점

2 여러 가지 도형

1, 2학년에서의 도형은 구체물의 추상화 단계에 해당합니다. 1학년에서는 생활 속에서 볼 수 있는 여러 가지 물건들을 색이나 질감 등은 배제하고 모양의 공통된 특징만 생각하여 상자 모양, 둥근기둥 모양, 공 모양으로 추상화하였습니다. 이러한 1차 추상화에 이어 2학년에서는 이 물건들을 위, 앞, 옆에서 본 모양인 평면도형을 배우게 됩니다. 이 또한 생활 속에서 볼 수 있는 여러 가지 물건들을 색, 질감, 무늬 등은 배제하고 공통된 모양의 특징만을 생각하여 삼각형, 사각형, 원, … 등의 평면도형으로 추상화하는 학습에 해당합니다. 입체도형을 종이 위에 대고 그렸을 때 생기는 모양을 생각하게 하여 1학년에서 배운 입체도형과 연결지어 학습할 수 있도록 해 주시고, 도형의 특징을 명확하게 이해하여 이후 도형의 변의 길이, 각의 특성에 따라 도형의 이름이 세분화되는 학습과도 매끄럽게 연계될 수 있도록 지도합니다.

교과서 개념 이해 1 곧은 선 3개로 이루어져 있으면 삼각형이야.
36쪽

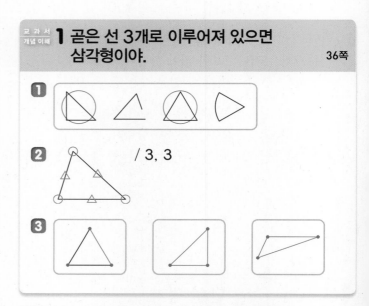

1 곧은 선 3개로 이루어져 있는 도형을 찾습니다.

2 곧은 선을 변, 곧은 선 2개가 만나는 점을 꼭짓점이라고 합니다.

3 점과 점을 곧은 선으로 이어 봅니다.

2 곧은 선 4개로 이루어져 있으면 사각형이야.

37쪽

1 (1)
(2)

2  / 4, 4

3 예

1 곧은 선 4개로 이루어져 있는 도형을 찾습니다.

2 곧은 선을 변, 곧은 선 2개가 만나는 점을 꼭짓점이라고 합니다.

3 점 4개를 골라 곧은 선으로 연결합니다.
참고 | 3개 또는 4개의 점이 나란히 놓이도록 고르면 사각형을 그릴 수 없습니다.

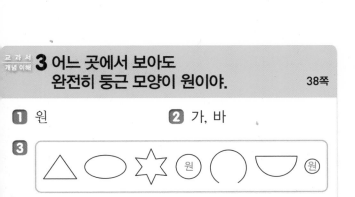

3 어느 곳에서 보아도 완전히 둥근 모양이 원이야.

38쪽

1 원   **2** 가, 바

3

2 둥근 모양이 있는 물건을 찾으면 가와 바입니다.

3 원의 특징을 생각하며 원을 찾아봅니다.

4 칠교 조각을 삼각형과 사각형으로 분류할 수 있어.

39쪽

1 (1) 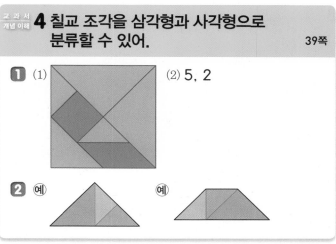   (2) 5, 2

2 예    예

1 삼각형은 ①, ②, ③, ⑤, ⑦이고 사각형은 ④, ⑥입니다.

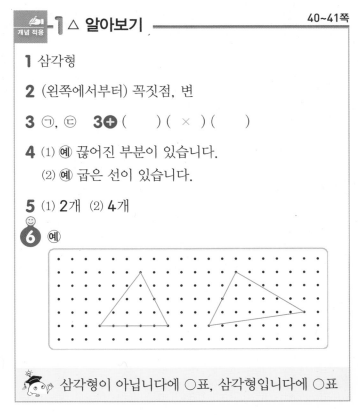

△ 알아보기
개념 적용

40~41쪽

1 삼각형

2 (왼쪽에서부터) 꼭짓점, 변

3 ㉠, ㉢   **3➕** ( ) (×) ( )

4 (1) 예 끊어진 부분이 있습니다.
   (2) 예 굽은 선이 있습니다.

5 (1) 2개 (2) 4개

6 예

삼각형이 아닙니다에 ○표, 삼각형입니다에 ○표

1 곧은 선 3개로 이루어진 도형이므로 삼각형입니다.

3 ㉢ 삼각형의 모양은 꼭짓점의 위치와 변의 길이에 따라 다릅니다.
   ㉣ 곧은 선 2개가 만나는 점은 꼭짓점이고 삼각형의 꼭짓점은 3개입니다.

5 (1)
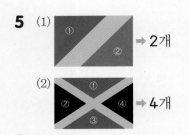
➡ 2개

(2)
➡ 4개

😊 내가 만드는 문제

6 꼭짓점이 될 3개의 점을 곧은 선으로 이어 삼각형을 그립니다.

7 사각형

8 ㉡, ㉢ **8➕** 직사각형에 ○표

9 (1) **예** 굽은 선이 있습니다.
　(2) **예** 변이 5개, 꼭짓점이 5개입니다.

10 사각형, 5개

11 **예**
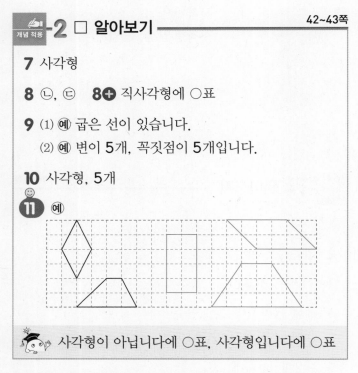

🐟 사각형이 아닙니다에 ○표, 사각형입니다에 ○표

7 곧은 선 4개로 이루어진 도형이므로 사각형입니다.

8 ㉠ 삼각형과 사각형에는 둥근 부분이 없습니다.
　㉣ 삼각형은 3개의 변과 3개의 꼭짓점이, 사각형은 4개의 변과 4개의 꼭짓점이 있습니다.

9 (1) 사각형은 곧은 선으로 이루어져 있습니다.
　(2) 사각형은 변이 4개, 꼭짓점이 4개입니다.

10 도형을 점선을 따라 자르면 4개의 변으로 둘러싸인 도형인 사각형이 5개 생깁니다.

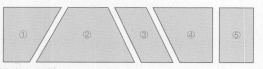

😊 내가 만드는 문제

11 꼭짓점이 될 4개의 점을 곧은 선으로 이어 사각형을 그립니다.

12 (○) (　) (　) **13** 원

14 가, 사 **14➕** 같습니다에 ○표

15 (○) (　) (○) (　)

😊

16 **예**
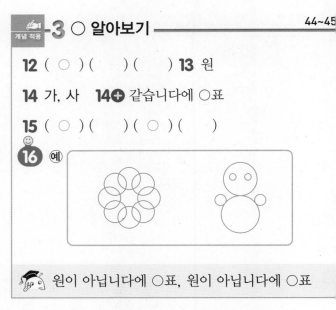

🐟 원이 아닙니다에 ○표, 원이 아닙니다에 ○표

12 컵을 종이에 대고 그리면 원이 그려집니다.

14 뾰족한 부분이나 곧은 선이 없는 도형은 가, 마, 사고 이 중에서 어느 곳에서 보아도 완전히 둥근 모양가, 사입니다.

15 시훈: 모든 원은 모양은 같지만 크기는 여러 가지입니다
　　지원: 원은 곧은 선이 없습니다.

😊 내가 만드는 문제

16 원만 이용하여 그림을 그렸으면 정답으로 인정합니

17 **예**
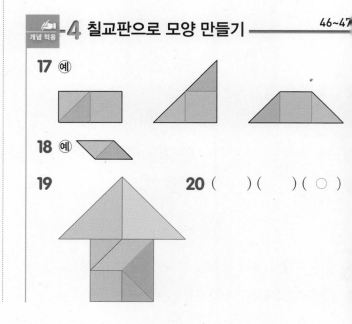

18 **예**

19

20 (　) (　) (○)

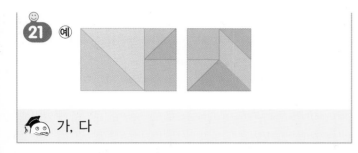

21 (예)

🎓 가, 다

19 지붕에는 가장 큰 삼각형 2개가 이용되었으므로 나머지 조각들로 집 모양의 빈칸을 채워 봅니다.

20 (예)

주의 | 칠교 조각으로 도형을 만들 때에는 길이가 같은 변끼리 붙여야 합니다.

교과서
개념 이해
5 쌓은 모양을 설명할 때 위치나 방향 등을 생각해.   48쪽

1 ( ) (○)

2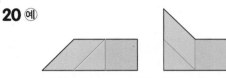

교과서
개념 이해
6 같은 개수로 여러 모양을 쌓을 수 있어.   49쪽

1 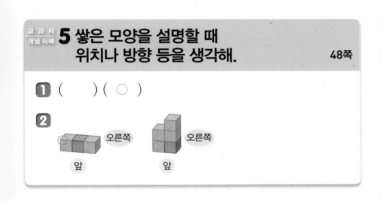   **2**

❶ 윗줄부터 차례로 5개, 4개, 4개, 5개, 5개, 6개로 만든 모양입니다.

개념 적용
5 쌓은 모양 알아보기   50~51쪽

1 은지

2 (1)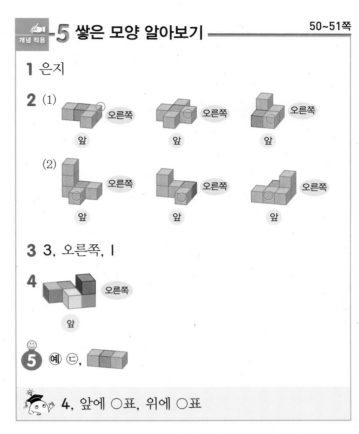

(2)

3 3, 오른쪽, 1

4

🙂 **5** (예) ㉢,

🎓 4, 앞에 ○표, 위에 ○표

1 은지는 쌓기나무를 반듯하게 맞추어 쌓았지만 민수는 그렇지 않았습니다.

🙂 내가 만드는 문제
5 자유롭게 명령어를 정하고 명령어에 알맞게 모양을 그려 봅니다.

개념 적용
6 여러 가지 모양으로 쌓아 보기   52~53쪽

6 가, 다   **6 ➕ 1**   **7** 지은

8 위에 ○표 / 앞에 ○표   **9** (1) ㉠ (2) ㉡

🙂 **10** (예)    / 3개가 옆으로 나란히 있고, 가운데 쌓기나무 위에 2개가 있습니다.

🎓 1, 3 / 같은에 ○표

6 가: 3+1=4(개), 나: 4+1=5(개), 다: 4개,
라: 4+1=5(개)이므로 쌓기나무 4개로 만든 모양은 가, 다입니다.
➕ 쌓기나무가 1개씩 늘어납니다.

7 희재: 2층으로 쌓았습니다.

교림: 쌓기나무 3개가 옆으로 나란히 있고, 가장 왼쪽과 가장 오른쪽 쌓기나무 위에 각각 1개씩 있습니다.

😊 내가 만드는 문제

10 쌓기나무 5개를 가지고 모양을 만들고 쌓은 모양을 바르게 설명했는지 확인합니다.

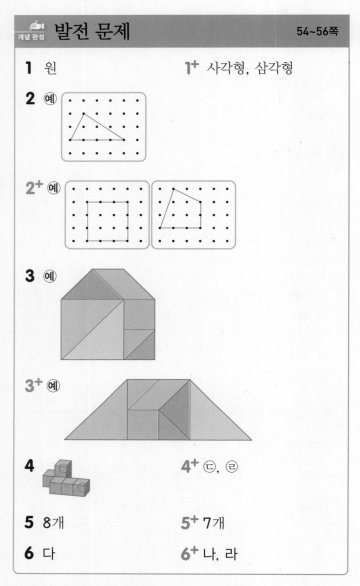

개념 완성 **발전 문제**   54~56쪽

1 원   **1⁺** 사각형, 삼각형

2 예)

2⁺ 예)

3 예)

3⁺ 예)

4   **4⁺** ㉢, ㉣

5 8개   **5⁺** 7개

6 다   **6⁺** 나, 라

1 그림에서 삼각형은 5개, 사각형은 4개, 원은 6개를 이용했습니다. 6>5>4이므로 가장 많이 이용한 도형은 원입니다.

1⁺ 그림에서 삼각형은 5개, 사각형은 7개, 원은 6개를 이용했습니다. 7>6>5이므로 가장 많이 이용한 도형은 사각형이고 가장 적게 이용한 도형은 삼각형입니다.

2 변이 3개, 꼭짓점이 3개인 도형은 삼각형입니다. 꼭짓점이 될 3개의 점을 곧은 선으로 이어 안쪽에 점이 2개 있도록 삼각형을 그립니다.

2⁺ 삼각형보다 꼭짓점이 1개 더 많은 도형은 사각형입니다. 꼭짓점이 될 4개의 점을 곧은 선으로 이어 안쪽에 점이 4개 있도록 사각형을 그립니다.

4⁺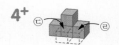

5

사각형 1개짜리: ①, ②, ③, ④ ➡ 4개
사각형 2개짜리: ②+③, ③+④ ➡ 2개
사각형 3개짜리: ②+③+④ ➡ 1개
사각형 4개짜리: ①+②+③+④ ➡ 1개
따라서 국기에서 찾을 수 있는 크고 작은 사각형은 모두 4+2+1+1=8(개)입니다.

5⁺

삼각형 1개짜리: ①, ②, ③, ④ ➡ 4개
삼각형 2개짜리: ①+②, ③+④ ➡ 2개
삼각형 4개짜리: ①+②+③+④ ➡ 1개
따라서 도형에서 찾을 수 있는 크고 작은 삼각형은 모두 4+2+1=7(개)입니다.

6 앞에서 본 모양은

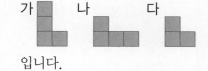

입니다.

6⁺ 오른쪽에서 본 모양은

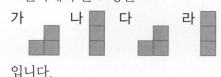

입니다.

2단원 단원 평가 57~59쪽

1 다, 바 **2** 3개 **3** ②

4 삼각형 **5** ㉢, ㉣ **6** 위

7 ④

8 ㉔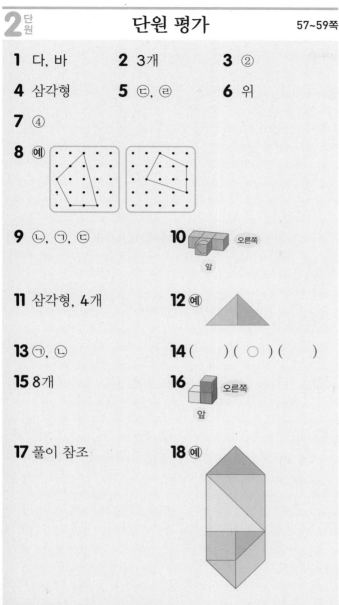

9 ㉡, ㉠, ㉢ **10** 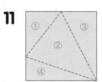 오른쪽 / 앞

11 삼각형, 4개 **12** ㉔

13 ㉠, ㉡ **14** ( )(○)( )

15 8개 **16** 오른쪽 / 앞

17 풀이 참조 **18** ㉔

19 ㉔ 3개가 옆으로 나란히 있고, 가운데 쌓기나무 위에 2개가 있습니다.

20 ㉔ 앞바퀴는 원이라 잘 구를 수 있지만 뒷바퀴는 사각형이라 잘 구르지 못할 것 같습니다.

1 삼각형을 모두 찾습니다.

2 사각형은 가, 나, 마로 모두 3개입니다.

3 ② 500원짜리 동전을 종이에 대고 본을 뜨면 원을 그릴 수 있습니다.

4 칠교판에서 가장 작은 조각은 삼각형입니다.

5 ㉢ 칠교 조각 중 사각형 모양 조각은 2개입니다.
㉣ 칠교 조각 중 크기가 가장 큰 조각은 삼각형 모양입니다.

7 ④ 원은 굽은 선으로만 이루어져 있습니다.

8 변이 4개가 되도록 꼭짓점이 될 점 4개를 곧은 선으로 잇습니다.

9 변의 수를 구하면 ㉠ 3개, ㉡ 4개, ㉢ 0개입니다.
➡ ㉡ > ㉠ > ㉢

10

11

잘라진 도형은 모두 변과 꼭짓점이 각각 3개이므로 삼각형입니다.

12 두 조각의 길이가 같은 변을 붙여 삼각형을 만들어 봅니다.

13 ㉢ 변은 삼각형이 3개, 사각형이 4개이므로 사각형이 삼각형보다 변이 더 많습니다.

14 가운데 모양은 쌓기나무 4개로 만든 모양입니다.

15 3개의 변과 3개의 꼭짓점으로 이루어진 파란색 부분이 모두 삼각형입니다.

17
2개가 옆으로 나란히 있고, 가장 왼쪽 쌓기나무 위에 1개, 가장 오른쪽 쌓기나무 뒤에 1개가 있습니다.

앞

18 길이가 같은 변을 먼저 알아보고 가장 큰 조각부터 채워 봅니다.

서술형
19

평가 기준	배점
쌓기나무의 위치, 모양, 개수를 정확하게 설명했나요?	5점

서술형
20

평가 기준	배점
자동차의 바퀴가 원이 아닐 때 어떻게 될지 바르게 설명했나요?	5점

3 덧셈과 뺄셈

받아올림과 받아내림이 있는 두 자리 수끼리의 계산을 배우는 단원입니다. 받아올림, 받아내림이 있는 계산은 십진법에 따른 자릿값 개념을 바탕으로 합니다. 즉, 수는 자리마다 숫자로만 표현되지만 자리에 따라 나타내는 수가 다르기 때문에 반드시 같은 자리 수끼리 계산해야 하고, 그렇기 때문에 세로셈을 할 때에는 자리를 맞추어 계산해야 한다는 점을 아이들이 이해하고 계산할 수 있어야 합니다. 또한, 덧셈과 뺄셈을 단순한 계산으로 생각하지 않도록 지도합니다. 덧셈은 병합, 증가의 의미를 가지고 교환법칙, 결합법칙이 성립된다는 특징이 있습니다. 뺄셈은 감소, 차이의 의미를 가지고 교환법칙, 결합법칙이 성립되지 않는다는 특징이 있습니다. 이러한 연산의 성질들은 용어를 사용하지 않을 뿐 초등 과정에서 충분히 이해할 수 있는 개념이고, 중등 과정으로 연계되므로 반드시 짚어 볼 수 있어야 합니다. 덧셈식과 뺄셈식에 모두 사용되는 '='역시 '양쪽이 같다'라는 뜻을 나타내는 기호임을 인식하고 계산할 수 있도록 합니다.

교과서 개념 이해 1 일의 자리끼리 더해서 10이 되면 십의 자리로 보내.
62~63쪽

1 21, 22, 23 / 23

2 예

/ 31

3 42

4 (1) 1, 5 / 1, 3, 5 (2) 1, 2 / 1, 4, 2

5 (1) 1, 1 (2) 1, 6 (3) 1, 2 (4) 1, 2

6 (1) 26 (2) 33 (3) 51 (4) 40

6 (1)
```
    1
    1 8
 +    8
 ─────
    2 6
```
(2)
```
    1
    2 4
 +    9
 ─────
    3 3
```
(3)
```
    1
      5
 +  4 6
 ─────
    5 1
```
(4)
```
    1
      7
 +  3 3
 ─────
    4 0
```

교과서 개념 이해 2 같은 자리끼리 계산해.
64~65쪽

1 (1) 9, 38, 9, 47 (2) 30, 17 / 17, 30, 17, 47

2 43

3 1, 1 / 1, 6, 1

4 (1) 1, 7, 1 (2) 1, 7, 2 (3) 1, 9, 0

5 (1) 71 (2) 82 (3) 54 (4) 80

---

2 일 모형끼리의 합이 13개이므로 십 모형 1개와 일 모형 3개가 됩니다. 따라서 십 모형은 4개, 일 모형은 3개이므로 16+27=43입니다.

5 (1)
```
    1
    5 2
 +  1 9
 ─────
    7 1
```
(2)
```
    1
    4 5
 +  3 7
 ─────
    8 2
```
(3)
```
    1
    3 6
 +  1 8
 ─────
    5 4
```
(4)
```
    1
    2 4
 +  5 6
 ─────
    8 0
```

교과서 개념 이해 3 십의 자리끼리 더해서 100이 되면 백의 자리로 보내.
66~67쪽

1 114

2 7 / 1, 5, 7 / 1, 1, 5, 7

3 100, 110, 120, 130, 140

4 (1) (위에서부터) 3 / 50 / 118, 110, 8
  (2) (위에서부터) 4 / 60 / 145, 140, 5

5 (1) 1, 1, 0, 8 (2) 1, 1, 3, 6
  (3) 1, 1, 1, 3, 0 (4) 1, 1, 1, 1, 1

6 116

6 34+82=116

개념 적용 1 일의 자리에서 받아올림이 있는 (두 자리 수)+(한 자리 수)
68~69쪽

1 (1) 35 (2) 51 (3) 90 (4) 67

2 (1) 40, 41, 42 (2) 71, 71, 71

3 (1) 54 / 4, 54 (2) 63 / 3, 63

4 8+77에 ○표

5 34+8=42 / 42대

6 (1)
(2)

7 예 64

3, 1

1 (3)
```
    1
   8 4
 +   6
 ─────
   9 0
```
(4)
```
    1
   5 9
 +   8
 ─────
   6 7
```

4
```
    1
   7 5
 +   9
 ─────
   8 4
```
```
    1
     8
 + 7 7
 ─────
   8 5
```

따라서 84<85이므로 8+77에 ○표 합니다.

5 (자전거 보관소에 있는 자전거의 수)
  =(두발자전거의 수)+(세발자전거의 수)
  =34+8=42(대)

6 (1) 합이 64가 되는 두 수를 찾습니다. 두 수를 더
  했을 때 일의 자리 수가 4인 경우는 8+6=14,
  9+5=14입니다.
  따라서 48+6=54, 59+5=64이므로 59와 5
  에 ○표 합니다.

(2) 합이 86이 되는 두 수를 찾습니다. 두 수를 더
  했을 때 일의 자리 수가 6인 경우는 8+8=16,
  7+9=16입니다.
  따라서 78+8=86, 67+9=76이므로 78과 8
  에 ○표 합니다.

☺ 내가 만드는 문제
7 (예) 빨간색 주머니에서 꺼낸 공에 적힌 수가 56,
  파란색 주머니에서 꺼낸 공에 적힌 수가 8이라면
  56+8=64입니다.

개념 적용 -2 일의 자리에서 받아올림이 있는 ──── **70~71쪽**
(두 자리 수)+(두 자리 수)

8 (계산 순서대로) 4, 9, 50, 13, 63 / 63

9 (1) 71   (2) 96   (3) 70   (4) 63

  9➕ 1, 8, 3 / 1, 3, 8, 3

10 (1) 85 / 78 / 78, 85   (2) 71 / 66 / 66, 71

11 (1) =   (2) >

12 (1) 3   (2) 7

13 (예)
```
   2 5
 + 4 7
 ─────
   6 0  ⇐ 20+40
   1 2  ⇐ 5+7
 ─────
   7 2
```

🎓 6, 2 / 62

9 (3)
```
    1
   5 2
 + 1 8
 ─────
   7 0
```
(4)
```
    1
   3 4
 + 2 9
 ─────
   6 3
```

11 (1) 53+28=81, 58+23=81 ➡ 81=81
  (2) 44+19=63, 44+16=60 ➡ 63>60

12 받아올림에 주의하여 각 자리끼리 계산을 하고 □ 안
  에 알맞은 수를 구합니다.
  (1) 1+2+□=6, 3+□=6, 3+3=6이므로
    □=3입니다.
  (2) □+4=1이 될 수 없으므로 □+4=11입니다.
    7+4=11이므로 □=7입니다.

개념 적용 -3 십의 자리에서 받아올림이 있는 ──── **72~73쪽**
(두 자리 수)+(두 자리 수)

14 (1) 138   (2) 104   (3) 116   (4) 135

  14➕ (1) 1, 1, 1, 1, 2 / 1, 1, 4, 1, 2

15 (1) 105, 105   (2) 124, 124

16
```
   1 1
   7 3
 + 5 8
 ─────
   1 3 1
```

17 111

18 (선으로 연결된 그림)

19 128그루

20 (예) 147

🎓 4 / 3, 4 / 1, 3, 4

14 (3)
```
    1
   7 4
 + 4 2
 ─────
   1 1 6
```
(4)
```
   1 1
   5 7
 + 7 8
 ─────
   1 3 5
```

16 일의 자리에서 받아올림한 수를 십의 자리를 계산할 때 더하지 않아 계산이 틀렸습니다.

17 가장 큰 수는 74, 가장 작은 수는 37입니다.

```
    1 1
      7 4
  +   3 7
  ─────────
    1 1 1
```

18 47+56=103, 59+52=111
23+98=121, 39+64=103
34+77=111, 65+56=121

19 (배나무의 수)+(사과나무의 수)
=75+53=128(그루)

☺ 내가 만드는 문제

20 ⑩ 수 카드로 만든 두 수: 68, 79

```
    1 1
      6 8
  +   7 9
  ─────────
    1 4 7
```

교 과 서
개념 이해
4 일의 자리끼리 못 빼면 십의 자리에서 10을 받아.
74~75쪽

1 19, 20 / 19

2 ⑩
/ 18

3 32

4 (1) 2, 10 / 2, 10, 7 / 2, 10, 2, 7
(2) 3, 10 / 3, 10, 6 / 3, 10, 3, 6

5 (1) 10, 1, 9 (2) 5, 10, 5, 5
(3) 10, 2, 7 (4) 4, 10, 4, 4

6 (1) 17 (2) 43 (3) 38 (4) 26

6 (1)
```
   1 10
   2 3
 -   6
 ──────
   1 7
```
(2)
```
   4 10
   5 2
 -   9
 ──────
   4 3
```
(3)
```
   3 10
   4 1
 -   3
 ──────
   3 8
```
(4)
```
   2 10
   3 4
 -   8
 ──────
   2 6
```

교 과 서
개념 이해
5 0에서 뺄 수 없으니까 받아내림한 10에서 빼자.
76~77쪽

1 (1) 6, 30, 6, 24 (2) 20, 44 / 24, 24

2 34

3 (1) 5, 10, 2, 1 (2) 3, 10, 2, 7 (3) 6, 10, 1, 4

4 (1) 16 / 20 / 20, 16 (2) 47 / 50 / 50, 47

5 (1) 18 (2) 45 (3) 32 (4) 46

5 (1)
```
   2 10
   3 0
 - 1 2
 ──────
   1 8
```
(2)
```
   6 10
   7 0
 - 2 5
 ──────
   4 5
```
(3)
```
   4 10
   5 0
 - 1 8
 ──────
   3 2
```
(4)
```
   7 10
   8 0
 - 3 4
 ──────
   4 6
```

교 과 서
개념 이해
6 같은 자리끼리 계산해.
78~79쪽

1 58

2 8, 10 / 8, 10, 5 / 8, 10, 2, 5

3 46, 36, 26, 16, 6

4 (1) 12 / 10, 6 / 26, 6 (2) 16 / 30, 7 / 19, 9

5 (1) 1, 10, 7 (2) 6, 10, 3, 9

6 50

6 일의 자리로 받아내림하고 남은 수 5이므로 실제로 나타내는 수는 50입니다.

개념 적용
⁴⁻4 받아내림이 있는
(두 자리 수)−(한 자리 수)
80~81쪽

1 (1) 65 (2) 35 (3) 87 (4) 27

2 (1) 59, 58, 57 (2) 48, 48, 48

3 (1) 38 / 2, 38 (2) 67 / 3, 67

4
```
   3 10
   4 2
 -   5
 ──────
   3 7
```
5 53−9=44 / 44대

6 (1) 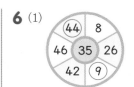   (2)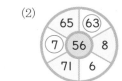

7 예 65

 3, 9

---

1 (3)
$$\begin{array}{r} \overset{8}{\cancel{9}}\,\overset{10}{1} \\ -\ \ 4 \\ \hline 8\ 7 \end{array}$$
(4)
$$\begin{array}{r} \overset{2}{\cancel{3}}\,\overset{10}{6} \\ -\ \ 9 \\ \hline 2\ 7 \end{array}$$

4 일의 자리 수끼리 뺄 수 없으면 십의 자리에서 10을 받아내림하여 계산해야 하는데 큰 수에서 작은 수를 빼서 틀렸습니다.

6 (1) 차가 35인 두 수를 찾습니다.
(두 자리 수)−(한 자리 수)를 계산했을 때 일의 자리 수가 5인 경우는 14−9=5입니다.
14에서 1은 십의 자리에서 받아내림한 수이므로 십의 자리 수는 3+1=4입니다.
➡ 44−9=35

(2) 차가 56인 두 수를 찾습니다.
(두 자리 수)−(한 자리 수)를 계산했을 때 일의 자리 수가 6인 경우는 13−7=6입니다.
13에서 1은 십의 자리에서 받아내림한 수이므로 십의 자리 수는 1+5=6입니다.
➡ 63−7=56

😊 내가 만드는 문제
7 • ♡ 모양을 골랐다면 ♡ 모양에 적힌 수는 각각 72, 7이므로 두 수의 차는 72−7=65입니다.
• ♧ 모양을 골랐다면 ♧ 모양에 적힌 수는 각각 5, 63이므로 두 수의 차는 63−5=58입니다.
• ☆ 모양을 골랐다면 ☆ 모양에 적힌 수는 각각 8, 84이므로 두 수의 차는 84−8=76입니다.

개념 적용 5 받아내림이 있는 (몇십)−(몇십몇) 82~83쪽

8 (1) 11   (2) 28   (3) 43   (4) 24

9 (위에서부터) 1, 31, 61

10 (위에서부터) 18 / 10, 8 / 10, 8

11

---

12 60−27, 50−13에 색칠

13 (1) 3   (2) 2

14 예
$$\begin{array}{r} \overset{6}{\cancel{7}}\,\overset{10}{0} \\ -\ 3\ 8 \\ \hline 3\ 2 \end{array}$$

🎓 4, 7 / 3, 7

---

8 (3)
$$\begin{array}{r} \overset{5}{\cancel{6}}\,\overset{10}{0} \\ -\ 1\ 7 \\ \hline 4\ 3 \end{array}$$
(4)
$$\begin{array}{r} \overset{8}{\cancel{9}}\,\overset{10}{0} \\ -\ 6\ 6 \\ \hline 2\ 4 \end{array}$$

9
$$\begin{array}{r} \overset{1}{\cancel{2}}\,\overset{10}{0} \\ -1\ 9 \\ \hline 1 \end{array} \xrightarrow[+30]{+30} \begin{array}{r} \overset{4}{\cancel{5}}\,\overset{10}{0} \\ -1\ 9 \\ \hline 3\ 1 \end{array} \xrightarrow[+30]{+30} \begin{array}{r} \overset{7}{\cancel{8}}\,\overset{10}{0} \\ -1\ 9 \\ \hline 6\ 1 \end{array}$$

11
40−16=24
↑+10   ↓+10
50−26=24

60−23=37
+20↑   ↓+20
80−43=37

90−36=54
−20↑   ↓−20
70−16=54

12 30−16=14, 40−21=19,
60−27=33, 50−13=37
따라서 계산 결과가 20보다 큰 조각은 60−27, 50−13입니다.

13 (1)
$$\begin{array}{r} \overset{5}{\cancel{6}}\,\overset{10}{0} \\ -\ \square\ 4 \\ \hline 2\ 6 \end{array}$$
5−□=2, 5−3=2이므로 □=3입니다.

(2)
$$\begin{array}{r} \overset{8}{\cancel{9}}\,\overset{10}{0} \\ -\ \square\ 8 \\ \hline 6\ 2 \end{array}$$
8−□=6, 8−2=6이므로 □=2입니다.

개념 적용 6 받아내림이 있는 (두 자리 수)−(두 자리 수) 84~85쪽

15 (1) 59, 49, 39   (2) 18, 28, 38

16 (1) 55   (2) 19   (3) 9   (4) 38

16⊕ 4, 10, 2, 6 / 4, 10, 5, 2, 6

17 (1) >   (2) =

18

19 현서, 27개　　**20** 예 71-45=26

1, 8 / 14, 3, 7 / 15, 3, 9

16 (3)
$$\begin{array}{r} \overset{4}{\cancel{5}}\overset{10}{3} \\ -\ 4\ 4 \\ \hline 9 \end{array}$$

(4)
$$\begin{array}{r} \overset{5}{\cancel{6}}\overset{10}{6} \\ -\ 2\ 8 \\ \hline 3\ 8 \end{array}$$

17 (1) 64-16=48, 64-26=38 ➡ 48>38

(2) 71-29=42, 81-39=42 ➡ 42=42

18 43-39=4, 51-45=6, 75-66=9
23-17=6, 34-25=9, 92-88=4

19 61>34이므로 현서가 은하보다 61-34=27(개) 더
많이 캤습니다.

☺ 내가 만드는 문제
20 예 만든 두 자리 수: 45
$$\begin{array}{r} \overset{6}{\cancel{7}}\overset{10}{1} \\ -\ 4\ 5 \\ \hline 2\ 6 \end{array}$$

교과서 개념 이해 **7 세 수의 계산은 앞에서부터
차례로 계산하자.**　86~87쪽

❶ (○) (　)

❷ (1) 47+16+27 = 90
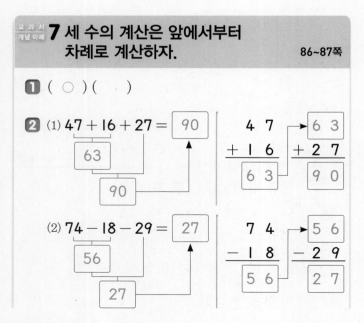

(2) 74-18-29 = 27

---

❸ (1) 24+48-15 = 57 ◀
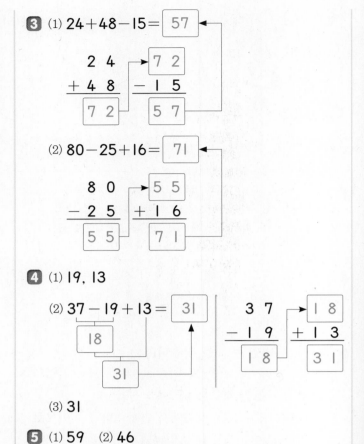

(2) 80-25+16 = 71

❹ (1) 19, 13

(2) 37-19+13 = 31
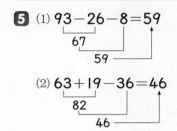

(3) 31

❺ (1) 59　(2) 46

❺ (1) 93-26-8=59
67
59

(2) 63+19-36=46
82
46

교과서 개념 이해 **8 덧셈식과 뺄셈식은 원래 한 가족이야.**　88~89쪽

❶ (1) 5, 13　(2) 13, 8　(3) 13, 8, 5　(4) 8 / 8, 5

❷ (1) 15, 6　(2) 6, 15

❸ 96, 36 / 96, 60

❹ 28, 56, 84 / 56, 28, 84

9 덧셈과 뺄셈의 관계로 □의 값을 구할 수 있어.

90~91쪽

1 (1) 7, 15 (2) 8 (3) 8개

2 □+16=25 / 9

3 (1) 4, 8 (2) 12 (3) 12개

4 14−□=6 / 8

---

7 세 수의 계산

92~93쪽

1 (1) 22 (2) 29

2

46 − 28 + 15 = 33 … 는
31 + 17 + 44 = 92 … 고
29 + 54 − 26 = 57 … 최
80 − 36 − 19 = 25 … 너

25	너
33	는
57	최
92	고

3 65−22+21=64
43
64
/ 예 앞에서부터 차례로 계산하지 않았습니다.

4 (1) 2 (2) 1

5 36+57−24=69 / 69개

6 예 54−19+25=60 / 60

7 예 23, 50

(위에서부터) 20, 55, 20 / 92, 56, 92

---

1 (1) 31−14+5=22
17
22
(2) 62−18−15=29
44
29

2 46−28+15=33, 31+17+44=92,
18
33
48
92
29+54−26=57, 80−36−19=25
83
57
44
25

---

3 덧셈과 뺄셈이 섞여 있는 세 수의 계산은 앞의 두 수를 계산한 다음 나머지 수를 계산해야 합니다.

4 (1) 48+17−23=42
65
42
(2) 60−14+35=81
46
81

5 (남은 복숭아와 토마토의 수)
=(복숭아의 수)+(토마토의 수)
−(썩어서 버린 복숭아와 토마토의 수)
=36+57−24=93−24=69(개)

6 길을 선택하여 만들 수 있는 식은
54−19+25=60, 54−19+26=61,
54−17+25=62, 54−17+26=63입니다.

😊 내가 만드는 문제
7 • 고른 수 카드: 23
➡ 61−34+23=27+23=50
• 고른 수 카드: 17
➡ 61−34+17=27+17=44
• 고른 수 카드: 15
➡ 61−34+15=27+15=42

---

8 덧셈과 뺄셈의 관계를 식으로 나타내기

94~95쪽

8 (1) 93, 28 / 93, 65 (2) 19, 37 / 18, 37

9 27 / 27, 43 / 16 / 27, 16

10 (1) 48, 34 (2) 39, 56

11

62 + 19 = 81

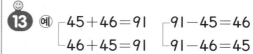

81 − 62 = 19
81 − 19 = 62

12 예 45+7=52 / 52−45=7

13 예 ┌ 45+46=91 ┌ 91−45=46
└ 46+45=91 └ 91−46=45

2 / 2, 5 / 5, 3 / 5, 2

10 (1) $34+48=82$　(2) $56-39=17$
$82-34=48$　　$17+39=56$

12 가장 큰 수가 더한 결과가 되므로 사용하여 만들 수 있
는 덧셈식은 $7+45=52$, $45+7=52$입니다.
빼어지는 수가 가장 큰 수가 되므로 만들 수 있는 뺄셈
식은 $52-7=45$, $52-45=7$입니다.

☺ 내가 만드는 문제
⑬ ㉮ 합이 91이 되는 두 수를 45, 46이라고 하면 만들
수 있는 덧셈식은 $45+46=91$, $46+45=91$이
고, 뺄셈식은 $91-45=46$, $91-46=45$입니다.

9 □의 값 구하기
96~97쪽

14 ㉮
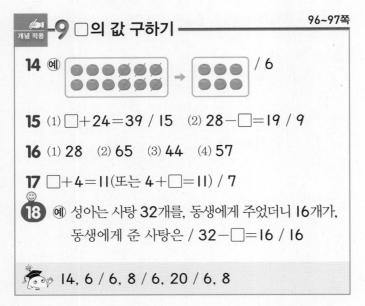
/ 6

15 (1) $\Box+24=39$ / 15　(2) $28-\Box=19$ / 9

16 (1) 28　(2) 65　(3) 44　(4) 57

17 $\Box+4=11$(또는 $4+\Box=11$) / 7

⑱ ㉮ 성아는 사탕 32개를, 동생에게 주었더니 16개가,
동생에게 준 사탕은 / $32-\Box=16$ / 16

🎓 14, 6 / 6, 8 / 6, 20 / 6, 8

14 귤 12개에서 6개만 남으려면 6개를 지워야 합니다.

15 (1) $\Box$에서 24만큼 더 가면 39입니다.
$\Box+24=39$ ➡ $\Box=39-24$, $\Box=15$
(2) 28에서 $\Box$만큼 되돌아오면 19입니다.
$28-\Box=19$ ➡ $\Box=28-19$, $\Box=9$

16 (1) $23+\Box=51$ ➡ $\Box=51-23$, $\Box=28$
(2) $\Box-36=29$ ➡ $\Box=29+36$, $\Box=65$
(3) $\Box+18=62$ ➡ $\Box=62-18$, $\Box=44$
(4) $82-\Box=25$ ➡ $\Box=82-25$, $\Box=57$

17 노란색 구슬의 무게를 $\Box$로 하여 덧셈식을 만들면
$\Box+4=11$입니다.
$\Box+4=11$ ➡ $\Box=11-4$, $\Box=7$

☺ 내가 만드는 문제
⑱ ㉮ 동생에게 준 사탕의 수를 $\Box$로 하여 뺄셈식을 만들면
$32-\Box=16$입니다.
$32-\Box=16$ ➡ $\Box=32-16$, $\Box=16$

발전 문제
98~102쪽

1 54　　　　**1⁺** 45

2 8　　　　**2⁺** 9

3 82　　　**3⁺** 8

4 73, 40, 113　**4⁺** 3, 56, 59

5 $\boxed{76}+\boxed{9}=85$　**5⁺** $\boxed{33}-\boxed{7}=26$

㉮ $\boxed{77}+\boxed{8}=85$　$\boxed{34}-\boxed{8}=26$

㉮ $\boxed{78}+\boxed{7}=85$　$\boxed{35}-\boxed{9}=26$

6 7, 5 / 1, 3, 9　**6⁺** 7, 6 / 1, 5

7 24　　　**7⁺** 54

8 23, 24에 ○표　**8⁺** 47, 48, 49에 ○표

9 4, 2　　**9⁺** 1, 3

10 −, −　　**10⁺** +, +

1 46보다 8만큼 더 큰 수는 $46+8$입니다.
$$\begin{array}{r} \;4\;6 \\ +\;\;\;8 \\ \hline 5\;4 \end{array}$$

1⁺ 52보다 7만큼 더 작은 수는 $52-7$입니다.
$$\begin{array}{r} {}^{4}\!\!\!\!\!\quad{}^{10} \\ 5\;2 \\ -\;\;\;7 \\ \hline 4\;5 \end{array}$$

2 $19+\Box=31-4$
$19+\Box=27$, $\Box=27-19$, $\Box=8$

2⁺ $34-\Box=18+7$
$34-\Box=25$, $\Box=34-25$, $\Box=9$

3 수직선의 전체 길이를 구해야 하므로 19, 34, 29를
모두 더하면 $\Box$가 됩니다.
➡ $19+34+29=53+29=82$

3⁺ 수직선의 부분의 길이를 구해야 하므로 73에서 38과
27을 차례로 빼면 $\Box$가 됩니다.
➡ $73-38-27=35-27=8$

4 76을 3과 73으로 가르기하여 37에 3을 먼저 더한 후 73을 더하여 계산하였습니다.
➡ $37+76=37+3+73=40+73=113$

4⁺ 93을 90과 3으로 가르기하여 90에서 34를 먼저 뺀 후 3을 더하여 계산하였습니다.
➡ $93-34=90-34+3=56+3=59$

5 받아올림을 생각하여 일의 자리 수끼리의 합이 15인 두 수를 찾으면 $6+9=15$, $7+8=15$, $8+7=15$입니다.

5⁺ 받아내림을 생각하여 일의 자리 수끼리의 차가 6인 두 수를 찾으면 $13-7=6$, $14-8=6$, $15-9=6$입니다.

6 계산 결과가 가장 크게 되려면 가장 큰 수를 만들어 더해야 합니다. 가장 큰 수를 만들려면 높은 자리부터 큰 수를 차례로 놓으면 되므로 수 카드로 만들 수 있는 가장 큰 두 자리 수는 75입니다.
➡ $75+64=139$

6⁺ 계산 결과가 가장 작게 되려면 가장 큰 수를 만들어 빼야 합니다. 가장 큰 수를 만들려면 높은 자리부터 큰 수를 차례로 놓으면 되므로 수 카드로 만들 수 있는 가장 큰 두 자리 수는 76입니다. ➡ $91-76=15$

7 어떤 수를 □라고 하면 □+7=31입니다.
□+7=31 ➡ □=31−7, □=24
따라서 어떤 수는 24입니다.

7⁺ 어떤 수를 □라고 하면 □−9=45입니다.
□−9=45 ➡ □=45+9, □=54
따라서 어떤 수는 54입니다.

8 38+□=63이라고 하면 □=63−38, □=25입니다. 38+□가 63보다 작으려면 □ 안에는 25보다 작은 수가 들어가야 합니다.

8⁺ 75−□=29라고 하면 □=75−29, □=46입니다. 75−□가 29보다 작으려면 □ 안에는 46보다 큰 수가 들어가야 합니다.

9 일의 자리 계산: 7+㉠=1이 될 수 없으므로
7+㉠=11입니다.
➡ ㉠=11−7, ㉠=4
십의 자리 계산: 1+3+8=12, ㉡=2

9⁺ 일의 자리 계산: ㉠−6=5가 될 수 없으므로 십의 자리에서 10을 받아내림하여 계산한 것입니다.
➡ 10+㉠−6=5, 4+㉠=5, ㉠=5−4, ㉠=1
십의 자리 계산: 8−1−㉡=4, 7−㉡=4,
㉡=7−4, ㉡=3

10 계산 결과가 처음 수보다 작아졌으므로 뺄셈을 한 것입니다. ➡ $51-15-8=36-8=28$
따라서 ○ 안에 알맞은 기호는 −입니다.

10⁺ 계산 결과가 처음 수보다 커졌으므로 덧셈을 한 것입니다. ➡ $47+16+9=63+9=72$
따라서 ○ 안에 알맞은 기호는 +입니다.

3단원 **단원 평가** 103~105쪽

1 31   **2** (1) 73 (2) 26

3 (위에서부터) 92, 83, 92

4 (1) 15 (2) 29

5 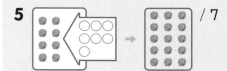 / 7

6 76, 47 / 76, 47, 29

7 (1) 22, 22, 82 (2) 3, 30, 3, 27

8 121, 9   **9** 4+□=12 / 8

10 (   ) (○)

11 ⑩ 27+45=72 / ⑩ 72−45=27

12 44, 27   **13** 117장

14 (1) 23 (2) 16   **15** 94

16 6, 4 / 1, 1, 7   **17** 7, 3

18 6, 7, 8, 9   **19** 35개

20 6

1 일 모형끼리의 합이 11개이므로 십 모형 1개와 일 모형 1개가 됩니다. 따라서 십 모형은 3개, 일 모형은 1개이 므로 25+6=31입니다.

3 앞에서부터 두 수씩 차례로 계산합니다.

4 두 수의 순서를 바꾸어 더해도 결과는 같습니다.

5 호두가 8개 있으므로 15개가 되려면 ○를 7개 더 그 려야 합니다.

6
$$47+29=76 \qquad 47+29=76$$
$$76-29=47 \qquad 76-47=29$$

7 (1) 28을 6과 22로 가르기하여 54에 6을 더한 후 22 를 더한 것입니다.
(2) 13을 10과 3으로 가르기하여 40에서 10을 뺀 후 3을 뺀 것입니다.

8 합:
```
  1 1
    5 6
  + 6 5
  ─────
  1 2 1
```
차:
```
    5 10
    6 5
  − 5 6
  ─────
      9
```

9
$$4+\square=12$$
$$12-4=\square, \square=8$$

10
$$78-5-7=66$$
$$73$$
$$66$$

$$62+3+6=71$$
$$65$$
$$71$$

11 덧셈식은 작은 두 수를 더하여 가장 큰 수를 만듭니다. 뺄셈식은 가장 큰 수에서 작은 수를 빼서 만듭니다.

12 큰 수에서 작은 수를 뺍니다.
```
    4 10              3 10
    5 3               4 4
  −   9      ▶      − 1 7
  ─────             ─────
    4 4               2 7
```

13 (두 사람이 가지고 있는 딱지의 수)
= (승우가 가지고 있는 딱지의 수)+(동생이 가지고 있는 딱지의 수)
= 59+58=117(장)

14 (1) 13+□=36, □=36−13, □=23
(2) □+27=43, □=43−27, □=16

15 42−13+18=47이므로 ●=47입니다.
42+18−13=47이므로 ▲=47입니다.
따라서 ●+▲=47+47=94입니다.

16 계산 결과가 가장 크게 되려면 가장 큰 수를 만들어 해야 합니다. 가장 큰 수를 만들려면 높은 자리부터 수를 차례로 놓으면 되므로 수 카드로 만들 수 있는 장 큰 두 자리 수는 64입니다.
➡ 64+53=117

17 일의 자리 계산: 10−7=□, □=3
십의 자리 계산: □−1−3=3, □=3+3+1, □=

18 49−□=44라고 생각하면
□=49−44, □=5입니다.
49−□가 44보다 작으려면 □ 안에는 5보다 큰 수 들어가야 합니다.
따라서 □ 안에 들어갈 수 있는 수는 6, 7, 8, 9입니다.

서술형
19 예 (노란색 구슬의 수)
= (빨간색 구슬의 수)+(파란색 구슬의 수)−7
= 14+28−7=42−7=35(개)

평가 기준	배점
노란색 구슬의 수를 구하는 식을 바르게 만들었나요?	2점
노란색 구슬의 수를 구했나요?	3점

서술형
20 예 터진 풍선의 수를 □로 하여 뺄셈식을 만들면
15−□=9입니다. 따라서 □=15−9이므로
□=6입니다.

평가 기준	배점
□를 사용하여 식을 만들었나요?	2점
□의 값을 구했나요?	3점

4 길이 재기

cm라는 단위를 배우고 자로 길이를 재어 보는 단원입니다. 길이를 뼘이나 연필 등 임의의 단위로 몇 번인지 재어 볼 수 있지만 사람에 따라, 단위의 길이에 따라 정확하게 잴 수 없음을 이해하여 모두가 사용할 수 있는 표준화된 길이의 단위가 필요함을 알게 합니다. 그리고 1cm의 길이가 얼만큼인지를 숙지하여 자 없이도 물건의 길이를 어림해 보고 길이에 대한 양감을 기를 수 있도록 지도합니다. 이 단원의 학습은 이후 mm 단위, 길이의 합과 차를 구하는 학습과 연결됩니다.

교과서 개념 이해 1 종이띠를 이용하여 길이를 비교할 수 있어.
108~109쪽

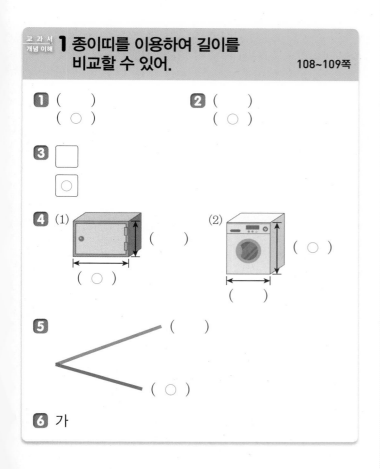

1 ( )
(○)

2 ( )
(○)

3 □
○

4 (1) (○)   (2) (○)
( )   ( )

5 ( )
(○)

6 가

---

1 가와 나의 길이를 비교하면 나의 길이가 더 짧습니다.

2 가와 나의 길이를 비교하면 나의 길이가 더 깁니다.

3 직접 맞대어 비교할 수 없는 길이는 구체물을 이용하여 비교합니다.

6 가와 나의 길이를 비교하면 다음과 같습니다.
가 ──────────
나 ────────
따라서 가의 길이가 더 깁니다.

교과서 개념 이해 2 길이를 잴 때 사용할 수 있는 단위는 여러 가지가 있어.
110~111쪽

1 라   **2** (1) 4   (2) 1

3 (1) 5   (2) 9   **4** 6 / 5

5 (1) 짧습니다에 ○표   (2) 많습니다에 ○표

5 (2) 짧은 단위로 잴수록 잰 횟수가 많습니다.

교과서 개념 이해 3 약속된 단위인 cm가 필요해.
112~113쪽

1 6 / 7 / 없습니다에 ○표

2 1cm 1cm 1cm
2cm 2cm 2cm

3 1, 1

4 (1) 1 / 1cm / 1 센티미터
(2) 4 / 4cm / 4 센티미터
(3) 7 / 7cm / 7 센티미터

5 (1) 예 ├─┼─┼╌╌┼─┼─┼─┤
(2) 예 ├─┼─┼─┼─┼╌╌┼─┤

2 ① ②③④
cm

5 (1) 3cm는 1cm가 3번이므로 3칸을 긋습니다.
(2) 6cm는 1cm가 6번이므로 6칸을 긋습니다.

교과서 개념 이해 4 1cm가 몇 번 들어가는지 세어 봐.
114~115쪽

1 1, 4, 8   **2** ( ) (○)
(○) ( )

3 (1) 2   (2) 7   (3) 7   **4** (1) 7, 7   (2) 5, 5

5 6cm   **6** 7, 4, 2

4 (1) 색연필의 한쪽 끝이 자의 눈금 0에 맞추어져 있으므로 다른 쪽 끝의 눈금을 읽으면 7cm입니다.
(2) 자의 눈금 3에서 8까지는 1cm가 5번이므로 5cm입니다.

5 나뭇잎의 한쪽 끝을 자의 눈금 0에 맞추고 다른 쪽 끝에 있는 자의 눈금을 읽습니다.

6 크레파스는 눈금 7칸이므로 7cm, 지우개는 눈금 4칸이므로 4cm, 클립은 눈금 2칸이므로 2cm입니다.

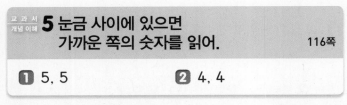

교 과 서
개념 이해
5 눈금 사이에 있으면
가까운 쪽의 숫자를 읽어.
116쪽

1 5, 5   **2** 4, 4

1 면봉의 한쪽 끝이 자의 눈금 0에 놓여 있으므로 다른 쪽 끝과 가까운 쪽에 있는 숫자를 읽습니다.

2 지우개의 한쪽 끝이 자의 눈금 0에 놓여 있지 않으므로 1cm가 몇 번쯤 들어가는지 세어 봅니다.

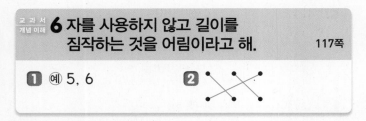

교 과 서
개념 이해
6 자를 사용하지 않고 길이를
짐작하는 것을 어림이라고 해.
117쪽

1 (예) 5, 6   **2** (그림)

1 참고 | 어림한 길이를 말할 때는 숫자 앞에 '약'을 붙여서 말합니다.

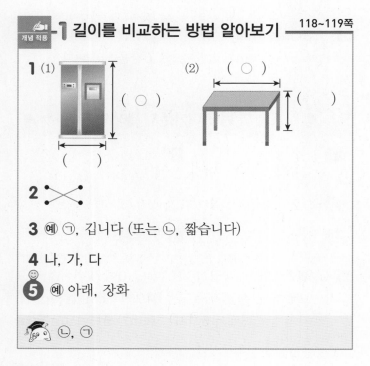

개념 적용
1 길이를 비교하는 방법 알아보기
118~119쪽

1 (1) (○) 냉장고 그림
(2) (○) 탁자 그림

2 (선 그림)

3 (예) ㉠, 깁니다 (또는 ㉡, 짧습니다)

4 나, 가, 다

5 (예) 아래, 장화

(캐릭터) ㉡, ㉠

---

2 직접 비교할 수 없는 길이는 구체물을 이용하여 비교합니다.

3 ㉠과 ㉡의 길이를 비교하면 다음과 같습니다.

㉠ (막대)
㉡ (막대)

4 종이띠를 이용하여 길이를 나타내면 다음과 같으므로 길이가 짧은 것부터 순서대로 기호를 쓰면 나, 가, 다 입니다.

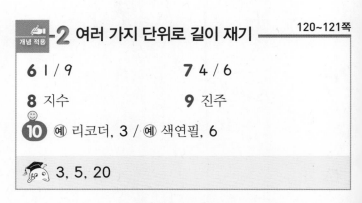

가 (막대)
나 (막대)
다 (막대)

내가 만드는 문제
5 신발장의 위쪽에 넣을 수 있는 신발은 구두이고, 아래쪽에 넣을 수 있는 신발은 구두, 장화, 부츠입니다.

개념 적용
2 여러 가지 단위로 길이 재기
120~121쪽

6 1 / 9   **7** 4 / 6

8 지수   **9** 진주

10 (예) 리코더, 3 / (예) 색연필, 6

(캐릭터) 3, 5, 20

8 연결 모형을 많이 연결할수록 길이가 길어집니다. 연결한 연결 모형의 수는 준호가 5개, 민규가 6개, 태은이가 4개, 지수가 7개이므로 가장 길게 연결한 사람은 지수입니다.

9 잰 횟수가 같으므로 단위의 길이를 비교해 봅니다.
이쑤시개, 뼘, 클립 중에서 뼘이 가장 길므로 가장 긴 막대를 가지고 있는 사람은 진주입니다.

내가 만드는 문제
10 책상의 길이를 재기에 적당한 물건을 정해서 재어 봅니다. 책상의 길이보다 긴 물건으로는 길이를 잴 수 없고, 길이가 너무 짧은 물건을 사용하면 여러 번 재어야 하기 때문에 불편합니다.

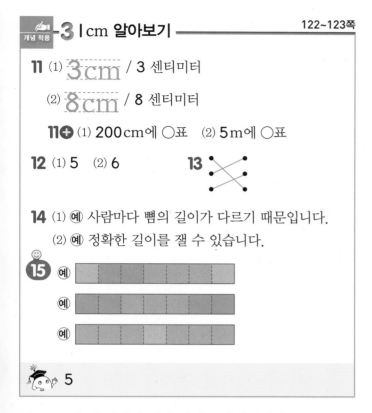

개념 적용 -3 1cm 알아보기 122~123쪽

11 (1) 3cm / 3 센티미터

(2) 8cm / 8 센티미터

11➕ (1) 200cm에 ○표 (2) 5m에 ○표

12 (1) 5 (2) 6 **13**

14 (1) (예) 사람마다 뼘의 길이가 다르기 때문입니다.

(2) (예) 정확한 길이를 잴 수 있습니다.

😊 **15** (예)

🐢 5

12 1cm가 몇 번인지 세어 길이를 알아봅니다.

13 1cm가 4번 ➡ 4cm, 1cm가 2번 ➡ 2cm, 1cm가 3번 ➡ 3cm

😊 내가 만드는 문제
15 1+2+3+1=7, 2+3+2=7, 3+1+3=7, …이므로 여러 가지 방법으로 나타낼 수 있습니다.

개념 적용 -4 자로 길이 재는 방법 알아보기 124~125쪽

16 (1) 4cm (2) 4cm **16➕** 110

17 10cm **18** ㉢

19

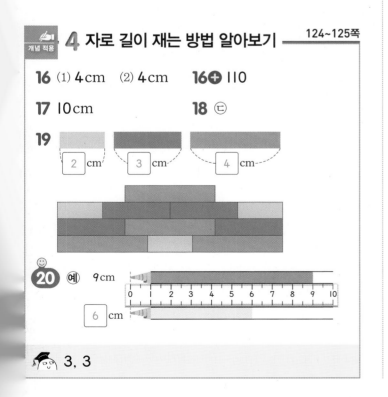

😊 **20** (예)

🐢 3, 3

16 (1) 한쪽 끝이 자의 눈금 0에 맞추어져 있으므로 다른 쪽 끝의 눈금을 읽으면 소시지의 길이는 4cm입니다.

(2) 1cm가 4번이므로 소시지의 길이는 4cm입니다.

17 연필의 한쪽 끝을 자의 눈금 0에 맞추고 다른 쪽 끝의 눈금을 읽습니다.

18 선의 한쪽 끝을 자의 눈금 0에 맞추어 길이를 재면 ㉠ 6cm, ㉡ 7cm, ㉢ 5cm, ㉣ 4cm입니다.

19 노란색 막대의 길이는 2cm, 초록색 막대의 길이는 3cm, 파란색 막대의 길이는 4cm입니다.

😊 내가 만드는 문제
20 (예) 그리려는 길이인 6cm 눈금까지 색연필에 색칠합니다.

개념 적용 -5 자로 길이 재기 126~127쪽

21 (1) 약 5cm (2) 약 6cm

22 (1) 약 7cm (2) 약 9cm

23 (1) 약 6cm (2) 약 6cm

24 (1) 미주

(2) (예) 옷핀의 한쪽 끝이 자의 눈금 0에 맞추어져 있고 다른 쪽 끝과 가까운 쪽에 있는 숫자를 읽으면 4이므로 약 4cm입니다.

😊 **25** (예)

/ (예) 약 7cm

🐢 6, 6 / 6, 6

21 색 테이프의 한쪽 끝이 자의 눈금 0에 맞추어져 있으므로 다른 쪽 끝과 가까운 쪽에 있는 숫자를 읽습니다.

22 (1) 크레파스의 한쪽 끝을 자의 눈금 0에 맞추고 다른 쪽 끝과 가까운 쪽에 있는 숫자를 읽으면 7이므로 약 7cm입니다.

(2) 붓의 한쪽 끝을 자의 눈금 0에 맞추고 다른 쪽 끝과 가까운 쪽에 있는 숫자를 읽으면 9이므로 약 9cm입니다.

23 (1)

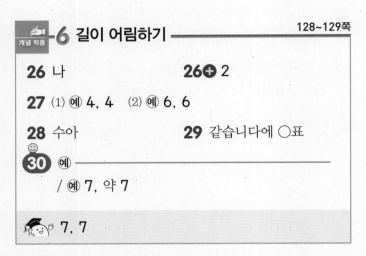

1cm가 6번쯤 들어가므로 약 6cm입니다.

(2)

1cm가 6번쯤 들어가므로 약 6cm입니다.

개념 적용 6 길이 어림하기　　　128~129쪽

26 나　　　　　　**26+** 2

27 (1) 예 4, 4　　(2) 예 6, 6

28 수아　　　　　**29** 같습니다에 ○표

30 예 ──────────────

　　/ 예 7, 약 7

📖 7, 7

26 1cm가 8번쯤 들어가는 것을 찾습니다.

28 윤호의 색 테이프의 길이는 약 7cm, 수아의 색 테이프의 길이는 약 6cm입니다.

개념 완성 발전 문제　　　130~132쪽

1 6번　　　　　　**1+** 6번

2 지혜　　　　　　**2+** 선우

3 ㉠　　　　　　　**3+** ㉡

4 6cm　　　　　　**4+** 8cm

5 서진　　　　　　**5+** 해인

6

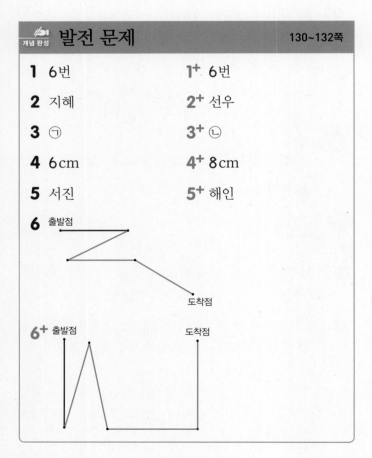

1 연필 1자루의 길이가 지우개 3개의 길이와 같으므로 연필 2자루의 길이는 지우개 3+3=6(개)의 길이와 같습니다. 따라서 지우개로 막대의 길이를 재면 6번입니다.

1+ 붓 1자루의 길이가 물감 2개의 길이와 같으므로 붓 3자루의 길이는 물감 2+2+2=6(개)의 길이와 같습니다. 따라서 물감으로 막대의 길이를 재면 6번입니다.

2 같은 물건의 길이를 잴 때 뼘의 길이가 길수록 잰 횟수가 적습니다. 따라서 뼘의 길이가 더 긴 사람은 지혜입니다.

2+ 같은 거리를 걸을 때 한 걸음의 길이가 짧을수록 많이 걸어야 합니다. 따라서 한 걸음의 길이가 더 짧은 사람은 선우입니다.

3 ㉠ 1cm가 5번이므로 5cm입니다.
　㉡ 1cm가 4번이므로 4cm입니다.
　➡ 5cm>4cm이므로 ㉠이 더 깁니다.

3+ ㉠ 1cm가 5번이므로 5cm입니다.
　㉡ 1cm가 6번이므로 6cm입니다.
　➡ 5cm<6cm이므로 ㉡이 더 깁니다.

4 선의 길이를 각각 재어 보면 4cm, 2cm입니다.
　따라서 자의 4cm에서 2cm만큼 더 간 길이는 6cm이므로 선의 길이는 모두 6cm입니다.

4+ 선의 길이를 각각 재어 보면 3cm, 5cm입니다.
　따라서 자의 3cm에서 5cm만큼 더 간 길이는 8cm이므로 선의 길이는 모두 8cm입니다.

5

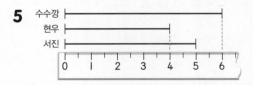

➡ 수수깡의 길이에 더 가깝게 어림한 사람은 서진입니다.

5+

➡ 건전지의 길이에 더 가깝게 어림한 사람은 해인입니다.

6 점과 점을 연결한 모든 선의 길이가 3cm가 되어야 합니다. 따라서 점과 점 사이의 길이가 3cm인 두 점을 찾아 연결합니다.

단원 평가
133~135쪽

1 가

2 2, 5

3 4

4 7, 7

5 (예) ├──────────────┄┄┄┄┤

6 9 / 3

7 약 4cm

8 6cm

9 3cm

10 (예) 6 / 6

11 (1) 1cm (2) 135cm

12 지우

13 ㉢

14 가

15 선우

16 주희

17 (예)

18 수원

19 (예) 사람마다 뼘의 길이가 다르기 때문입니다.

20 (예) 과자의 왼쪽 끝이 자의 눈금 0에 맞추어지지 않았으므로 1cm가 몇 번인지 세어야 합니다. 1cm가 4번이기 때문에 4cm입니다.

---

2 눈금 아래 숫자는 0, 1, 2, 3, 4, ...입니다.

3 1cm가 4번이므로 4cm입니다.

4 못의 길이는 1cm가 7번이므로 7cm입니다.

5 점선의 한쪽 끝을 자의 눈금 0에 맞추고 점선과 자를 나란히 놓은 후 자의 큰 눈금 5까지 선을 긋습니다.

7 성냥개비의 오른쪽 끝이 4cm 눈금에 가까우므로 약 4cm입니다.

8 풀의 한쪽 끝을 자의 눈금 0에 맞추고 다른 쪽 끝에 있는 눈금을 읽으면 6cm입니다.

9 1cm가 3번이므로 3cm입니다.

12 단위의 길이가 길수록 잰 횟수는 적으므로 가장 적게 잰 사람은 지우입니다.

13 빨간색 점에서 각 점까지 선을 그은 후 길이를 재어 보면 ㉠은 약 4cm, ㉡은 약 2cm, ㉢은 약 6cm이므로 ㉢이 빨간색 점에서 가장 멉니다.

14 가 막대의 길이는 눈금 0에서 시작하므로 오른쪽 눈금을 읽으면 5cm입니다.
나 막대의 길이는 왼쪽 끝을 자의 눈금 0에 맞추지 않았으므로 오른쪽 눈금을 읽으면 안 됩니다. 4부터 8까지는 1cm가 4번이므로 4cm입니다.

15 실제 길이 12cm에 더 가깝게 어림한 사람은 선우입니다.

16 뼘의 길이가 길수록 잰 횟수가 적으므로 뼘의 길이가 더 긴 사람은 주희입니다.

17 2cm, 3cm를 각각 한 번씩 색칠해 본 후 남은 2cm에 맞게 색칠합니다.

18 잰 횟수가 같으므로 단위의 길이를 비교해 봅니다.
1cm, 크레파스, 클립 중 크레파스가 가장 길므로 가장 긴 줄을 가지고 있는 사람은 수원입니다.

서술형
19 혜승이의 뼘의 길이가 윤아보다 더 길기 때문입니다. / 윤아의 뼘의 길이가 혜승이보다 더 짧기 때문입니다. 등 설명이 타당하면 정답으로 인정합니다.

평가 기준	배점
다른 결과가 나온 까닭을 바르게 썼나요?	5점

서술형
20

평가 기준	배점
길이를 잘못 잰 까닭을 바르게 썼나요?	5점

5 분류하기

아이들은 생활 속에서 이미 분류를 경험하고 있습니다. 마트에서 물건들이 종류별로 분류되어 있는 것이나, 재활용 쓰레기를 분리배출하는 등이 그 예입니다. 이러한 생활 속 상황들을 통해 분류의 필요성을 느낄 수 있도록 지도해 주시고, 분류를 할 때에는 객관적인 기준이 있어야 한다는 점을 이해할 수 있게 합니다. 분류는 통계 영역의 기초 개념입니다. 따라서 분류하여 세어 보고, 센 자료를 해석하는 학습을 통해 그것들이 어떤 점에 유용하게 쓰일 수 있는지 알 수 있도록 지도합니다.

1 분류는 분명한 기준으로 나누어야 해. 138~139쪽

1 (1) ㉠에 ○표 (2) ㉠에 ○표   **2** 나
3 (   )   **4** ㉡
  (○)

1 (1), (2) 날 수 있는 동물과 날 수 없는 동물은 누가 분류하더라도 결과가 같습니다. 귀여운 동물과 귀엽지 않은 동물은 사람에 따라 다를 수 있습니다.

2 가: 맛있는 것과 맛없는 것을 기준으로 분류한 것은 사람마다 결과가 다릅니다.

3 사각형과 삼각형으로 모양에 따라 분류한 것입니다.

4 ㉠ 탈것별로 무게의 차이는 있지만 어느 정도를 가벼운 것 또는 무거운 것으로 할지의 기준은 사람마다 다를 수 있습니다.
  ㉡ 하늘을 날 수 있는 것: 헬리콥터, 비행기
    하늘을 날 수 없는 것: 배, 오토바이, 버스, 자동차, 자전거, 기차
  ㉢ 타고 싶은 것과 타기 싫은 것은 사람마다 다를 수 있습니다.

2 기준에 따라 분류해 보자. 140~141쪽

1 보라색: ㉠, ㉢, ㉣, ㉤, ㉥
  파란색: ㉡, ㉤, ㉦, ㉧, ㉨, ㉩, ㉪
  사각형: ㉡, ㉣, ㉤, ㉤, ㉨, ㉪
  원: ㉠, ㉢, ㉦, ㉧, ㉨, ㉥

2 2개: ㉠, ㉢ / 4개: ㉡, ㉣, ㉤, ㉥

3 분류기준 1 예 종류
  분류기준 2 예 색깔

4 예

분류 기준	모양

모양	번호
상자모양	②, ③, ⑤, ⑦
원기둥모양	①, ④, ⑥, ⑧

2 바퀴가 2개인 것: 자전거, 오토바이
  바퀴가 4개인 것: 트럭, 버스, 승용차, 유모차

3 • 신발을 종류에 따라 운동화, 구두, 슬리퍼로 분류할 수 있습니다.
  • 신발을 색깔에 따라 빨간색, 파란색, 노란색으로 분류할 수 있습니다.

4 ▨ 모양은 상자, 책, 주사위, 휴지 상자입니다.
  ▨ 모양은 양초, 북, 필통, 통조림통입니다.

3 분류하고 세어 보자. 142~143쪽

1

종류	치킨	햄버거	피자
세면서 표시하기	///// /////	///// /////	///// /////
학생 수(명)	3	4	3

2

종류	윗옷	아래옷	원피스
번호	②, ④, ⑤, ⑦, ⑩	①, ⑧, ⑨	③, ⑥
옷의 수(벌)	5	3	2

3

종류	축구	농구	야구	배구
세면서 표시하기	///// /////	///// /////	///// /////	///// /////
학생 수(명)	7	5	4	2

2 종류별 번호의 수와 옷의 수가 같아야 합니다.

3 빠뜨리거나 중복하여 세지 않도록 그림에 ∨, ○, × 등의 기호를 표시하며 셉니다.

1 (1)

모양	■	▲	♥
세면서 표시하기	〣〣	〣	〣〣
초콜릿 수(개)	5	4	7

(2) ♥, ▲

2 (1)

색깔	빨간색	초록색	노란색
세면서 표시하기	〣〣	〣〣	〣
학생 수(명)	8	7	5

(2) 빨간색 (3) 노란색 (4) 빨간색

1 (2) 가장 많은 것은 ♥ 모양이고, 가장 적은 것은 ▲ 모양입니다.

2 (1) 빨간색은 ○표, 초록색은 △표, 노란색은 □표를 하면서 세어 봅니다.

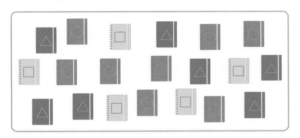

➡ ○표는 8개, △표는 7개, □표는 5개입니다.

(4) 가장 많은 학생들이 좋아하는 수첩은 빨간색 수첩이므로 빨간색 수첩을 더 많이 준비하면 좋을 것 같습니다.

개념 적용 −1 분류하는 방법 알아보기 146~147쪽

1 (1) 빨간색 옷과 노란색 옷에 ○표
(2) 다리가 2개인 동물과 다리가 4개인 동물에 ○표

2 ㉢, ㉣

3 (   ) (○)

4 ㉄ 색깔

🐟 빨간, 파란

---

1 (1) 편한 옷과 불편한 옷으로 분류하면 사람에 따라 분류 결과가 다를 수 있으므로 분류 기준으로 알맞지 않습니다.

2 ㉢ 여자와 남자이므로 여자 위인과 남자 위인으로 분류할 수 있습니다.
㉣ 우리나라 위인과 외국 위인이므로 한국인과 외국인으로 분류할 수 있습니다.

3 왼쪽은 모양이 모두 같으므로 모양을 기준으로 분류할 수 없습니다.

😊 내가 만드는 문제

4 단추는 파란색과 빨간색이 있고, 구멍이 4개인 것, 3개인 것, 2개인 것이 있으며 사각형 모양, 원 모양, 하트 모양이 있습니다.
따라서 단추를 색깔이나 구멍의 수 또는 모양을 기준으로 하여 분류할 수 있습니다.

개념 적용 −2 기준에 따라 분류하기 148~149쪽

5 ㉄ 색깔, ㉄ 모양

6
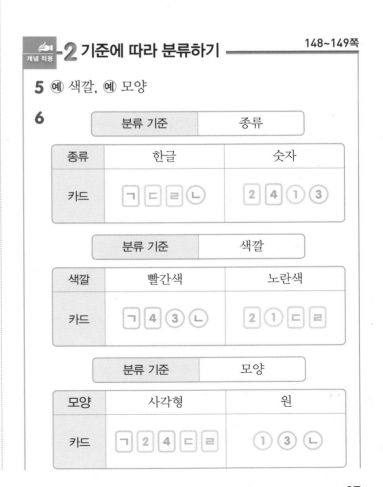

7 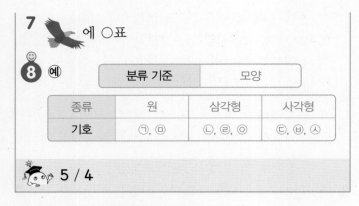 에 ○표

8 예)

분류 기준		모양	

종류	원	삼각형	사각형
기호	㉠, ㉤	㉡, ㉢, ㉥	㉢, ㉦, ㉧

5 / 4

5 색깔은 주황색과 초록색으로 분류할 수 있습니다.

모양은 🍾과 🥫으로 분류할 수 있습니다.

종류는 오렌지와 녹차로 분류할 수 있습니다.

6 각 카드의 공통점과 차이점을 비교하여 분류합니다.

7 다리 수에 따라 다리가 4개인 동물과 다리가 2개인 동물로 분류한 것입니다.
독수리는 다리가 4개가 아니므로 잘못 분류한 것입니다.

😊 내가 만드는 문제
8 분류 기준을 색깔로 하여 빨간색, 노란색, 초록색으로 분류할 수도 있습니다.

학용품의 종류	자	풀	가위
세면서 표시하기	//// ////	////	//// /
수(개)	3	5	4

9 (1) 그림의 수를 세어 보면 14개이므로 학생은 모두 14명입니다.

10 재활용품을 종류에 따라 분류하면 비닐은 3개, 병은 4개, 캔은 6개, 플라스틱은 7개입니다.

11 카드를 노란색과 하늘색으로 분류하여 세어 보면 노란색이 11개, 하늘색이 7개이므로 노란색을 더 많이 칠했습니다.

😊 내가 만드는 문제
12 색깔, 모양 등을 생각하여 분류 기준을 만든 후 기준에 따라 모양을 분류하고 그 수를 세어 봅니다.

개념 적용
3 분류하고 세어 보기 — 150~151쪽

9 (1) 14명

(2)
계절	봄	여름	가을	겨울
세면서 표시하기	////	////	///	//
학생 수(명)	5	4	3	2

10
종류	비닐	병	캔	플라스틱
세면서 표시하기	///	////	//// /	//// //
재활용품 수(개)	3	4	6	7

11 노란색

12 예) • 파란색입니다.

• 삼각형입니다. / 2개

개념 적용
4 분류한 결과를 말해 보기 — 152~153쪽

13 (1)
종류	우유	콜라	주스
세면서 표시하기	//// ////	//// ///	//// /
음료수 수(개)	10	8	6

(2) 우유, 주스

13➕ (1) 빨간색, 노란색 (2) 표

14 (1)
색깔	빨간색	노란색	파란색
우산 수(개)	4	7	5

(2) 노란색

😊
15 예) 오이, 토마토, 가지의 수가 / 예) 당근을 더 사 와야 합니다.

흰색, 흰색

13 (2) 마신 음료수의 수를 비교하면 10>8>6이므로 가장 많이 마신 것은 우유이고, 가장 적게 마신 것은 주스입니다.

➕ (2) 각 항목별 자료의 수를 알아보기에는 표가 더 편리합니다.

14 (2) 색깔별 우산 수를 비교하면 7>5>4이므로 가장 많이 팔린 우산의 색깔은 노란색입니다.
따라서 상점에서는 노란색 우산을 더 준비하는 것이 좋을 것 같습니다.

😊 내가 만드는 문제
15 • 오이는 4개, 토마토는 4개, 가지는 4개로 수가 같습니다.
• 채소의 수가 종류에 따라 같으려면 2개인 당근을 더 사 와야 합니다.

3⁺ 오늘 팔린 가방은 20개이므로 보라색 가방은 20−6−9=5(개)입니다.
따라서 팔린 가방의 수를 비교하면 9>6>5이므로 가장 많이 준비해야 하는 가방의 색깔은 초록색입니다.

4 파란색 우산을 가져온 학생은 4명입니다. 이 중에서 남학생은 3명입니다.

4⁺ 노란색 색종이로 접은 학생은 4명입니다.
이 중에서 개구리를 접은 학생은 3명입니다.

5 표에서 치와와는 6마리이고 자료를 세어 보면 5마리이므로 빈칸에 알맞은 동물은 치와와입니다.
자료에서 푸들은 8마리이므로 표의 빈칸에 8을 씁니다.

5⁺ 표에서 장래 희망이 가수인 학생은 2명이므로 빈칸에 알맞은 장래 희망은 가수입니다.
자료에서 장래 희망이 의사인 학생은 6명이므로 표의 빈칸에 6을 씁니다.

개념 완성 발전 문제 　　　　154~156쪽

1 ㉡

1⁺ 예 십자가 모양이 있는 것과 없는 것

2 5, 초콜릿　　　**2⁺** ⑧, 장미

3 지우개　　　**3⁺** 초록색

4 3명　　　**4⁺** 3명

5 치와와 / 8　　　**5⁺** 가수 / 6

---

1 세 국기의 공통점은 가운데 ○ 모양이 있습니다.

1⁺ 빨간색이 있는 것과 없는 것, 가로줄이 있는 것과 없는 것 등 누가 분류해도 명확하게 분류할 수 있으면 정답입니다.

2 5번은 초콜릿 맛인데 딸기 맛 칸에 잘못 분류되었습니다.

2⁺ ⑧번은 장미인데 튤립 칸에 잘못 분류되었습니다.

3 많이 팔린 학용품이 인기가 많은 학용품입니다.
따라서 팔린 학용품의 수를 비교하면 8>6>4이므로 가장 많이 준비해야 하는 학용품은 지우개입니다.

5단원 단원 평가 　　　157~159쪽

1 색깔, 모양에 ○표

2

종류	비행기	배	학
수(개)	6	4	5

3

색깔	노란색	빨간색	초록색
수(개)	6	5	4

4

날씨	맑은 날	흐린 날	비 온 날
날수(일)	14	9	7

5 맑은 날　　　**6** 비 온 날

7 🍎 에 ○표

8 예 종류

9 예)

종류	강아지	고양이	새
세면서 표시하기	////	//	///
학생 수(명)	5	2	3

10 역사책

11 지폐와 동전

12 예) 한국 돈과 외국 돈

13 4자루

14 파란색

15 ㉡

16 3개

17 3개

18

모양 색깔	△	□	○
빨간색	2	3	0
초록색	1	1	3
노란색	3	0	2

19 예) 분류 기준이 명확하지 않습니다.

20 채소 칸

2 색깔에 관계없이 종류로 구분하여 셉니다.

3 종류에 관계없이 색깔로 구분하여 셉니다.

4 맑은 날: 1, 2, 6, 7, 9, 11, 15, 19, 20, 21, 22, 26, 27, 30일 ➡ 14일
흐린 날: 3, 4, 8, 10, 13, 16, 17, 25, 29일 ➡ 9일
비 온 날: 5, 12, 14, 18, 23, 24, 28일 ➡ 7일

5 14, 9, 7 중에서 가장 큰 수는 14이므로 맑은 날이 가장 많았습니다.

6 14, 9, 7 중에서 가장 작은 수는 7이므로 비 온 날이 가장 적었습니다.

7 과일과 케이크로 분류했습니다.
케이크에 배가 있으므로 잘못 분류하였습니다.

8 다리 수로도 분류할 수 있습니다.

10 역사책의 수가 가장 적으므로 책 수가 종류에 따라 비슷하려면 역사책을 더 사는 것이 좋습니다.

13 분홍색은 ∨표, 노란색은 ○표, 파란색은 ×표를 하면서 세어 봅니다.

➡ ∨표는 3개, ○표는 4개, ×표는 5개이므로 노란색 형광펜은 4자루입니다.

14 분홍색 형광펜은 3자루, 노란색 형광펜은 4자루, 파란색 형광펜은 5자루입니다.

15 단추의 두께를 알 수 없으므로 두께에 따라 분류할 수 없습니다.

16 단추 구멍의 수와 관계없이 색깔과 모양만 생각하여 셉니다.

17 색깔에 관계없이 단추 구멍의 수와 모양만 생각하여 셉니다.

서술형
19

평가 기준	배점
분류 기준이 알맞지 않은 까닭을 바르게 썼나요?	5점

서술형
20 예) 냉장고의 각각의 칸에서 과일, 채소, 김치에 어울리지 않는 것을 찾습니다. 포도는 채소가 아니므로 과일 칸으로 옮겨야 합니다.

평가 기준	배점
잘못 분류된 칸을 찾는 방법을 설명했나요?	2점
잘못 분류된 칸을 찾았나요?	3점

6 곱셈

많은 물건을 셀 때 하나씩 세거나(일, 이, 삼, 사, ...) 뛰어 세거나(둘, 넷, 여섯, 여덟, ...) 묶어 세는(몇씩 몇 묶음) 방법을 통해 같은 수를 여러 번 더하게 됩니다. 곱셈은 이러한 불편한 셈을 편리하게 해주는 계산 방법입니다. 하지만 이번 단원에서는 곱셈구구를 배우지 않으므로 곱셈의 편리함을 느끼기에는 부족함이 있으나 '같은 수를 여러 번 더하는 것'을 '곱셈식'으로 나타낼 수 있다는 점을 강조하여 지도합니다. 곱셈구구는 2학년 2학기 때 학습합니다.

교과서 개념 이해 1 물건의 수를 세는 방법은 여러 가지야. 162쪽

① (1) 4, 5, 6, 7, 8, 9, 10 (2) 8, 10
   (3) 10 (4) 9, 10

교과서 개념 이해 2 몇씩 묶는지에 따라 묶음의 수가 달라져. 163쪽

① (1) 5 / 9, 12, 15 (2) 3 / 15 (3) 15장

① (1)
| 3 | 3 | 3 | 3 | 3 |

| 3 | 6 | 9 | 12 | 15 | ➡ 15장
  3   3+3   3+3+3↑ 3+3+3+3↑
      3+3+3   3+3+3+3+3

(2)
| 5 | 5 | 5 |

| 5 | 10 | 15 | ➡ 15장
  5   5+5 5+5+5

교과서 개념 이해 3 ■씩 ▲묶음은 ■의 ▲배야. 164쪽

① 7 / 7   ② 3 / 8, 3

교과서 개념 이해 4 수를 ■의 ▲배로 나타낼 수 있어. 165쪽

① 2   ② 4

③ 6

① 딸기의 수는 5씩 2묶음입니다.

② 빨간색 막대의 길이(12cm)에 노란색 막대의 길이 (3cm)를 4번 이어 붙일 수 있습니다.

③ 12는 2씩 6묶음이므로 12는 2의 6배입니다.

개념 적용 1 여러 가지 방법으로 세어 보기 ____ 166~167쪽

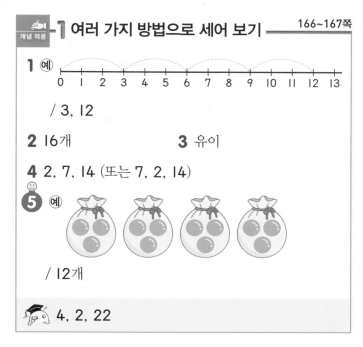

1 (예) / 3, 12

2 16개   3 유이

4 2, 7, 14 (또는 7, 2, 14)

⑤ (예) / 12개

☺ 4, 2, 22

2 4씩 4묶음이므로 4-8-12-16으로 사과는 모두 16개입니다.

3 잠자리는 7씩 3묶음, 3씩 7묶음으로 나타낼 수 있으므로 잘못된 방법으로 센 사람은 유이입니다.

4 2씩 7묶음, 7씩 2묶음으로 셀 수 있습니다.

☺ 내가 만드는 문제
⑤ (예) 한 주머니에 구슬을 3개씩 넣었습니다. 구슬은 3씩 4묶음이므로 3-6-9-12로 모두 12개입니다.

개념 적용 2 묶어 세어 보기 ____ 168~169쪽

6 (1) 5 (2) 4

7 (1) 6묶음 (2) (예) 4, 3 (3) 12개

8 ㉢, ㉣   9 (예) 2, 9, 18

⑩ (예)
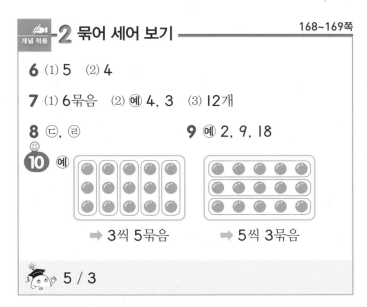
➡ 3씩 5묶음   ➡ 5씩 3묶음

☺ 5 / 3

6 (1) 4씩 묶어 세면 5묶음입니다.
     ➡ 4-8-12-16-[20]
  (2) 5씩 묶어 세면 4묶음입니다. ➡ 5-10-15-[20]

7 (2) 3씩 4묶음, 6씩 2묶음으로 묶어 셀 수도 있습니다.

8 ㉠ 도토리의 수는 4씩 4묶음입니다.
ㄴ 도토리를 2개씩 묶으면 8묶음이 됩니다.

9 9씩 2묶음, 3씩 6묶음, 6씩 3묶음으로 묶어 셀 수도 있습니다.

개념 적용 **-3 몇의 몇 배 알아보기** 170~171쪽

11 3, 7, 3, 7 **12** 예 2, 8 / 2, 8

13

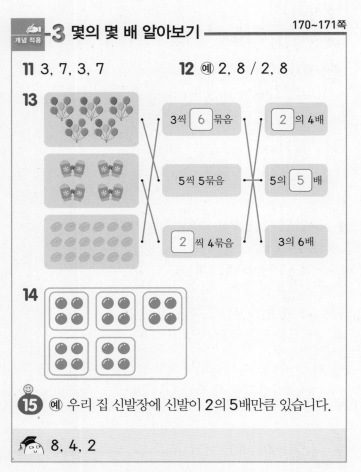

14

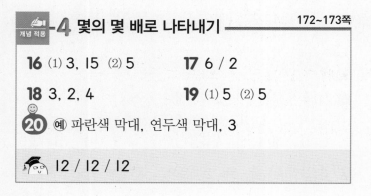

15 예 우리 집 신발장에 신발이 2의 5배만큼 있습니다.

8, 4, 2

11 고리의 수는 3씩 7묶음이므로 3의 7배입니다.

12 예 쌓기나무의 수는 2씩 8묶음이므로 2의 8배입니다.

14 4개의 5배만큼이므로 4개씩 5묶음만큼 붙임딱지를 붙입니다.

내가 만드는 문제
15 예 빵집의 진열대에 도넛이 6의 4배만큼 있습니다.

개념 적용 **-4 몇의 몇 배로 나타내기** 172~173쪽

16 (1) 3, 15 (2) 5 **17** 6 / 2

18 3, 2, 4 **19** (1) 5 (2) 5

20 예 파란색 막대, 연두색 막대, 3

12 / 12 / 12

---

16 (2) 야구공의 수는 3씩 5묶음이므로 야구공의 수는 야구 방망이의 수의 5배입니다.

17 마카롱의 수는 2씩 6묶음 ➡ 2의 6배, 6씩 2묶음 ➡ 6의 2배입니다.

18 수민이의 연결 모형은 2개입니다.
소영이의 연결 모형은 6개이므로 수민이의 연결 모형의 3배입니다.
지민이의 연결 모형은 4개이므로 수민이의 연결 모형의 2배입니다.
채은이의 연결 모형은 8개이므로 수민이의 연결 모형의 4배입니다.

내가 만드는 문제
20 예 파란색 막대의 길이는 연두색 막대를 3번 이어 붙여야 같아집니다.

교과서 개념 이해 **5 곱셈은 묶음이나 배를 × 기호로 나타낸 거야.** 174~175쪽

1 (1) 3, 3 (2) 6, 6, 6, 18 (3) 6, 3, 18 (4) 18

2 곱하기

3 (1) 3, 7 (2) 21 (3) 21

4 9, 9, 9, 9, 9, 45 / 9, 5, 45

5 (1) 12, 6, 12 (2) 24, 8, 3, 24

1 6씩 3묶음 ➡ 6의 3배 ➡ 6×3
6+6+6=18 ➡ 6×3=18

3 ■씩 ▲묶음 ➡ ■의 ▲배 ➡ ■+■+⋯+■ ⎵▲번

4 ◆의 수는 9씩 5묶음입니다.
9씩 5묶음 ➡ 9의 5배
➡ 9+9+9+9+9=45 ➡ 9×5=45

교과서 개념 이해 **6 곱셈식으로 나타내 문제를 해결해 보자.** 176~177쪽

1 (1) 4 (2) 7, 7, 7, 28 (3) 4, 28

2 (1) 5 / 4, 5, 20 (2) 8 / 2, 8, 16

3 5, 20 **4** 2, 7, 14 / 14개

5 (1) 5 / 5 (2) 4 / 4

3 4씩 5번 뛰어 세었습니다.

4씩 5번 뛰어 센 수는 ➡ $4 \times 5 = 20$입니다.

4

| 1대 | 2대 | 3대 | 4대 | 5대 | 6대 | 7대 |

➡ 2씩 7묶음 ➡ $2 \times 7 = 14$

5 (1) 2씩 5묶음은 10입니다. ➡ $2 \times 5 = 10$

5씩 2묶음은 10입니다. ➡ $5 \times 2 = 10$

(2) 3씩 4묶음은 12입니다. ➡ $3 \times 4 = 12$

4씩 3묶음은 12입니다. ➡ $4 \times 3 = 12$

---

1 12 / 4, 3, 12

2 6, 4 / 6, 6, 6, 6, 24 / 6, 4, 24

3 미란

4 (1) 9, 9, 9, 9, 9   (2) 7, 7, 7, 7, 7, 7

5 (왼쪽에서부터) $3+3+3=9$, $3 \times 3=9$ /

$3 \times 4=12$

5➕ (1) 30   (2) 35

😊6 ㈜ $4+4+4+4+4=20$ / $4 \times 5=20$

😵 2 / 3 / 4 / 5

---

1 4씩 3묶음은 12입니다.

➡ 4의 3배는 12입니다.

➡ $4 \times 3 = 12$

2 6씩 4묶음 ➡ 6의 4배 ➡ 6×4

$6+6+6+6=24$ ➡ $6 \times 4=24$

3 미란: "$5 \times 4=20$은 5 곱하기 4는 20과 같습니다."

라고 읽습니다.

😊 내가 만드는 문제

6 ㈜ 주어진 쌓기나무는 4개이므로 5배만큼 쌓는다면

쌓은 쌓기나무 수는 $4+4+4+4+4=20$

➡ $4 \times 5 = 20$입니다.

---

7 (1) ㈜ $4+4+4+4=16$ (2) ㈜ $4 \times 4=16$

(3) ㈜ $2 \times 8=16$

8 36살

9 ㈜

4	8	9	2	3	2
6	3	5	6	8	4
7	2	6	1	9	5
2	3	4	2	7	2
9	8	1	9	6	4
7	6	9	5	5	8

10 $2 \times 3=6$ **11** 32개

12 ㈜ 9, 54 / 54개

😵 3, 21 / 7, 21 / 같습니다에 ○표

---

7 (2), (3) $2 \times 8=16$, $4 \times 4=16$, $8 \times 2=16$으로 나타낼 수 있습니다.

8 9의 4배 ➡ $9+9+9+9=36$ ➡ $9 \times 4=36$이므로 선생님의 나이는 36살입니다.

9 곱해서 18을 만들 수 있는 수는 2와 9, 3과 6이 있습니다.

10 월요일, 목요일, 금요일에 책을 2권씩 읽었으므로 읽은 책의 수를 곱셈식으로 나타내면 $2 \times 3=6$입니다.

11 꽃 모양의 수는 8의 4배 ➡ 8×4입니다.

$8+8+8+8=32$ ➡ $8 \times 4=32$이므로 꽃 모양은 모두 32개입니다.

😊 내가 만드는 문제

12 내가 정한 상자의 수가 □라면 전체 초콜릿의 수는 $6 \times$□입니다.

---

1 ㈜ 2, 8, 16 / 4, 4, 16 / 8, 2, 16

1⁺ ㈜ $2 \times 6=12$, $3 \times 4=12$, $4 \times 3=12$, $6 \times 2=12$

2 4묶음   **2⁺** 4묶음

3 4, 4, 4 / 8, 8 / 6 / 3

3⁺ 12 / 3, 3, 3 / 12 / 4, 12

4 9

4⁺ 5

5 41자루

5⁺ 수진, 3개

6 45개

6⁺ 42개

---

1 2씩 묶으면 8묶음, 4씩 묶으면 4묶음, 8씩 묶으면 2묶음입니다.

1⁺ 2씩 6묶음, 3씩 4묶음, 4씩 3묶음, 6씩 2묶음입니다.

2

8씩 3묶음은 6씩 4묶음입니다.

2⁺

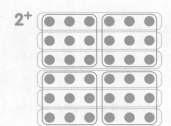

6씩 6묶음은 9씩 4묶음입니다.

3

24					
4	4	4	4	4	4
8		8		8	

4+4+4+4+4+4=24이므로 4×6=24입니다.
8+8+8=24이므로 8×3=24입니다.

3⁺

㉠ 12					
2	2	2	2	2	2
3	㉡ 3	3	3		

2×6=㉢ 12,
3×㉣ 4=12

㉠ 2+2+2+2+2+2=12이므로 ㉠에 알맞은 수는 12입니다.
㉡ 3+3+3+3=12이므로 ㉡의 빈칸에 알맞은 수는 각각 3입니다.
㉢ 2+2+2+2+2+2=12이므로 2×6=12입니다.
㉣ 3+3+3+3=12이므로 3×4=12입니다.

4 □×2=□+□=18입니다.
같은 수를 두 번 더해서 18이 되는 수를 찾아보면
9+9=18이므로 □=9입니다.

4⁺ 3×□=□×3이므로
□×3=□+□+□=15입니다.
같은 수를 세 번 더해서 15가 되는 수를 찾아보면
5+5+5=15이므로 □=5입니다.

5 효준: 5자루의 4배
➡ 5×4=5+5+5+5=20(자루)
시훈: 3자루의 7배
➡ 3×7=3+3+3+3+3+3+3=21(자루)
따라서 효준이와 시훈이가 가지고 있는 연필은 모두
20+21=41(자루)입니다.

5⁺ 유하: 3개씩 5묶음
➡ 3×5=3+3+3+3+3=15(개)
수진: 6개씩 3묶음
➡ 6×3=6+6+6=18(개)
따라서 수진이가 구슬을 18-15=3(개) 더 많이 가지고 있습니다.

6 한 상자에 들어 있는 초콜릿은
3×3=3+3+3=9(개)입니다.
따라서 5상자에 들어 있는 초콜릿은 모두
9×5=9+9+9+9+9=45(개)입니다.

6⁺ 한 상자에 넣은 사탕은 2×3=2+2+2=6(개)입니다.
따라서 7상자에 넣은 사탕은 모두
6×7=6+6+6+6+6+6+6=42(개)입니다.

6단원 **단원 평가** 185~187쪽

1 6, 9, 12

2 (1) 3, 18 (2) 3, 18

3 2 / 3 / 4 / 5

4 3, 4 / 3, 4, 12

5 4+4+4+4+4=20 / 4×5=20

6 ✕ (선 연결)

7 18개

8 ①, ⑤

9 ③

10 = / < / >

11 예 5×3=15 / 5×4=20

12 4

13 56개

14 10살

15 3, 3, 3, 3, 3, 3 / 7, 7, 7, 3

16 30개

17 ㉎ 6×4=24, 8×3=24

18 3   **19** 은혜

20 32개

---

1 3씩 4묶음이므로 모두 12개입니다.

2 ⑴ 6씩 3묶음 ➡ 6+6+6=18
   ⑵ 6의 3배 ➡ 6+6+6=18

5 잠자리 한 마리의 날개는 4장입니다.

6 2의 3배 ➡ 2×3=2+2+2=6
   5의 4배 ➡ 5×4=5+5+5+5=20
   4의 5배 ➡ 4×5=4+4+4+4+4=20
   3의 2배 ➡ 3×2=3+3=6

7 단추 구멍이 2개인 단추가 9개 있으므로 단추 구멍은
   모두 2×9=2+2+2+2+2+2+2+2+2=18(개)
   입니다.

8
   3씩 9묶음 ➡ 3×9
   9씩 3묶음 ➡ 9×3

9 2씩 4묶음 ➡ 2의 4배 ➡ 2×4=2+2+2+2

10 3×4=3+3+3+3=12입니다.
    3×3은 3을 3번 더한 것과 같으므로 12보다 작습니다.
    3×5는 3을 5번 더한 것과 같으므로 12보다 큽니다.

11 3×5=15, 4×5=20이라고 쓴 경우도 정답입니다.

12 4×6 ➡ 4를 6번 더한 수
    4×5 ➡ 4를 5번 더한 수
    4×6=$\underbrace{4+4+4+4+4}_{4×5}$+4

13 8의 7배이므로 기둥은 모두
    8×7=8+8+8+8+8+8+8=56(개)입니다.

14 5의 2배는 5+5=10입니다.
    따라서 성민이의 나이는 10살입니다.

15

21						
3	3	3	3	3	3	3
7		7		7		

    3과 7을 각각 몇 번 더해야 21이 되는지 찾습니다.

3+3+3+3+3+3+3=21 ➡ 3×7=21
7+7+7=21 ➡ 7×3=21

16 주어진 쌓기나무는 3개입니다.
우선이의 쌓기나무: 3의 4배
➡ 3+3+3+3=12
➡ 3×4=12
은정이의 쌓기나무: 3의 6배
➡ 3+3+3+3+3+3=18 ➡ 3×6=18
따라서 두 사람이 가지고 있는 쌓기나무는 모두
12+18=30(개)입니다.

17
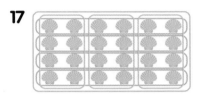

6씩 4묶음, 8씩 3묶음으로 묶을 수 있습니다.
6씩 4묶음, 4씩 6묶음 ➡ 6×4=24, 4×6=24
8씩 3묶음, 3씩 8묶음 ➡ 8×3=24, 3×8=24

18 ㉠×4는 ㉠+㉠+㉠+㉠=12입니다.
같은 수를 네 번 더해서 12가 되는 수를 찾아보면
3+3+3+3=12이므로 ㉠=3입니다.

서술형
19 ㉎ 건호가 쌓은 연결 모형의 수는 3입니다. 3의 3배
는 9이므로 연결 모형의 수가 9인 사람을 찾으면
은혜입니다.

평가 기준	배점
건호가 쌓은 연결 모형의 수를 구했나요?	1점
3의 3배를 구했나요?	2점
건호가 쌓은 연결 모형의 수의 3배만큼 쌓은 사람을 찾았나요?	2점

서술형
20 ㉎ 두발자전거 4대의 바퀴는
2×4=2+2+2+2=8(개)이고, 트럭 4대의 바
퀴는 6×4=6+6+6+6=24(개)입니다.
따라서 두발자전거와 트럭의 바퀴는 모두
8+24=32(개)입니다.

평가 기준	배점
두발자전거와 트럭의 바퀴 수를 각각 구했나요?	3점
두발자전거와 트럭의 바퀴는 모두 몇 개인지 구했나요?	2점

💡 **사고력이 반짝**   188쪽

10 / 15 / 25 / 50 / 14 / 6 / 12 / 26

1 세 자리 수

➕ 개념 적용
2~5쪽

1

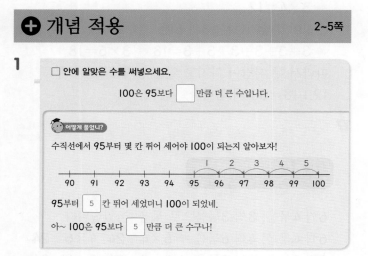

□ 안에 알맞은 수를 써넣으세요.

100은 95보다 □ 만큼 더 큰 수입니다.

😀 어떻게 풀었니?

수직선에서 95부터 몇 칸 뛰어 세어야 100이 되는지 알아보자!

90 91 92 93 94 95 96 97 98 99 100

95부터 5 칸 뛰어 세었더니 100이 되었네.

아~ 100은 95보다 5 만큼 더 큰 수구나!

2 3   **3** 6

4

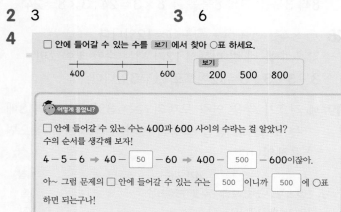

□ 안에 들어갈 수 있는 수를 보기 에서 찾아 ○표 하세요.

400 □ 600   보기 200 500 800

😀 어떻게 풀었니?

□ 안에 들어갈 수 있는 수는 400과 600 사이의 수라는 걸 알았니?
수의 순서를 생각해 보자!

4-5-6 ➡ 40- 50 -60 ➡ 400- 500 -600이잖아.

아~ 그럼 문제의 □ 안에 들어갈 수 있는 수는 500 이니까 500 에 ○표 하면 되는구나!

5 300   **6** 800

7

수 모형이 나타내는 수를 써 보세요.

😀 어떻게 풀었니?

백 모형, 십 모형, 일 모형이 각각 몇을 나타내는지 알아보자!

수 모형을 각각 세어보면 백 모형 3 개, 십 모형 15 개, 일 모형 6개야.

십 모형 10개는 백 모형 1 개와 같아.

100이 4 개   10이 5개   1이 6개

400 + 50 + 6 ➡ 456

아~ 수 모형이 나타내는 수는 456 (이)구나!

8 289

9

보기 에서 알맞은 수를 골라 □ 안에 써넣으세요.

보기 538 536 532   536< □

🎓 어떻게 풀었니?

세 수의 각 자리 수를 알아보고 비교해 보자!

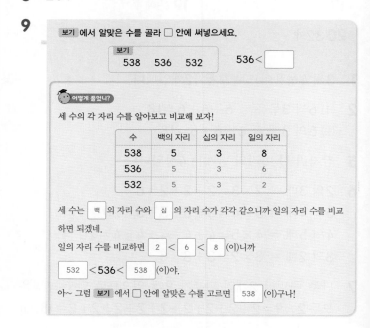

수	백의 자리	십의 자리	일의 자리
538	5	3	8
536	5	3	6
532	5	3	2

세 수는 백 의 자리 수와 십 의 자리 수가 각각 같으니까 일의 자리 수를 비교하면 되겠네.

일의 자리 수를 비교하면 2 < 6 < 8 (이)니까

532 <536< 538 (이)야.

아~ 그럼 보기 에서 □ 안에 알맞은 수를 고르면 538 (이)구나!

10 711   **11** 403, 335

2

90 91 92 93 94 95 96 97 98 99 100

97부터 3칸 뛰어 세면 100이므로 100은 97보다 3 만큼 더 큰 수입니다.

3

90 91 92 93 94 95 96 97 98 99 100

94부터 6칸 뛰어 세면 100이므로 100은 94보다 6 만큼 더 큰 수입니다.

5 수의 순서를 생각해 보면
2-3-4 ➡ 20-30-40 ➡ 200-300-400
이므로 □ 안에 알맞은 수는 300입니다.

6 수의 순서를 생각해 보면
6-7-8-9 ➡ 60-70-80-90
➡ 600-700-800-900
이므로 □ 안에 알맞은 수는 800입니다.

8 백 모형 1개, 십 모형 18개, 일 모형 9개가 있습니다.
십 모형 10개는 백 모형 1개와 같으므로 백 모형 2개,
십 모형 8개, 일 모형 9개와 같습니다. 따라서 수 모형이 나타내는 수는 200+80+9=289입니다.

10 세 수는 백의 자리 수와 십의 자리 수가 각각 같으므로 일의 자리 수를 비교합니다. 9>4>1이므로 719>714>711입니다. 따라서 □ 안에 알맞은 수는 711입니다.

11 보기 의 네 수의 백의 자리 수를 비교하면 4>3>2이므로 가장 큰 수는 403이고, 가장 작은 수는 296입니다. 327과 335는 백의 자리 수가 같으므로 십의 자리 수를 비교하면 2<3에서 327<335입니다. 따라서 296<327<335<403이므로 □ 안에 들어갈 수 있는 수는 403, 335입니다.

🔵 쓰기 쉬운 서술형　　6~11쪽

1	10, 10 / 10봉지	**1-1**	3묶음
1-2	4상자	**1-3**	100권
2	9, 9, 409 / 409	**2-1**	700
3	8, 9, 298 / 298	**3-1**	2개
4	1, 650, 650 / 650	**4-1**	825
4-2	796	**4-3**	470

1-1 ㉘ 100은 10이 10개인 수입니다. ---- ❶
10이 7개인 수는 70이고 70보다 30만큼 더 큰 수가 100이므로 100이 되려면 10이 3개 더 있어야 합니다. ---- ❷
따라서 색종이가 100장이 되려면 10장씩 3묶음이 더 필요합니다. ---- ❸

단계	문제 해결 과정
①	100은 10이 몇 개인지 알았나요?
②	10이 7개인 수가 100이 되려면 10이 몇 개 더 있어야 하는지 구했나요?
③	색종이가 100장이 되려면 10장씩 몇 묶음이 더 필요한지 구했나요?

1-2 ㉘ 100은 10이 10개인 수입니다. ---- ❶
10이 6개인 수는 60이고 60보다 40만큼 더 큰 수가 100이므로 100이 되려면 10이 4개 더 있어야 합니다. ---- ❷
따라서 배가 100개가 되려면 10개씩 4상자가 더 필요합니다. ---- ❸

단계	문제 해결 과정
①	100은 10이 몇 개인지 알았나요?
②	10이 6개인 수가 100이 되려면 10이 몇 개 더 있어야 하는지 구했나요?
③	배가 100개가 되려면 10개씩 몇 상자가 더 필요한지 구했나요?

1-3 ㉘ 10이 8개인 수는 80입니다. ---- ❶
80보다 20만큼 더 큰 수는 100입니다. ---- ❷
따라서 공책은 모두 100권입니다. ---- ❸

단계	문제 해결 과정
①	10이 8개인 수를 구했나요?
②	10이 8개인 수보다 20만큼 더 큰 수는 얼마인지 구했나요?
③	공책은 모두 몇 권인지 구했나요?

2-1 ㉘ 100이 7개, 10이 1개인 수는 710입니다. ---- ❶
700-710-720-730-740-750-760-770-780-790-800이므로 710은 700에 더 가깝습니다. ---- ❷

단계	문제 해결 과정
①	100이 7개, 10이 1개인 수를 구했나요?
②	100이 7개, 10이 1개인 수는 700과 800 중 어느 수에 더 가까운지 구했나요?

3-1 ㉘ 숫자 7이 나타내는 수를 알아보면 617은 7, 578은 70, 702는 700, 375는 70, 799는 700, 807은 7입니다. ---- ❶
따라서 숫자 7이 나타내는 수가 700인 수는 702, 799로 모두 2개입니다. ---- ❷

단계	문제 해결 과정
①	각 수에서 숫자 7이 나타내는 수를 구했나요?
②	숫자 7이 나타내는 수가 700인 수는 모두 몇 개인지 구했나요?

4-1 ㉘ 칠백팔십오를 수로 나타내면 785입니다. ---- ❶
10씩 뛰어 세면 십의 자리 수가 1씩 커집니다. ---- ❷
785에서 10씩 뛰어 세면 785-795-805-815-825이므로 4번 뛰어 센 수는 825입니다.
---- ❸

단계	문제 해결 과정
①	칠백팔십오를 수로 나타냈나요?
②	10씩 뛰어 세는 방법을 설명했나요?
③	칠백팔십오에서 10씩 4번 뛰어 센 수를 구했나요?

4-2 (예) 10씩 거꾸로 뛰어 세면 십의 자리 수가 1씩 작아집니다. ····· **①**

846에서 10씩 거꾸로 뛰어 세면 846-836-826-816-806-796이므로 5번 거꾸로 뛰어 센 수는 796입니다. ····· **②**

단계	문제 해결 과정
①	10씩 거꾸로 뛰어 세는 방법을 설명했나요?
②	846에서 10씩 5번 거꾸로 뛰어 센 수를 구했나요?

4-3 (예) 십의 자리 수가 3씩 커지므로 30씩 뛰어 세는 규칙입니다. ····· **①**

320에서 30씩 뛰어 세면 320-350-380-410-440-470이므로 ㉠에 알맞은 수는 470입니다. ····· **②**

단계	문제 해결 과정
①	몇씩 뛰어 세는 규칙인지 설명했나요?
②	㉠에 알맞은 수를 구했나요?

1단원 수행 평가

12~13쪽

1 오백삼	**2** 700 / 칠백
3 1000	**4** 426 / 사백이십육
5 632, 938	**6** 902, 912 / 10
7 807에 ○표, 281에 △표	
8 5개	**9** 7, 8, 9
10 206	

1 503은 오백삼이라고 읽습니다.

2 100이 7개이면 700이고 칠백이라고 읽습니다.

3 999보다 1만큼 더 큰 수는 1000이므로 ㉠에 알맞은 수는 1000입니다.

4 100이 4개, 10이 2개, 1이 6개인 수는 426입니다. 426은 사백이십육이라고 읽습니다.

5 주어진 수의 십의 자리 숫자를 알아보면 다음과 같습니다.

352 → 5, 713 → 1, 632 → 3, 103 → 0, 938 → 3

따라서 십의 자리 숫자가 3인 수는 632, 938입니다.

6 십의 자리 수가 1씩 커지므로 10씩 뛰어 센 것입니다.

892-902-912-922-932-942-952

7 주어진 수의 백의 자리 수를 비교하면 8>4>3>2이므로 807이 가장 큽니다.

백의 자리 수가 가장 작은 284와 281은 백의 자리 수와 십의 자리 수가 각각 같으므로 일의 자리 수를 비교하면 4>1에서 284>281입니다. 따라서 가장 작은 수는 281입니다.

8 327보다 크고 333보다 작은 세 자리 수는 328, 329, 330, 331, 332이므로 모두 5개입니다.

9 십의 자리 수를 비교하면 2<4이므로 ☐ 안에 들어갈 수 있는 수는 7과 같거나 7보다 커야 합니다. 따라서 ☐ 안에 들어갈 수 있는 수는 7, 8, 9입니다.

서술형
10 (예) 가장 작은 세 자리 수를 만들려면 작은 수부터 백의 자리, 십의 자리, 일의 자리에 차례대로 놓습니다. 수 카드에 적힌 수의 크기를 비교하면 0<2<6이고 백의 자리에 0은 올 수 없으므로 만들 수 있는 가장 작은 세 자리 수는 206입니다.

평가 기준	배점
가장 작은 세 자리 수를 만드는 방법을 알았나요?	5점
만들 수 있는 가장 작은 세 자리 수를 구했나요?	5점

2 여러 가지 도형

1

삼각형과 사각형의 공통점을 모두 찾아 기호를 써 보세요.

> ㉠ 둥근 부분이 있습니다.
> ㉡ 변과 꼭짓점이 있습니다.
> ㉢ 곧은 선으로 이루어져 있습니다.
> ㉣ 4개의 변과 4개의 꼭짓점이 있습니다.

😊 어떻게 풀었니?

삼각형과 사각형을 보고 삼각형과 사각형의 공통점을 알아보자!

삼각형   사각형

삼각형과 사각형은 모두 둥근 부분이 (있고 , (없고)), (굽은 , (곧은)) 선으로 이루어져 있어.
또 삼각형과 사각형은 모두 변과 꼭짓점이 ((있어) , 없어).
삼각형은 변이 3 개, 꼭짓점이 3 개이고,
사각형은 변이 4 개, 꼭짓점이 4 개야.
아~ 그럼 삼각형과 사각형의 공통점을 모두 찾아 기호를 쓰면 ㉡ , ㉢ 이구나!

2 윤지

3

원을 모두 찾아 기호를 써 보세요.

가   나   다   라
마   바   사   아

😊 어떻게 풀었니?

원의 특징을 생각하며 원을 찾아보자!

뾰족한 부분과 곧은 선이 (있는 , (없는)) 도형은 가 , 마 , 사 야.
이 중에서 어느 쪽에서 보아도 똑같이 ((동그란) , 반듯한) 모양은 가 , 사 야.
아~ 그럼 원을 모두 찾아 기호를 쓰면 가 , 사 구나!

4 14

5

보기 의 조각을 이용하여 만들 수 없는 모양에 ○표 하세요.

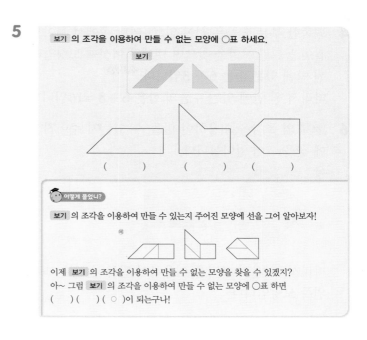

(   )   (   )   (   )

😊 어떻게 풀었니?

보기 의 조각을 이용하여 만들 수 있는지 주어진 모양에 선을 그어 알아보자!

이제 보기 의 조각을 이용하여 만들 수 없는 모양을 찾을 수 있겠지?
아~ 그럼 보기 의 조각을 이용하여 만들 수 없는 모양에 ○표 하면
(   )   (   )   (○)이 되는구나!

6 (○) (   )

7

쌓기나무로 쌓은 모양에 대한 설명입니다. □ 안에 알맞은 수나 말을 써넣으세요.

오른쪽 / 앞

빨간색 쌓기나무가 1개 있고 그 위에 쌓기나무가 □개 있습니다. 그리고 빨간색 쌓기나무 □ 에 쌓기나무가 □ 개 있습니다.

😊 어떻게 풀었니?

빨간색 쌓기나무를 기준으로 쌓기나무가 어떻게 쌓여 있는지 알아보자!
먼저 쌓기나무의 쌓은 모양을 설명하려면 빨간색 쌓기나무를 기준으로 위치나 방향 등을 알아봐야 해.

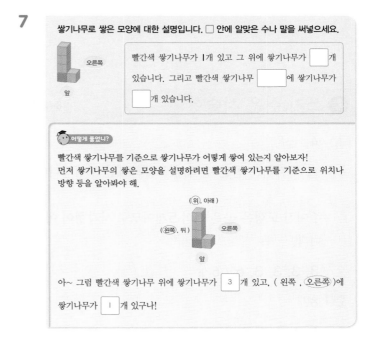

((위) , 아래)
((왼쪽) , 뒤)   오른쪽
앞

아~ 그럼 빨간색 쌓기나무 위에 쌓기나무가 3 개 있고, (왼쪽 , (오른쪽))에 쌓기나무가 1 개 있구나!

8 위에 ○표, 뒤에 ○표, 왼쪽에 ○표, 2

---

2 • 재민: 꼭짓점이 삼각형은 **3**개, 사각형은 **4**개이므로 꼭짓점의 수가 다릅니다.
    • 윤지: 변이 삼각형은 **3**개, 사각형은 **4**개이므로 변의 수가 다릅니다.
    • 정수: 삼각형과 사각형은 모두 뾰족한 부분이 있습니다.
따라서 삼각형과 사각형을 바르게 비교한 사람은 윤지입니다.

4 뾰족한 부분과 곧은 선이 없고, 어느 쪽에서 보아도 똑같이 동그란 모양을 찾으면 넷째와 여섯째 도형입니다.
원 안에 있는 수는 6과 8입니다.
따라서 원 안에 있는 수들의 합은 6+8=14입니다.

6 보기 의 조각을 이용하여 만들 수 있는지 주어진 모양에 선을 그어 알아봅니다.
예

따라서 보기 의 조각을 이용하여 만들 수 있는 모양은 왼쪽 모양입니다.

🔘 쓰기 쉬운 서술형
18~23쪽

1 4, 굽은

1-1 예 사각형은 곧은 선 4개로 둘러싸인 도형입니다.
----❶

주어진 도형은 곧은 선이 5개이므로 사각형이 아닙니다. ----❷

2 3, 3, 3, 3, 6 / 6개

2-1 8개

3 4, 4, 1, 4, 4, 1, 9 / 9개

3-1 5개   **3-2** 8개

3-3 12개

4 4, 1, 4, 1, 5, 3, 1, 3, 1, 4, 5, 4, 9 / 9개

4-1 10개

5 1, 위, 1

5-1 예 1층에 쌓기나무 4개가 옆으로 나란히 있고, 가장 오른쪽 쌓기나무의 위에 쌓기나무 1개가 있습니다. ----❶

1-1

단계	문제 해결 과정
①	사각형이 무엇인지 설명했나요?
②	사각형이 아닌 까닭을 바르게 썼나요?

2-1 예 사각형은 변이 4개, 꼭짓점이 4개입니다. ----❶
따라서 사각형의 변과 꼭짓점은 모두 4+4=8(개)입니다. ----❷

단계	문제 해결 과정
①	사각형의 변과 꼭짓점의 수를 각각 구했나요?
②	사각형의 변과 꼭짓점은 모두 몇 개인지 구했나요?

3-1 예 삼각형 1개짜리 삼각형은 4개, 삼각형 4개짜리 삼각형은 1개입니다. ----❶
따라서 도형에서 찾을 수 있는 크고 작은 삼각형은 모두 4+1=5(개)입니다. ----❷

단계	문제 해결 과정
①	삼각형 1개짜리, 삼각형 4개짜리 삼각형의 수를 각각 구했나요?
②	크고 작은 삼각형은 모두 몇 개인지 구했나요?

3-2 예 사각형 1개짜리 사각형은 4개, 사각형 2개짜리 사각형은 3개, 사각형 3개짜리 사각형은 1개입니다. ----❶
따라서 도형에서 찾을 수 있는 크고 작은 사각형은 모두 4+3+1=8(개)입니다. ----❷

단계	문제 해결 과정
①	사각형 1개짜리, 사각형 2개짜리, 사각형 3개짜리 사각형의 수를 각각 구했나요?
②	크고 작은 사각형은 모두 몇 개인지 구했나요?

3-3 예 삼각형 2개짜리 사각형은 6개, 삼각형 3개짜리 사각형은 6개입니다. ----❶
따라서 도형에서 찾을 수 있는 크고 작은 사각형은 모두 6+6=12(개)입니다. ----❷

단계	문제 해결 과정
①	삼각형 2개짜리, 삼각형 3개짜리 사각형의 수를 각각 구했나요?
②	크고 작은 사각형은 모두 몇 개인지 구했나요?

4-1 예 가: 1층에 5개이므로 필요한 쌓기나무는 5개입니다.
나: 1층에 4개, 2층에 1개이므로 필요한 쌓기나무는 4+1=5(개)입니다. ----❶
따라서 쌓기나무는 모두 5+5=10(개) 필요합니다. ----❷

단계	문제 해결 과정
①	가와 나 모양과 똑같은 모양으로 쌓는 데 필요한 쌓기나무의 수를 각각 구했나요?
②	쌓기나무는 모두 몇 개 필요한지 구했나요?

5-1	단계	문제 해결 과정
	①	쌓기나무의 위치, 개수, 모양을 정확하게 설명했나요?

2단원 수행 평가

24~25쪽

1 ㉡, ㉃

2 3개 / 3개

3 사각형

4 ④

5

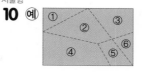

오른쪽

앞

6 (1) 5개　(2) 4개　　**7** 3개

8

> 쌓기나무 3개가 옆으로 나란히 있고, 왼쪽 쌓
> 　　　　　　　　　　　　　가운데
> 기나무의 위에 쌓기나무 1개가, 오른쪽 쌓기나
> 무의 앞에 쌓기나무 1개가 있습니다.
> 　　　뒤

9 (예)

10 2개, 4개

---

1 곧은 선과 뾰족한 부분이 없고 어느 쪽에서 보아도 똑
같이 동그란 모양을 찾으면 ㉡, ㉃입니다.

2 삼각형은 변이 3개, 꼭짓점이 3개입니다.

3 4개의 변과 4개의 꼭짓점으로 이루어진 도형은 사각
형입니다.

4 ④ 원은 곧은 선이 없습니다.

6 (1) 쌓기나무가 1층에 4개, 2층에 1개이므로 쌓기나무
는 4+1=5(개)가 필요합니다.

(2) 쌓기나무가 1층에 3개, 2층에 1개이므로 쌓기나무
는 3+1=4(개)가 필요합니다.

7

칠교 조각 중에서 삼각형 조각은 ①, ②, ③, ⑤, ⑦로
모두 5개이고, 사각형 조각은 ④, ⑥으로 모두 2개입
니다.

따라서 삼각형 조각은 사각형 조각보다 5-2=3(개)
더 많습니다.

서술형

10 (예)

점선을 따라 자르면 삼각형은 ①, ⑥으로 2개가 생기
고, 사각형은 ②, ③, ④, ⑤로 4개가 생깁니다.

평가 기준	배점
점선을 따라 자르면 생기는 삼각형의 수를 구했나요?	5점
점선을 따라 자르면 생기는 사각형의 수를 구했나요?	5점

3 덧셈과 뺄셈

➕ 개념 적용   26~29쪽

1

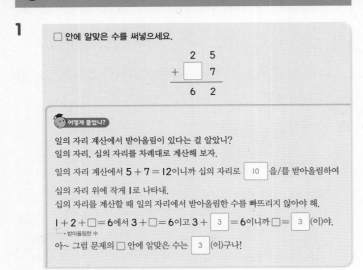

□ 안에 알맞은 수를 써넣으세요.

$$\begin{array}{r} 2\ 5 \\ +\ \boxed{\ }\ 7 \\ \hline 6\ 2 \end{array}$$

어떻게 풀었니?

일의 자리 계산에서 받아올림이 있다는 걸 알았니?
일의 자리, 십의 자리를 차례대로 계산해 보자.
일의 자리 계산에서 $5+7=12$이니까 십의 자리로 $\boxed{10}$ 을/를 받아올림하여
십의 자리 위에 작게 1로 나타내.
십의 자리를 계산할 때 일의 자리에서 받아올림한 수를 빠뜨리지 않아야 해.
$1+2+\boxed{\ }=6$에서 $3+\boxed{\ }=6$이고 $3+\boxed{3}=6$이니까 $\boxed{\ }=\boxed{3}$ (이)야.
└→ 받아올림한 수
아~ 그럼 문제의 □ 안에 알맞은 수는 $\boxed{3}$ (이)구나!

2 6

3

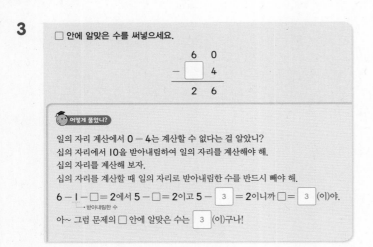

□ 안에 알맞은 수를 써넣으세요.

$$\begin{array}{r} 6\ 0 \\ -\ \boxed{\ }\ 4 \\ \hline 2\ 6 \end{array}$$

어떻게 풀었니?

일의 자리 계산에서 $0-4$는 계산할 수 없다는 걸 알았니?
십의 자리에서 10을 받아내림하여 일의 자리를 계산해야 해.
십의 자리를 계산해 보자.
십의 자리를 계산할 때 일의 자리로 받아내림한 수를 반드시 빼야 해.
$6-1-\boxed{\ }=2$에서 $5-\boxed{\ }=2$이고 $5-\boxed{3}=2$이니까 $\boxed{\ }=\boxed{3}$ (이)야.
└→ 받아내림한 수
아~ 그럼 문제의 □ 안에 알맞은 수는 $\boxed{3}$ (이)구나!

4 3   **5** (위에서부터) 5, 3

6

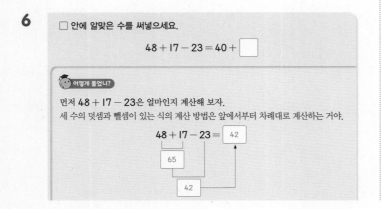

□ 안에 알맞은 수를 써넣으세요.

$$48+17-23=40+\boxed{\ }$$

어떻게 풀었니?

먼저 $48+17-23$은 얼마인지 계산해 보자.
세 수의 덧셈과 뺄셈이 있는 식의 계산 방법은 앞에서부터 차례대로 계산하는 거야.

$$48+17-23=\boxed{42}$$
$$\boxed{65}$$
$$\boxed{42}$$

$48+17-23=40+\boxed{\ }$에서 $\boxed{42}=40+\boxed{\ }$야.
$\boxed{42}$ 는 40에 □를 더한 수이므로 □$=\boxed{2}$ (이)야.
아~ 그럼 문제의 □ 안에 알맞은 수는 $\boxed{2}$ (이)구나!

7 50   **8** 20

9

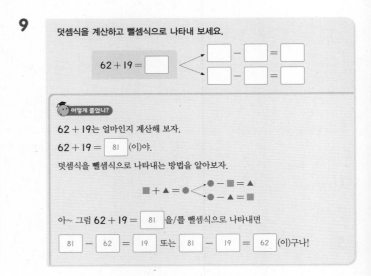

덧셈식을 계산하고 뺄셈식으로 나타내 보세요.

$$62+19=\boxed{\ }$$
$$\boxed{\ }-\boxed{\ }=\boxed{\ }$$
$$\boxed{\ }-\boxed{\ }=\boxed{\ }$$

어떻게 풀었니?

$62+19$는 얼마인지 계산해 보자.
$62+19=\boxed{81}$ (이)야.
덧셈식을 뺄셈식으로 나타내는 방법을 알아보자.

$$\blacksquare+\blacktriangle=\bullet \quad\begin{array}{c}\bullet-\blacksquare=\blacktriangle\\\bullet-\blacktriangle=\blacksquare\end{array}$$

아~ 그럼 $62+19=\boxed{81}$ 을/를 뺄셈식으로 나타내면
$\boxed{81}-\boxed{62}=\boxed{19}$ 또는 $\boxed{81}-\boxed{19}=\boxed{62}$ (이)구나!

10 93 / 93, 37, 56 / 93, 56, 37

11 56 / 56, 16, 72 / 16, 56, 72

---

2 일의 자리 계산에서 □$+8=4$가 될 수 없으므로
□$+8=14$입니다.
$6+8=14$이므로 □$=6$입니다.

4 십의 자리 계산에서 $9-1-$□$=5$, $8-$□$=5$,
$8-3=5$이므로 □$=3$입니다.

5
$$\begin{array}{r} 6\ 3 \\ -\ 2\ \textcircled{\tiny ㄱ} \\ \hline \textcircled{\tiny ㄴ}\ 8 \end{array}$$
• 일의 자리 계산: $10+3-\textcircled{\tiny ㄱ}=8$, $13-\textcircled{\tiny ㄱ}=8$,
$13-5=8$이므로 $\textcircled{\tiny ㄱ}=5$입니다.
• 십의 자리 계산: $6-1-2=\textcircled{\tiny ㄴ}$, $\textcircled{\tiny ㄴ}=3$

7 $29+37-12=66-12=54$이므로
$29+37-12=$□$+4$에서 $54=$□$+4$,
□$=50$입니다.

8 $73-34+16=39+16=55$이므로 $35+$★$=55$,
★$=20$입니다.

10 $37+56=93$입니다. $37+56=93$을 뺄셈식으로
나타내면 $93-37=56$ 또는 $93-56=37$입니다.

11 72−16=56입니다. 72−16=56을 덧셈식으로 나타내면 56+16=72 또는 16+56=72입니다.

⊜ 쓰기 쉬운 서술형 30~35쪽

1 17, 24, 41, 41 / 41개

1-1 54개   **1-2** 117개

1-3 준혁

2 34, 15, 19, 19 / 19개

2-1 12개   **2-2** 25개

2-3 찬우

3 42, 42, 52, 52, 62, 62, 1, 2 / 1, 2

3-1 6, 7, 8, 9

4 86, 23, 86, 23, 109 / 109

4-1 12

1-1 예 (유진이와 미호가 딴 토마토의 수)
=(유진이가 딴 토마토의 수)
+(미호가 딴 토마토의 수) ···· ❶
=35+19=54(개)
따라서 유진이와 미호가 딴 토마토는 모두 54개입니다. ···· ❷

단계	문제 해결 과정
①	유진이와 미호가 딴 토마토는 모두 몇 개인지 구하는 과정을 썼나요?
②	유진이와 미호가 딴 토마토는 모두 몇 개인지 구했나요?

1-2 예 (노란색 구슬의 수)
=(빨간색 구슬의 수)+(더 많은 구슬의 수) ···· ❶
=75+42=117(개)
따라서 노란색 구슬은 117개입니다. ···· ❷

단계	문제 해결 과정
①	노란색 구슬은 몇 개인지 구하는 과정을 썼나요?
②	노란색 구슬은 몇 개인지 구했나요?

1-3 예 (준혁이가 어제와 오늘 넘은 줄넘기의 수)
=(어제 넘은 줄넘기의 수)+(오늘 넘은 줄넘기의 수)
=47+39=86(번) ···· ❶
(미소가 어제와 오늘 넘은 줄넘기의 수)
=(어제 넘은 줄넘기의 수)+(오늘 넘은 줄넘기의 수)
=54+26=80(번) ···· ❷
따라서 86>80이므로 준혁이가 어제와 오늘 줄넘기를 더 많이 넘었습니다. ···· ❸

단계	문제 해결 과정
①	준혁이가 어제와 오늘 넘은 줄넘기의 수를 구했나요?
②	미소가 어제와 오늘 넘은 줄넘기의 수를 구했나요?
③	누가 어제와 오늘 줄넘기를 더 많이 넘었는지 구했나요?

2-1 예 (진성이가 캔 감자의 수)−(은수가 캔 감자의 수) ···· ❶
=40−28=12(개)
따라서 진성이는 감자를 은수보다 12개 더 많이 캤습니다. ···· ❷

단계	문제 해결 과정
①	진성이는 감자를 은수보다 몇 개 더 많이 캤는지 구하는 과정을 썼나요?
②	진성이는 감자를 은수보다 몇 개 더 많이 캤는지 구했나요?

2-2 예 (남은 딸기의 수)
=(처음에 있던 딸기의 수)
−(딸기 주스를 만드는 데 사용한 딸기의 수) ···· ❶
=52−27=25(개)
따라서 남은 딸기는 25개입니다. ···· ❷

단계	문제 해결 과정
①	남은 딸기는 몇 개인지 구하는 과정을 썼나요?
②	남은 딸기는 몇 개인지 구했나요?

2-3 예 (지영이에게 남은 색종이의 수)
=(처음에 있던 색종이의 수)
−(종이접기를 하는 데 사용한 색종이의 수)
=46−18=28(장) ···· ❶
(찬우에게 남은 색종이의 수)
=(처음에 있던 색종이의 수)
−(동생에게 준 색종이의 수)
=53−24=29(장) ···· ❷
따라서 28<29이므로 남은 색종이가 더 많은 사람은 찬우입니다. ···· ❸

단계	문제 해결 과정
①	지영이에게 남은 색종이의 수를 구했나요?
②	찬우에게 남은 색종이의 수를 구했나요?
③	남은 색종이가 더 많은 사람은 누구인지 구했나요?

3-1 예 □=9일 때 70−29=41이므로 41<45 (○),
□=8일 때 70−28=42이므로 42<45 (○),
□=7일 때 70−27=43이므로 43<45 (○),
□=6일 때 70−26=44이므로 44<45 (○),
□=5일 때 70−25=45이므로 45<45 (×)입니다. ···· ❶
따라서 □ 안에 들어갈 수 있는 수는 6, 7, 8, 9입니다. ···· ❷

단계	문제 해결 과정
①	□ 안에 9부터 거꾸로 수를 써넣어 식이 성립하는지 알았나요?
②	□ 안에 들어갈 수 있는 수를 모두 구했나요?

4-1 예 9>7>5>1이므로 십의 자리 숫자가 7인 가장 작은 두 자리 수는 일의 자리 숫자가 1인 71이고, 십의 자리 숫자가 5인 가장 큰 두 자리 수는 일의 자리 숫자가 9인 59입니다. ···· ❶
따라서 두 수의 차는 71−59=12입니다. ···· ❷

단계	문제 해결 과정
①	십의 자리 숫자가 7인 가장 작은 두 자리 수와 십의 자리 숫자가 5인 가장 큰 두 자리 수를 구했나요?
②	①에서 구한 두 수의 차를 구했나요?

3단원 수행 평가 36~37쪽

1 (1) 72 (2) 85   **2** 104 / 6

3 ㉡

4 (1) 53, 53, 83 (2) 7, 60, 7, 53

5 덧셈식 38+26=64, 26+38=64
빽셈식 64−38=26, 64−26=38

6 24−□=13 (또는 13+□=24) / 11

7 37 / 19   **8** <

9 97, 169   **10** 29장

1 (1)
```
    1
  6 7
+   5
-----
  7 2
```
(2)
```
  8 10
  9 3
-   8
-----
  8 5
```

2 ·합:
```
    1
  5 5
+ 4 9
-----
1 0 4
```
·차:
```
  4 10
  5 5
- 4 9
-----
    6
```

3 ㉠
```
    1
  4 6
+ 1 7
-----
  6 3
```
㉡
```
  5 10
  6 1
- 1 5
-----
  4 6
```
따라서 63>46이므로 계산 결과가 더 작은 것은 ㉡입니다.

4 (1) 54를 1과 53으로 가르기한 후 29에 1을 더하고 53을 더하는 방법으로 계산한 것입니다.
(2) 17을 10과 7로 가르기한 후 70에서 10을 먼저 빼고 그 결과에서 7을 빼는 방법으로 계산한 것입니다.

5 ·덧셈식은 작은 두 수를 더하여 가장 큰 수를 만듭니다.
·뺄셈식은 가장 큰 수에서 작은 두 수를 각각 뺍니다.

6 24−□=13에서 덧셈과 뺄셈의 관계를 이용하면 24−13=□, □=11입니다.

7 큰 수에서 작은 수를 뺍니다.
```
  3 10
  4 5
-   8
-----
  3 7
```
→
```
  2 10
  3 7
- 1 8
-----
  1 9
```

8 82−28+7=54+7=61
53+39−23=92−23=69
→ 61<69

9 72와 더하여 계산 결과가 가장 큰 수가 되려면 가장 큰 두 자리 수를 만들어 더해야 합니다. 9>7>5>4이므로 만들 수 있는 가장 큰 두 자리 수는 가장 큰 수인 9를 십의 자리에, 둘째로 큰 수인 7을 일의 자리에 놓은 97입니다.
→ 97+72=169

서술형
10 예 동생에게 준 우표의 수를 □로 하여 식을 만들면 65−□=36입니다. 65−□=36 → 65−36=□, □=29입니다.
따라서 동생에게 준 우표는 29장입니다.

평가 기준	배점
□를 사용하여 뺄셈식을 만들었나요?	5점
동생에게 준 우표는 몇 장인지 구했나요?	5점

4 길이 재기

➕ 개념 적용   38~41쪽

1

> 가장 긴 막대를 가지고 있는 사람은 누구일까요?
>
> > 재영: 내 막대의 길이는 이쑤시개로 5번쯤이야.
> > 진주: 내 막대의 길이는 뼘으로 5번쯤이야.
> > 도진: 내 막대의 길이는 클립으로 5번쯤이야.

> 🎓 어떻게 풀었니?
>
> 이쑤시개, 뼘, 클립으로 잰 횟수가 같다는 걸 알았니?
> 잰 횟수가 같을 때에는 길이가 가장 긴 것으로 잰 막대가 가장 길겠어!
> 이쑤시개, 뼘, 클립의 길이를 비교해 보자.
>
>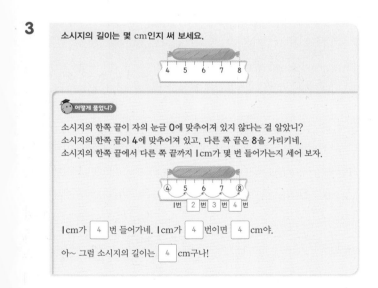
>
> ‎ 뼘 ‎ 의 길이가 가장 길어. 그러니까 ‎ 뼘 ‎ (으)로 잰 막대가 가장 길겠네.
>
> 아~ 그럼 가장 긴 막대를 가지고 있는 사람은 ‎ 진주 ‎ (이)구나!

2   예주

3

> 소시지의 길이는 몇 cm인지 써 보세요.
>
> 4 5 6 7 8
>
> 🎓 어떻게 풀었니?
>
> 소시지의 한쪽 끝이 자의 눈금 0에 맞추어져 있지 않다는 걸 알았니?
> 소시지의 한쪽 끝이 4에 맞추어져 있고, 다른 쪽 끝은 8을 가리키네.
> 소시지의 한쪽 끝에서 다른 쪽 끝까지 1cm가 몇 번 들어가는지 세어 보자.
>
> 4 1번 5 2번 6 3번 7 4번 8
>
> 1cm가 ‎ 4 ‎ 번 들어가네. 1cm가 ‎ 4 ‎ 번이면 ‎ 4 ‎ cm야.
>
> 아~ 그럼 소시지의 길이는 ‎ 4 ‎ cm구나!

4   7 cm   **5**   윤주

6

> 색깔별 막대의 길이를 자로 재어 보고 같은 길이를 찾아 같은 색으로 색칠해 보세요.
>
> ☐ cm   ☐ cm   ☐ cm

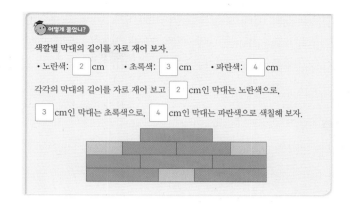

> 🎓 어떻게 풀었니?
>
> 색깔별 막대의 길이를 자로 재어 보자.
>
> • 노란색: ‎ 2 ‎ cm   • 초록색: ‎ 3 ‎ cm   • 파란색: ‎ 4 ‎ cm
>
> 각각의 막대의 길이를 자로 재어 보고 ‎ 2 ‎ cm인 막대는 노란색으로,
>
> ‎ 3 ‎ cm인 막대는 초록색으로, ‎ 4 ‎ cm인 막대는 파란색으로 색칠해 보자.

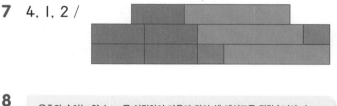

7   4, 1, 2 /

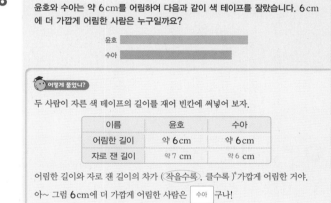

8

> 윤호와 수아는 약 6 cm를 어림하여 다음과 같이 색 테이프를 잘랐습니다. 6 cm에 더 가깝게 어림한 사람은 누구일까요?
>
> 윤호 ▭
> 수아 ▭

> 🎓 어떻게 풀었니?
>
> 두 사람이 자른 색 테이프의 길이를 재어 빈칸에 써넣어 보자.
>
> | 이름 | 윤호 | 수아 |
> |---|---|---|
> | 어림한 길이 | 약 6 cm | 약 6 cm |
> | 자로 잰 길이 | 약 7 cm | 약 6 cm |
>
> 어림한 길이와 자로 잰 길이의 차가 (작을수록, 클수록) 가깝게 어림한 거야.
>
> 아~ 그럼 6 cm에 더 가깝게 어림한 사람은 ‎ 수아 ‎ 구나!

9   지수   **10**   은지

---

2 잰 횟수가 같으므로 볼펜, 클립, 리코더의 길이를 비교해 봅니다.
볼펜, 클립, 리코더 중에서 클립이 가장 짧으므로 가장 짧은 리본을 가지고 있는 사람은 예주입니다.

4 색연필의 한쪽 끝이 6에 맞추어져 있고, 다른 쪽 끝은 13을 가리킵니다.
6부터 13까지 1cm가 7번 들어가므로 색연필의 길이는 7 cm입니다.

5 진성이의 색 테이프의 길이는 1cm가 5번 들어가므로 5 cm입니다. 윤주의 색 테이프의 길이는 1cm가 6번 들어가므로 6 cm입니다.
5<6이므로 윤주가 가지고 있는 색 테이프의 길이가 더 깁니다.

7 색깔별 막대의 길이를 자로 재어 보면 빨간색은 4cm, 파란색은 1cm, 보라색은 2cm입니다. 각각의 막대의 길이를 자로 잰 다음 같은 길이의 막대를 같은 색으로 색칠합니다.

9 두 사람이 자른 끈의 길이를 재어 봅니다.

이름	지수	준영
어림한 길이	약 8cm	약 8cm
자로 잰 길이	약 8cm	약 7cm

따라서 8cm에 더 가깝게 어림한 사람은 지수입니다.

10 어림한 길이와 실제 길이의 차가 작을수록 더 가깝게 어림한 것입니다. 어림한 길이와 실제 길이의 차를 구하면 은지는 17−16=1에서 1cm, 태민이는 18−16=2에서 2cm, 준혁이는 16−14=2에서 2cm입니다. 따라서 가장 가깝게 어림한 사람은 은지입니다.

✏ 쓰기 쉬운 서술형　　　42~47쪽

1 짧습니다에 ○표, 미호 / 미호

1-1 지윤　　　　　　**1-2** 다정

1-3 민경, 서연, 정현

2 11, 13, 16, 13, 11, ㉠ / ㉠

2-1 태준

3 3, 4, 3, 4, 쌀알 / 쌀알

3-1 오이　　　　　　**3-2** ㉠

3-3 공원, 학교, 놀이터

4 2, 4, 2, 2, 4, 2, 8, 8 / 8cm

4-1 9cm

1-1 ⓔ 둘 다 똑같이 4뼘 잰 것이므로 뼘이 길수록 자른 리본의 길이가 깁니다. ┈ ❶
따라서 지윤이의 뼘이 더 깁니다. ┈ ❷

단계	문제 해결 과정
①	뼘이 길수록 자른 리본이 더 길다는 것을 설명했나요?
②	누구의 뼘이 더 긴지 구했나요?

1-2 ⓔ 같은 거리를 걸을 때 한 걸음의 길이가 짧을수록 많이 걷습니다. ┈ ❶
38>32>29이므로 다정이의 한 걸음이 가장 짧습니다. ┈ ❷

단계	문제 해결 과정
①	같은 거리를 걸을 때 한 걸음의 길이를 비교하는 방법을 설명했나요?
②	누구의 한 걸음이 가장 짧은지 구했나요?

1-3 ⓔ 칠판의 긴 쪽의 길이를 잴 때 재는 연필이 길수록 잰 횟수는 적습니다. ┈ ❶
7<8<10이므로 길이가 긴 연필을 가지고 있는 사람부터 차례대로 이름을 쓰면 민경, 서연, 정현이입니다. ┈ ❷

단계	문제 해결 과정
①	칠판의 긴 쪽의 길이를 잴 때 재는 연필의 길이를 비교하는 방법을 설명했나요?
②	길이가 긴 연필을 가지고 있는 사람부터 차례대로 이름을 썼나요?

2-1 ⓔ 연필의 길이를 cm로 나타내면 수아는 10cm, 정빈이는 12cm, 태준이는 8cm입니다. ┈ ❶
8<10<12이므로 태준이의 연필이 가장 짧습니다. ┈ ❷

단계	문제 해결 과정
①	연필의 길이를 cm로 나타냈나요?
②	누구의 연필이 가장 짧은지 구했나요?

3-1 ⓔ 토끼와 오이 사이의 거리를 재어 보면 약 6cm, 토끼와 당근 사이의 거리를 재어 보면 약 5cm입니다. ┈ ❶
6>5이므로 토끼와 더 멀리 있는 것은 오이입니다. ┈ ❷

단계	문제 해결 과정
①	토끼와 오이, 토끼와 당근 사이의 거리를 각각 재었나요?
②	토끼와 더 멀리 있는 것은 무엇인지 구했나요?

3-2 ⓔ 원숭이와 ㉠ 바나나 사이의 거리를 재어 보면 약 3cm, 원숭이와 ㉡ 바나나 사이의 거리를 재어 보면 약 2cm, 원숭이와 ㉢ 바나나 사이의 거리를 재어 보면 약 4cm입니다. ┈ ❶
4>3>2이므로 원숭이가 둘째로 가까이 있는 바나나를 먹으려면 ㉠ 바나나를 먹어야 합니다. ┈ ❷

단계	문제 해결 과정
①	원숭이와 세 바나나 사이의 거리를 각각 재었나요?
②	둘째로 가까이 있는 바나나를 찾아 기호를 썼나요?

3-3 ㉠ 준호네 집에서 학교까지의 거리를 재어 보면 약 4cm, 준호네 집에서 공원까지의 거리를 재어 보면 약 5cm, 준호네 집에서 놀이터까지의 거리를 재어 보면 약 3cm입니다. ···· ❶

5>4>3이므로 준호네 집에서 멀리 있는 곳부터 차례대로 쓰면 공원, 학교, 놀이터입니다. ···· ❷

단계	문제 해결 과정
①	준호네 집과 학교, 공원, 놀이터까지의 거리를 각각 재었나요?
②	준호네 집에서 멀리 있는 곳부터 차례대로 썼나요?

4-1 ㉠ 세 선의 길이를 각각 재어 보면 5cm, 1cm, 3cm입니다. ···· ❶

5+1+3=9이므로 선의 길이는 모두 9cm입니다.
···· ❷

단계	문제 해결 과정
①	세 선의 길이를 각각 재었나요?
②	선의 길이는 모두 몇 cm인지 구했나요?

4단원 수행 평가
48~49쪽

1 종이띠를 이용하여 비교하기에 색칠, 짧습니다에 ○표

2 2 cm / 2 센티미터

3 7 / 3 **4** 5, 5

5 4cm **6** ㉠ 7 / 7

7
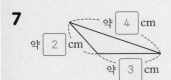

8 수연

9 ㉠

10 까닭 ㉠ 지우개의 왼쪽 끝이 자의 눈금 0에 맞추어져 있지 않으므로 오른쪽 끝에 있는 자의 눈금을 읽어 지우개의 길이를 잴 수 없습니다.

바르게 고치기 ㉠ 지우개의 길이는 1cm가 5번 들어가니까 5cm야.

---

1 ㉠과 ㉡의 길이는 직접 맞대어 구할 수 없으므로 종이띠와 같은 구체물을 이용하여 길이를 비교할 수 있습니다.

3 • 엄지손톱으로 수수깡의 길이를 잰 것을 세어 보면 7번입니다.
• 클립으로 수수깡의 길이를 잰 것을 세어 보면 3번입니다.

4 물감의 왼쪽 끝이 자의 눈금 0에 맞추어져 있고 오른쪽 끝이 4와 5 사이에 있습니다. 오른쪽 끝이 5cm 눈금에 가까우므로 물감의 길이는 약 5cm입니다.

5 열쇠의 한쪽 끝을 자의 눈금 0에 맞추고 다른 쪽 끝에 있는 눈금을 읽으면 4cm입니다.

6 1cm로 7번쯤 되므로 약 7cm로 어림할 수 있습니다, 분필의 길이를 자로 재면 7cm입니다.

7 변의 길이를 잴 때 변의 길이가 자의 눈금 사이에 있을 때는 가까이에 있는 쪽의 숫자를 읽으며 숫자 앞에 약을 붙여 말합니다.

8 연결 모형의 수가 적을수록 모양의 길이가 짧습니다. 연결 모형의 수가 수연이는 4개, 유진이는 6개, 미나는 5개이므로 가장 짧게 연결한 사람은 수연이입니다.

서술형
10

평가 기준	배점
길이를 잘못 잰 까닭을 썼나요?	5점
바르게 고쳤나요?	5점

5 분류하기

➕ 개념 적용
50~53쪽

1

인물들을 분류할 수 있는 기준으로 알맞은 것을 모두 찾아 기호를 써 보세요.

세종대왕 이순신 신사임당 에디슨 유관순
아인슈타인 장영실 김유신 선덕여왕 마리 퀴리

㉠ 잘생긴 사람과 못생긴 사람
㉡ 착한 사람과 나쁜 사람
㉢ 여자 위인과 남자 위인
㉣ 한국인과 외국인

😊 어떻게 풀었니?

분류할 때는 분명한 기준을 정하여 분류해야 누가 분류하더라도 분류 결과가 같아.
주어진 기준 중에서 분명한 기준이 될 수 있는 것을 알아보자!
㉠ 잘생긴 사람과 못생긴 사람으로 분류하면 분류하는 사람에 따라 분류 결과가
(**달라질 수 있어** , 같아).
㉡ 착한 사람과 나쁜 사람으로 분류하면 분류하는 사람에 따라 분류 결과가
(**달라질 수 있어** , 같아).
㉢ 여자 위인과 남자 위인으로 분류하면 분류하는 사람에 따라 분류 결과가
(달라질 수 있어 , **같아**).
㉣ 한국인과 외국인으로 분류하면 분류하는 사람에 따라 분류 결과가
(달라질 수 있어 , **같아**).

아~ 그럼 분류할 수 있는 기준으로 알맞은 것은 ㉢ , ㉣ 이구나!

2 ㉡, ㉣

3

정해진 기준에 따라 카드를 분류해 보세요.

① ㄱ ② 2 ③ 4 ④ 1
⑤ ㄷ ⑥ 3 ⑦ ㄹ ⑧ ㄴ

분류 기준	종류

종류	한글	숫자
번호		

😊 어떻게 풀었니?

한글과 숫자를 구분할 수 있겠지? 분류 기준에 맞게 카드를 분류해 보자!
카드를 한글과 숫자로 분류해 보면
한글 카드는 ①, ⑤ , ⑦ , ⑧ 이고,
숫자 카드는 ② , ③ , ④ , ⑥ (이)야.
아~ 그럼 기준에 따라 카드를 분류해 번호를 쓰면

종류	한글	숫자
번호	①, ⑤, ⑦, ⑧	②, ③, ④, ⑥

이구나!

4

분류 기준	칸 수

칸 수	4칸	5칸
기호	㉠, ㉡, ㉤, ㉥	㉢, ㉣, ㉦, ㉧, ㉨

5

카드 색칠하기 놀이를 하였습니다. 색깔에 따라 분류하여 세어 보고 어느 색깔을 더 많이 칠했는지 써 보세요.

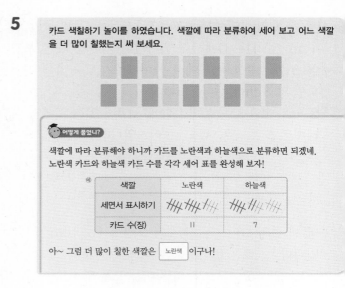

😊 어떻게 풀었니?

색깔에 따라 분류해야 하니까 카드를 노란색과 하늘색으로 분류하면 되겠네.
노란색 카드와 하늘색 카드 수를 각각 세어 표를 완성해 보자!

색깔	노란색	하늘색
세면서 표시하기	✕✕✕ ✕✕✕ ✕✕	✕✕✕ ✕✕
카드 수(장)	11	7

아~ 그럼 더 많이 칠한 색깔은 노란색 이구나!

6 승우

7

어느 상점에서 오늘 하루 동안 팔린 우산입니다. 이 상점에서는 어느 색깔의 우산을 더 많이 준비하면 좋을지 써 보세요.

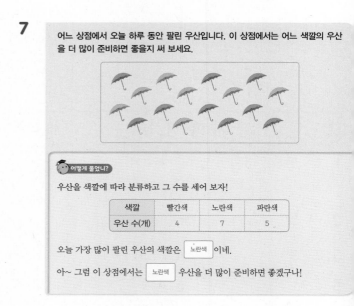

😊 어떻게 풀었니?

우산을 색깔에 따라 분류하고 그 수를 세어 보자!

색깔	빨간색	노란색	파란색
우산 수(개)	4	7	5

오늘 가장 많이 팔린 우산의 색깔은 노란색 이네.

아~ 그럼 이 상점에서는 노란색 우산을 더 많이 준비하면 좋겠구나!

8 딸기 맛 우유

---

2 분류할 때는 분명한 기준을 정하여 분류해야 합니다. ㉠ 예쁜 꽃과 예쁘지 않은 꽃, ㉢ 내가 좋아하는 꽃과 내가 싫어하는 꽃은 분류하는 사람에 따라 분류 결과가 다를 수 있으므로 분류 기준으로 알맞지 않습니다.

4 모양 조각을 칸 수에 따라 4칸, 5칸으로 분류합니다.

6 카드를 분홍색과 초록색으로 분류하여 세어 보면 분홍색이 8장, 초록색이 10장입니다. 따라서 승우가 더 많이 칠했습니다.

8 우유를 맛에 따라 분류하고 그 수를 세어 보면 딸기 맛이 **10**개, 바나나 맛이 **8**개, 초콜릿 맛이 **4**개입니다. 따라서 진성이네 반에서는 간식으로 딸기 맛 우유를 더 많이 준비하면 좋겠습니다.

☰ 쓰기 쉬운 서술형　　54~59쪽

1 없는 / 바퀴

1-1 예 과일과 채소로 분류합니다. ── ❶
　　　예 색깔로 분류합니다. ── ❷

2 ㄷ, ㅁ, ㅅ, ㄱ, ㄷ, ㅁ, ㅂ, ㄷ, ㅁ, 2 / 2개

2-1 3개

3 장난감 / 리코더, 악기

3-1 땅 ── ❶
　　　비행기를 하늘로 옮겨야 합니다. ── ❷

4 5, 3, 2, 초록색, 초록색, 5, 3, 9, 1, 2, 20 / 20

4-1 대한민국

5 6, 9, 5, 딸기 / 딸기　　**5-1** 농구

5-2 3명　　　　　　　　　**5-3** 여름, 가을, 봄, 겨울

1-1

단계	문제 해결 과정
①	어떻게 분류하면 좋을지 한 가지 분류 기준을 썼나요?
②	어떻게 분류하면 좋을지 다른 한 가지 분류 기준을 썼나요?

2-1 예 막대 모양의 사탕은 ㉠, ㉣, ㉤, ㉥, ◎이고, 빨간색 사탕은 ㉠, ㉡, ㉥, ◎입니다. ── ❶
따라서 막대 모양의 빨간색 사탕은 ㉠, ㉥, ◎으로 모두 **3**개입니다. ── ❷

단계	문제 해결 과정
①	막대 모양의 사탕과 빨간색 사탕을 각각 모두 찾았나요?
②	막대 모양의 빨간색 사탕은 모두 몇 개인지 구했나요?

3-1

단계	문제 해결 과정
①	잘못 분류된 곳을 찾아 썼나요?
②	바르게 고쳤나요?

4-1 예 ★ 모양은 **4**개, ◆ 모양은 **3**개, ▲ 모양은 **3**개이므로 가장 많은 모양은 ★ 모양입니다. ── ❶
따라서 ★ 모양에 쓰여 있는 글자를 위에서부터 차례대로 쓰면 대한민국입니다. ── ❷

단계	문제 해결 과정
①	가장 많은 모양은 어떤 모양인지 알았나요?
②	가장 많은 모양에 쓰여 있는 글자를 위에서부터 차례대로 썼나요?

5-1 예 (배구를 좋아하는 학생 수)
$=28-6-10-4=8$(명) ── ❶
따라서 $4<6<8<10$이므로 가장 적은 학생들이 좋아하는 운동은 농구입니다. ── ❷

단계	문제 해결 과정
①	배구를 좋아하는 학생 수를 구했나요?
②	가장 적은 학생들이 좋아하는 운동은 무엇인지 썼나요?

5-2 예 (떡볶이를 좋아하는 학생 수)
$=$(햄버거를 좋아하는 학생 수)$+2$
$=4+2=6$(명) ── ❶
따라서 김밥을 좋아하는 학생은
$25-7-4-5-6=3$(명)입니다. ── ❷

단계	문제 해결 과정
①	떡볶이를 좋아하는 학생 수를 구했나요?
②	김밥을 좋아하는 학생 수를 구했나요?

5-3 예 (봄에 태어난 학생 수)
$=$(가을에 태어난 학생 수)$-1=6-1=5$(명) ── ❶
(여름에 태어난 학생 수)
$=27-5-6-4=12$(명) ── ❷
따라서 $12>6>5>4$이므로 많은 학생들이 태어난 계절부터 차례대로 쓰면 여름, 가을, 봄, 겨울입니다.
── ❸

단계	문제 해결 과정
①	봄에 태어난 학생 수를 구했나요?
②	여름에 태어난 학생 수를 구했나요?
③	많은 학생들이 태어난 계절부터 차례대로 썼나요?

5단원 수행 평가
60~61쪽

1 예 수 / 예 색깔

2 4, 6, 5

3 예 파란색 가방과 노란색 가방

4 예

종류	키위	파인애플	포도
세면서 표시하기	///// /////	///// /////	///// /////
과일 수(개)	5	10	2

/ 파인애플, 포도

5 예술

6 ㉢

7 2개

8 3개

9

	△	□	○
초록색	1	4	0
주황색	1	0	3
파란색	1	0	1
노란색	2	2	1

10 과일 칸

2 색깔에 관계없이 모양으로 구분하여 세어 봅니다.

5 문학 책의 수와 과학 책 수는 같고, 예술 책은 문학 책과 과학 책보다 적습니다. 따라서 책 수가 종류별로 같으려면 예술 책을 더 사야 합니다.

6 단추의 무게를 알 수 없으므로 무게에 따라 분류할 수 없습니다.

7 단추 구멍의 수와 관계없이 색깔과 모양만 생각하여 세어 봅니다.

8 모양과 관계없이 단추 구멍의 수와 색깔만 생각하여 세어 봅니다.

서술형
10 예 콩나물은 채소인데 과일로 잘못 분류하였습니다. 따라서 잘못 분류되어 있는 칸은 과일 칸입니다.

평가 기준	배점
잘못 분류된 까닭을 바르게 썼나요?	5점
잘못 분류된 칸을 찾았나요?	5점

6 곱셈

➕ 개념 적용
62~65쪽

1
우표는 모두 몇 장인지 묶어 세어 보려고 합니다. 몇씩 묶어 세어야 하는지 □ 안에 알맞은 수를 써넣으세요.

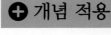

□씩 □묶음 ➡ □장

🎓 어떻게 풀었니?

우표를 2씩, 3씩, 6씩, 9씩 묶을 수 있으니까 이 중 한 가지 방법으로 묶어 보면 돼.
우표를 2씩 묶고 세어 보자.

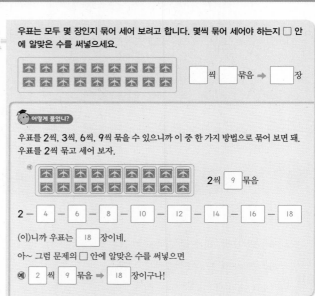

2씩 9 묶음

2 — 4 — 6 — 8 — 10 — 12 — 14 — 16 — 18

(이)니까 우표는 18 장이네.

아~ 그럼 문제의 □ 안에 알맞은 수를 써넣으면

예 2 씩 9 묶음 ➡ 18 장이구나!

2 예  / 4, 4, 16

3
마카롱의 수를 몇의 몇 배로 나타내 보세요.

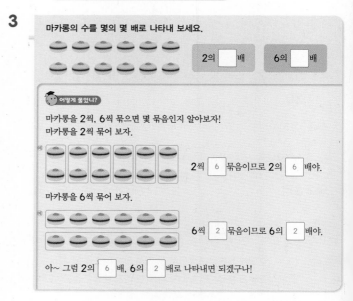

2의 □배   6의 □배

🎓 어떻게 풀었니?

마카롱을 2씩, 6씩 묶으면 몇 묶음인지 알아보자!
마카롱을 2씩 묶어 보자.

2씩 6 묶음이므로 2의 6 배야.

마카롱을 6씩 묶어 보자.

6씩 2 묶음이므로 6의 2 배야.

아~ 그럼 2의 6 배, 6의 2 배로 나타내면 되겠구나!

4 5, 3

5
빈칸에 알맞은 덧셈식이나 곱셈식을 써 보세요.

덧셈식	3+3=6	①	3+3+3+3=12
곱셈식	3×2=6	②	③

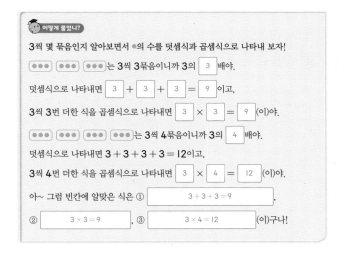

6 $4+4+4+4=16$ / $4\times3=12$, $4\times4=16$

7
꽃 모양이 규칙적으로 그려진 포장지 위에 얼룩이 묻었습니다. 포장지에 그려져 있던 꽃 모양은 모두 몇 개일까요?

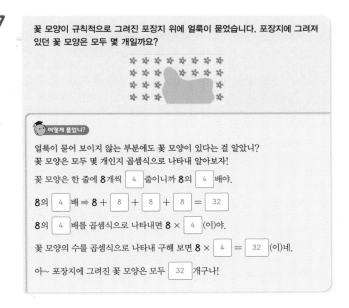

8 ⓐ $7\times6=42$ / 42개

---

2 구슬을 4씩 묶으면 4묶음입니다. $4-8-12-16$이므로 구슬은 모두 16개입니다.
2씩 8묶음, 8씩 2묶음으로 셀 수도 있습니다.

4 우유는 3씩 5묶음이므로 3의 5배이고, 5씩 3묶음이므로 5의 3배입니다.

8 물감이 묻어 보이지 않는 부분에도 같은 규칙으로 ★ 모양이 있습니다. ★ 모양은 한 줄에 7개씩 6줄이므로 7의 6배입니다.
7의 6배 ➡ $7+7+7+7+7+7=42$이고,
7의 6배 ➡ $7\times6=42$이므로 ★ 모양은 모두 42개입니다.

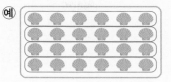
1 ⓐ

4, 18, 24, 24 / 24개

1-1 25개

2 9, 9, 3, 3 / 3배   2-1 3배

3 18, 18, 18, 18, 2, 2 / 2배

3-1 6배

4 27, 32, 27, 32, 59 / 59

4-1 13

5 7, 7, 7, 21, 21 / 21개

5-1 16개   5-2 18개

5-3 75개

1-1 ⓐ

딸기를 5씩 묶으면 5묶음입니다. ⋯ ❶
5씩 묶어 세면 $5-10-15-20-25$이므로 딸기는 모두 25개입니다. ⋯ ❷

단계	문제 해결 과정
①	딸기를 몇씩 묶으면 몇 묶음인지 썼나요?
②	딸기는 모두 몇 개인지 구했나요?

2-1 ⓐ 축구공은 4개이고 야구공은 12개입니다. 12는 4씩 3묶음입니다. ⋯ ❶
따라서 야구공의 수는 축구공의 수의 3배입니다. ⋯ ❷

단계	문제 해결 과정
①	야구공의 수는 축구공의 수의 몇 배인지 구하는 과정을 썼나요?
②	야구공의 수는 축구공의 수의 몇 배인지 구했나요?

3-1 ⓐ 8의 3배 ➡ $8\times3=8+8+8=24$ ⋯ ❶
$4+4+4+4+4+4=24$ ➡ $4\times6=24$
이므로 24는 4의 6배입니다.
따라서 8의 3배는 4의 6배입니다. ⋯ ❷

단계	문제 해결 과정
①	8의 3배는 얼마인지 구했나요?
②	8의 3배는 4의 몇 배인지 구했나요?

4-1 예 ㉠ 6 곱하기 8
　　　➡ 6×8=6+6+6+6+6+6+6+6=48
　　㉡ 5의 7배
　　　➡ 5×7=5+5+5+5+5+5+5=35 ···· ❶
따라서 ㉠과 ㉡이 나타내는 수의 차는 48-35=13
입니다. ···· ❷

단계	문제 해결 과정
①	㉠과 ㉡이 나타내는 수를 각각 구했나요?
②	㉠과 ㉡이 나타내는 수의 차를 구했나요?

5-1 예 돼지 한 마리의 다리는 4개입니다. 4씩 4마리이므로 4의 4배입니다. ···· ❶
➡ 4×4=4+4+4+4=16
따라서 돼지의 다리는 모두 16개입니다. ···· ❷

단계	문제 해결 과정
①	몇의 몇 배인지 구했나요?
②	곱셈식으로 나타내 돼지의 다리는 모두 몇 개인지 구했나요?

5-2 예 삼각형 한 개의 변은 3개입니다. 3씩 6개이므로 3의 6배입니다. ···· ❶
➡ 3×6=3+3+3+3+3+3=18
따라서 삼각형 6개의 변은 모두 18개입니다. ···· ❷

단계	문제 해결 과정
①	몇의 몇 배인지 구했나요?
②	곱셈식으로 나타내 삼각형 6개의 변은 모두 몇 개인지 구했나요?

5-3 예 사탕이 5씩 7봉지이므로 사탕은
5×7=5+5+5+5+5+5+5=35(개)입니다. ···· ❶
과자가 8씩 5봉지이므로 과자는
8×5=8+8+8+8+8=40(개)입니다. ···· ❷
따라서 사탕과 과자는 모두 35+40=75(개)입니다. ···· ❸

단계	문제 해결 과정
①	사탕의 수를 구했나요?
②	과자의 수를 구했나요?
③	사탕과 과자는 모두 몇 개인지 구했나요?

6단원 **수행 평가** 72~73쪽

1 3묶음　　　　**2** 21개
3 5, 20　　　　**4** 9, 9, 27 / 3, 27
5 4, 7, 28 / 28장
6 5×3=15 / 5×4=20
7 예 2, 6, 12 / 3, 4, 12 / 4, 3, 12 / 6, 2, 12
8 81개　　　　**9** 6
10 수희

1 7씩 묶으면 3묶음입니다.

2 7씩 묶어 세면 7-14-21입니다. 따라서 딸기는 모두 21개입니다.

4 9씩 3묶음이므로 9의 3배입니다.
9씩 3묶음 ➡ 9의 3배 ➡ 9×3
9씩 3묶음은 9+9+9=27이므로 9×3=27입니다

5 4씩 7묶음 ➡ 4의 7배
➡ 4×7=4+4+4+4+4+4+4=28
따라서 잠자리의 날개는 모두 28장입니다.

7 2씩 묶으면 6묶음, 3씩 묶으면 4묶음, 4씩 묶으면 묶음, 6씩 묶으면 2묶음입니다.
2씩 6묶음 ➡ 2×6=12, 3씩 4묶음 ➡ 3×4=12
4씩 3묶음 ➡ 4×3=12, 6씩 2묶음 ➡ 6×2=12

8 한 상자에 들어 있는 과자는
3×3=3+3+3=9(개)이므로
9상자에 들어 있는 과자는 모두
9×9=9+9+9+9+9+9+9+9+9=81(개)니다.

9 ㉠×5=30 ➡ ㉠+㉠+㉠+㉠+㉠=30
6+6+6+6+6=30이므로 ㉠=6입니다.

서술형
10 예 현우가 쌓은 연결 모형은 4개입니다. 4의 2배는
4×2=4+4=8이므로 쌓은 연결 모형의 수가 8인 사람을 찾으면 수희입니다.

평가 기준	배점
현우가 쌓은 연결 모형의 수를 구했나요?	2점
현우가 쌓은 연결 모형의 수의 2배를 구했나요?	4점
현우가 쌓은 연결 모형의 수의 2배만큼 쌓은 사람을 찾았나요?	4점

1 (1) 10, 백   (2) 400, 사백

2 3 / 4   **3** 6 cm

4 10, 7, 53, 7, 46   **5** 예 맛 / 예 모양

6 (1) 4, 12   (2) 4, 12   **7** >

8 12   **9** 71 / 17

10 앞에 ○표, 위에 ○표   **11** 나

12 미수   **13** 213, 122에 ○표

14 예

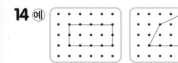

15 7, 2, 4 / 지우개   **16** 480

17 121   **18** 지수, 2자루

19 72개   **20** 40 cm

---

2 • 삼각형은 변이 3개입니다.
     • 사각형은 꼭짓점이 4개입니다.

3 연필의 한쪽 끝이 자의 눈금 0에 맞추어져 있고, 다른 쪽 끝이 6에 있으므로 6 cm입니다.

4 63에서 10을 먼저 빼고 7을 더 뺍니다.

6 (1) 3씩 4묶음은 3+3+3+3=12입니다.
     (2) 3씩 4묶음은 3의 4배이므로 3의 4배는 12입니다.

7 백의 자리 수가 같으므로 십의 자리 수를 비교하면 5>3입니다. 따라서 75□>73△입니다.

8 원은 곧은 선과 뾰족한 부분이 없고 어느 쪽에서 보아도 똑같이 동그란 모양입니다. 따라서 원 안에 있는 수의 합은 3+9=12입니다.

9 • 합:

$$\begin{array}{r} 1 \\ 2\,7 \\ +\;4\,4 \\ \hline 7\,1 \end{array}$$

   • 차:

$$\begin{array}{r} 3\;10 \\ 4\,\cancel{4} \\ -\;2\,7 \\ \hline 1\,7 \end{array}$$

11 1 cm가 3번쯤 들어가는 것을 찾으면 나입니다.

12 막대를 잰 횟수가 같으므로 막대를 잰 단위의 길이를 비교해 봅니다. 클립, 엄지손톱, 나무젓가락 중에서 나무젓가락이 가장 길므로 가장 긴 막대를 가지고 있는 사람은 미수입니다.

13 • 213: 백 모형 2개, 십 모형 1개, 일 모형 3개이므로 모두 2+1+3=6(개)가 필요합니다.
     • 122: 백 모형 1개, 십 모형 2개, 일 모형 2개이므로 모두 1+2+2=5(개)가 필요합니다.

14 4개의 점을 차례대로 곧게 이어 안쪽에 점이 3개 있도록 사각형을 그립니다.

16 • ●부터 100씩 3번 뛰어 센 수가 740이므로 ●는 740부터 100씩 3번 거꾸로 뛰어 센 수입니다.
     740-640-540-440 ➡ ●=440
     • ★은 440부터 10씩 4번 뛰어 센 수입니다.
     440-450-460-470-480 ➡ ★=480

17 8>7>4>3이므로 만들 수 있는 가장 큰 두 자리 수는 87이고, 가장 작은 두 자리 수는 34입니다. 따라서 가장 큰 수와 가장 작은 수의 합은 87+34=121입니다.

18 • 지수가 가지고 있는 연필은 5씩 6묶음 ➡ 5의 6배
     ➡ 5×6=5+5+5+5+5+5=30이므로 30자루입니다.
     • 윤호가 가지고 있는 연필은 7씩 4묶음 ➡ 7의 4배
     ➡ 7×4=7+7+7+7=28이므로 28자루입니다.
   따라서 30>28이므로 지수가 연필을 30-28=2(자루) 더 많이 가지고 있습니다.

서술형
19 예 (지금 과일 가게에 있는 사과의 수)
     =(처음에 있던 사과의 수)-(판 사과의 수)
        +(새로 들여온 사과의 수)
     =64-18+26=46+26=72(개)

평가 기준	배점
알맞은 식을 썼나요?	2점
지금 과일 가게에 있는 사과는 몇 개인지 구했나요?	3점

서술형
20 예 한 상자의 높이는 8 cm이므로 5상자의 높이는 8의 5배입니다. 8의 5배는 8×5이고 8×5=8+8+8+8+8=40이므로 5상자의 높이는 40 cm입니다.

평가 기준	배점
5상자의 높이는 한 상자 높이의 5배임을 알았나요?	2점
5상자 높이는 몇 cm인지 구했나요?	3점

고등 입학 전 완성하는 **독해 과정 전반의 심화 학습!**
디딤돌 생각독해 I ~ V

· 생각의 확장과 통합을 위한 '빅 아이디어(대주제)' 선정 및 수록
· 대주제 별 다양한 영역의 생각 읽기 및 생각의 구조화 학습

수능국어 **실전대비 독해 학습의 완성!**
디딤돌 수능독해 I ~ Ⅲ

· 글쓴이의 작문 과정을 추론하며 생각을 읽어내는 구조 학습
· 출제자의 의도를 파악하고 예측하는 기출 속 이슈 및 특별 부록

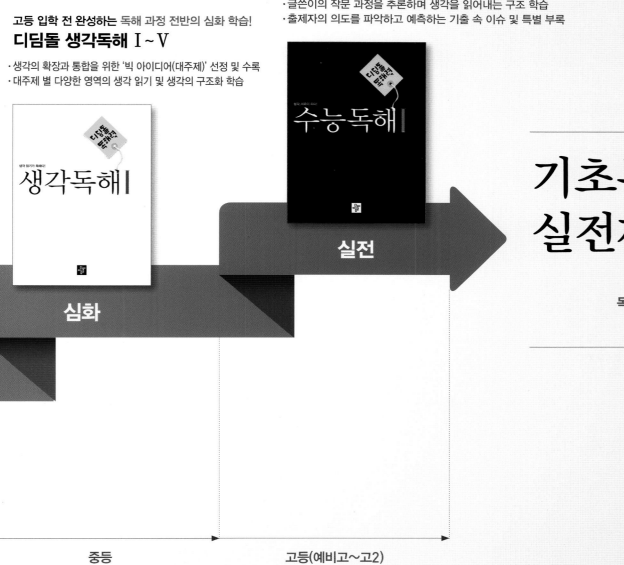

기초부터
실전까지

독해는

심화

실전

중등

고등(예비고~고2)

다음에는 뭐 풀지?

STEP 4 Book — 최상위로 가는 '맞춤 학습 플랜'

다음에 공부할 책을 고르기 어려우시다면, 현재 성취도를 먼저 체크해 보세요.
최상위로 가는 맞춤 학습 플랜만 있다면 내 실력에 꼭 맞는 교재를 선택할 수 있어요!
단계에 따라 내 실력을 진단해 보고, 다음 학습도 야무지게 준비해 봐요!

첫 번째, 단원평가의 맞힌 문제 수 또는 점수를 모두 더해 보세요.

단원	맞힌 문제 수	OR	점수 (문항당 5점)
1단원			
2단원			
3단원			
4단원			
5단원			
6단원			
합계			

※ 단원평가는 각 단원의 마지막 코너에 있는 20문항 문제지입니다.